高等职业教育土建类专业系列教材

建筑工程计量与计价
（河北省版）

主　编　李　涛
副主编　王海民　蒋新江
参　编　胡　辉　王桂香　布晓进

机械工业出版社

本书编写以预算员、造价员岗位能力为基准，掌握“够用”原则，难易适度；知识广度把握“必须”原则，重点突出；以建筑结构类型为主线，构建知识体系，典型例题的设计突出计量与计价的实践性。清单计量与计价部分紧扣2013年新清单规范，知识点全面且新颖。

本书共六章，内容包括建设工程造价与定额、建筑面积计算、土建工程计量与计价、装饰装修工程计量与计价、建筑工程费用、工程量清单计量与计价，每章后面配有相应的思考与练习题。

本书可作为高职高专院校建筑工程技术、建筑工程管理、工程造价、房地产经营与估价等专业的教材，也可作为建筑施工企业对工程经济管理人员的培训教材。

为方便教学，本书配有电子课件、思考与练习参考答案等助教资源，凡使用本书作为教材的教师可登录机工教育服务网 www. cmpedu. com 注册下载。咨询邮箱：cmpgaozhi@ sina. com。咨询电话：010-88379375。

图书在版编目（CIP）数据

建筑工程计量与计价：河北省版/李涛主编. —北京：机械工业出版社，2014. 1（2024. 8 重印）
高等职业教育土建类专业系列教材
ISBN 978-7-111-45137-2

Ⅰ.①建… Ⅱ.①李… Ⅲ.①建筑工程-计量-高等职业教育-教材②建筑造价-高等职业教育-教材 Ⅳ.①TU723. 3

中国版本图书馆 CIP 数据核字（2013）第 300070 号

机械工业出版社（北京市百万庄大街 22 号 邮政编码 100037）
策划编辑：覃密道 责任编辑：覃密道 常金锋
版式设计：霍永明 责任校对：程俊巧
封面设计：张 静 责任印制：李 昂
北京捷迅佳彩印刷有限公司印刷
2024 年 8 月第 1 版 · 第 8 次印刷
184mm×260mm · 16 印张 · 395 千字
标准书号：ISBN 978-7-111-45137-2
定价：48. 00 元

电话服务	网络服务
客服电话：010-88361066	机 工 官 网：www. cmpbook. com
010-88379833	机 工 官 博：weibo. com/cmp1952
010-68326294	金 书 网：www. golden-book. com
封底无防伪标均为盗版	机工教育服务网：www. cmpedu. com

前　言

“建筑工程计量与计价”是建筑工程技术、建筑工程管理、工程造价等专业人才培养方案中的专业核心课程，是培养建筑领域预算员及相关岗位所应具备的定额、清单计量与计价知识与能力的课程。课程以人才培养为目标，人才的培养以岗位为目标，通过课程的“教、学、做”一体化教学模式改革，使学生达到知识、能力、岗位目标，达到“课、岗、证”融合。

本书的编写是在课程改革日趋紧迫的背景下应运而生的，以教材为依托，架起工学结合的桥梁。本书立足于预算员“会识图，会计量，会计价”的岗位目标，构建教材内容和知识体系，打破以往传统教材以定额章节的划分顺序，按照计算建筑工程量的顺序及建筑结构类型划分章节，脉络清晰，组织严谨，与实训项目有机结合，利于学生提高计量与计价的能力。根据岗位所需，主体结构部分作为重点内容，增加钢筋11G101平法识图章节，钢筋的计算依据图集，归纳要点，讲解清楚；装饰装修部分以05建筑构造图集为主线，突出楼地面、天棚、内外墙抹灰等实用性强的内容，简洁明了，把零散的知识点通过计算顺序有机地结合起来。

本书的定额计价部分以最新河北省2012年定额进行计量与计价，清单计价部分以最新《建设工程工程量清单计价规范》（GB 50500—2013）为依据，钢筋识图及计算按照最新11G101平法图集讲述，与建筑行业紧密接轨，内容翔实、例题丰富。

本书的编写团队，不仅有高职院校一线的专业教师，还有工程造价实践经验丰富的专家，由石家庄职业技术学院李涛任主编，石家庄职业技术学院王海民、石家庄城市职业学院蒋新江任副主编，石家庄财经职业学院胡辉、河北省工程建设造价管理总站高级工程师王桂香及石家庄城市职业学院布晓进参加编写。具体编写分工如下：李涛编写第二章至第六章内容并负责统稿工作，王海民负责绘制附录实训项目施工图及各章内图片，蒋新江、布晓进编写第一章内容，胡辉、王桂香编写了课后习题及试卷（教材配套资料）。

在编写过程中，编者查阅了大量的参考文献，在此对相关的专家、编者致以深深的敬意。本书的出版还得到机械工业出版社编辑的大力支持，对他们的付出深表感谢。

由于时间仓促，书中难免有疏漏和不足之处，恳请各位同行及读者提出宝贵意见。

编者

目　　录

前言
绪论 ……………………………………………… 1
第一章　建设工程造价与定额 ………………… 4
第一节　建设工程造价……………………………… 4
第二节　建筑工程定额……………………………… 9
第三节　河北省建筑工程预算定额 ……………… 11
思考与练习题 ……………………………………… 17
第二章　建筑面积计算 ………………………… 18
第一节　建筑面积概述 …………………………… 18
第二节　建筑面积的计算规则 …………………… 19
思考与练习题 ……………………………………… 31
第三章　土建工程计量与计价 ………………… 32
第一节　土石方工程 ……………………………… 32
第二节　桩基与地基基础工程 …………………… 39
第三节　混凝土工程 ……………………………… 44
第四节　模板工程 ………………………………… 61
第五节　钢筋工程 ………………………………… 67
第六节　砌筑工程 ………………………………… 85
第七节　建筑工程措施项目 ……………………… 95
思考与练习题 ……………………………………… 105
第四章　装饰装修工程计量与计价 …………… 106
第一节　楼地面工程……………………………… 106
第二节　内墙与天棚抹灰工程…………………… 110
第三节　外墙抹灰工程…………………………… 114
第四节　屋面工程………………………………… 115
第五节　散水、台阶工程………………………… 117
第六节　门窗工程………………………………… 119
第七节　装饰装修措施项目……………………… 122
思考与练习题……………………………………… 126
第五章　建筑工程费用 ………………………… 127
第一节　建筑工程费用项目组成………………… 127
第二节　河北省建筑工程计价程序及费用标准…………………………………… 133
思考与练习题……………………………………… 141
第六章　工程量清单计量与计价 ……………… 142
第一节　工程量清单计价概述…………………… 142
第二节　工程量清单编制………………………… 145
第三节　工程量清单计量………………………… 151
第四节　工程量清单计价………………………… 181
思考与练习题……………………………………… 196
附录　框架办公楼综合实训项目 ……………… 197
参考文献 ………………………………………… 251

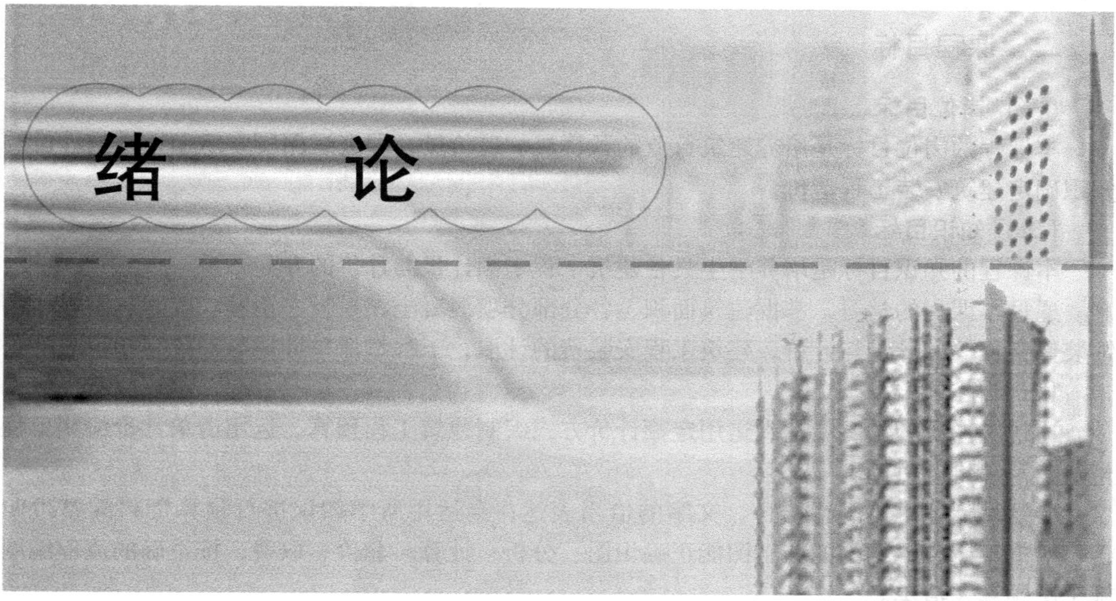

绪　论

知识目标：

- 了解本课程的课程性质及课程目标。
- 了解教学内容及课时分配。
- 了解课程特点及学习方法。
- 了解本课程需要的教学资源。

一、课程性质

“建筑工程计量与计价”课程是建筑工程技术、建筑工程管理、工程造价专业的一门重要的专业核心课程，是培养建筑领域造价员及相关岗位人员所应具备的定额计量与计价知识和能力的课程。

本课程是一门关于民用与工业建筑的建筑安装工程造价的经济课程。

本课程在建筑行业中所涉及的范围非常广，既是项目决策、投资的依据，又是成本控制的依据，还是经济效益的评价依据。在本课程中，我们主要从承包商的角度研究建筑安装工程成本。

在“建筑施工技术”“建筑材料”“建筑构造与识图”等先行课程学习的基础上，学生基本具备了识图、房屋构造、力学分析、材料、施工技术等方面的知识，通过本课程的学习，培养学生读懂建筑与结构施工图，会运用国家现行施工规范、规程、标准图集，会运用工程量计算规则计算工程量和正确套用定额，具备编制单位工程预算书和清单及计价的能力；满足专业技术与管理人员职业岗位资格证——预算员、造价员的岗位知识、能力方面的要求；同时也满足学生其他岗位——资料员、技术员、施工员、监理员等的必备知识和必备能力及技术考证的基本要求。

二、课程目标

（一）岗位目标

本课程的岗位目标是培养建筑行业的预算员、造价员，即会运用所学定额计量与计价的知识确定建筑安装工程造价。

（二）知识目标

本课程的知识目标是培养学生具备建筑工程定额计量与计价的专业知识。

通过本课程的学习，掌握建筑面积、各分部分项混凝土、模板、钢筋、砌体、土方、装饰装修工程等的计量与计价，建筑工程安装费的计取，工程量清单计量与计价等知识。

（三）能力目标

通过本课程的学习，达到运用定额计价方式编制建筑工程预算，运用清单计价编制工程量清单及计价的目标。

会运用专业术语进行语言、文字的恰当表达；会运用所学知识进行预算资料的整理归档；对框架、砖混结构的施工图能正确识图、分析、计算、套价、取费，按正确的流程编制施工图预算及清单。

（四）情感目标

通过本课程的学习和训练，培养学生成为一名工作踏实、负责、诚实的预算人员，培养学生具有吃苦耐劳的敬业精神，对每个数据都具有认真负责的态度，具有良好的职业道德。

三、教学内容及课时分配

“建筑工程计量与计价”课程讲授6章内容，课时安排为90课时。具体课时分配如下：

绪论（2课时）；建筑工程造价与定额（4课时）；建筑面积计算（6课时）；土建工程计量与计价（38课时）；装饰装修工程计量与计价（18课时）；建筑工程费用（4课时）；工程量清单计量与计价（18课时）。

四、课程特点及学习方法

（一）课程特点

1）综合性强，涉及识图、施工工艺、建筑构造等相关知识。

2）理论性强，涉及的工程量计算及计价的规则多。

3）实践性强，通过理论的学习，还必须多练习、实践，即理论与实践相结合。

（二）学习方法

1）课前预习，课后复习，灵活运用所学知识。

2）多实践，在做中学，在做中体会理论知识。

3）多识图，提高识图能力，扫清计算中的障碍。

4）经常浏览与造价相关的网站，及时掌握造价方面的政策、指导就业的信息等。

五、教学资源

（一）教学参考书

1）《全国统一建筑工程基础定额河北省消耗量定额》（HEBGYD—A—2012）。

2）《全国统一建筑装饰装修工程消耗量定额河北省消耗量定额》（HEBGYD—B—2012）。

3）《河北省建筑、安装、市政、装饰装修工程费用标准》（HEBGFB—1—2012）。

4）《建设工程工程量清单计价规范》（GB 50500—2013）。

5）11G101 系列平法图集（2011 年 9 月 1 日实施）。

6）05 系列建筑工程构造图集。

7）建筑工程计量与计价相关教材。

（二）网站资源

1）网易土木在线（http：//jz. co188. com）。

2）石家庄工程造价信息网（www. sjzzj. com）。

3）广联达服务新干线（http：//www. fwxgx. com）。

第一章

建设工程造价与定额

知识目标：

- 了解人工、材料、机械台班消耗量定额。
- 了解预算定额、概算定额、概算指标的含义。
- 掌握工程造价的含义。
- 掌握河北省预算定额人工费、材料费、机械费的确定。

能力目标：

- 能够正确理解建设工程造价与定额的含义。
- 能理解河北省建筑工程预算定额的人工费、材料费、机械费的确定。

第一节　建设工程造价

一、工程造价概述

（一）工程造价的含义

工程造价从不同的角度定义有两种含义。

工程造价的第一种含义，是从投资者的角度来定义的。工程造价是指建设一项工程预期开支或实际开支的全部固定资产投资费用，包括建筑安装工程费、设备及工器具购置费、工程建设其他费用、预备费、建设期贷款利息与固定资产方向调节税。投资者在投资活动中所支付的全部费用最终形成了工程建成以后交付使用的固定资产、无形资产和其他资产价值，从这一意义上来说，工程造价就是建设项目的固定资产投资费用。

工程造价的第二种含义，是从市场的角度来定义的。工程造价是指工程价格，即为建成一项工程，预计或实际在土地市场、设备市场、技术劳务市场，以及承包市场等交易活动中所形成的建筑安装工程的价格和建设工程总价格。显然，工程造价的第二种含义是将建设项目作为特殊的商品形式，通过招投标、承发包和其他交易方式，在多次预估的基础上，最终由市场形成价格。通常把工程造价的第二种含义认定为工程发包、承包价格。

工程造价的两种含义是从不同角度把握同一事物的本质。对于建设项目的投资者来说，工程造价就是项目投资，是“购买”项目要付出的价格，同时也是投资者在市场“出售”项目时定价的基础；对于承包商来说，工程造价是他们出售商品和劳务的价格总和，或是特指范围的工程造价，如建筑安装工程造价。

建筑安装工程造价，也称为建筑安装工程价格，它是建设项目工程造价的主要组成部分，是建设单位支付给施工单位的全部费用，是建筑安装工程产品作为商品进行交换所需的货币量。

（二）工程造价的特点

1. 大额性

建设项目由于体积庞大，而且消耗的资源巨大，因此一个项目造价少则几百万元，多则数亿乃至数百亿元。工程造价的大额性事关工程参与各方的重大经济利益，使工程面临可能的重大经济风险，也会对宏观经济的运行产生重大的影响。因此，应当高度重视工程造价的大额性特点。

2. 个别性和差异性

任何一项工程项目都有特定的用途、功能、规模，这导致了每一项建设项目的结构、造型、内外装饰等都会有不同的要求，直接表现为工程造价上的个别性和差异性。即使相同用途、功能、规模的工程项目，由于处在不同的地理位置或不同的建造时间，其工程造价都会有较大差异。工程项目的这种特殊的商品属性，则具有单件性的特点，即不存在完全相同的两个工程项目。

3. 动态性

工程项目从决策到竣工验收再到交付使用，都有一个较长的建设周期，而且由于许多来自社会和自然的众多不可控因素的影响，必然会导致工程造价的变动。例如，物价变化、不利的自然条件、人为因素等均会影响到工程造价。因此，工程造价在整个建设期内都处在不确定的状态之中，直到竣工决算才能最终确定工程的实际造价。

4. 层次性

工程造价的层次性取决于建设项目的层次性。一个建设项目往往含有多个能独立发挥设计效能的单项工程；一个单项工程又是由能够独立组织施工、各自发挥专业效能的单位工程组成。与此相应，工程造价可以分为建设项目总造价、单项工程造价和单位工程造价。单位工程造价由各个分部分项工程造价组成。

5. 兼容性

工程造价的兼容性特点是由其内涵的丰富性决定的。工程造价既可以指建设项目的固定资产投资，也可以指建筑安装工程造价；既可以指招标项目的标底，也可以指投标项目的报价。同时，工程造价的构成因素非常广泛、复杂，包括成本因素、建设用地支出费用、项目可行性研究和设计费用等。

二、工程造价关键控制环节

工程项目从筹建到竣工验收整个过程，建设工程周期长、规模大，工程造价不是固定的、唯一的、静止的，而是随着工程不断进展逐步深化、逐步细化和逐步接近实际造价的动态过程。工程造价人员在工程建设的各个阶段，采取控制措施把工程造价控制在计划的造价限额内，及时纠偏，保证投资效益。

从各阶段的控制重点可见，要有效控制工程造价，关键应把握以下五个环节：

（一）决策阶段的投资估算

投资估算对工程造价起到指导性和总体控制的作用，有助于业主对工程建设各项技术经济方案作出正确决策，从而对今后工程造价的控制起到决定性的作用。

在投资决策过程中，特别是从工程规划阶段开始，根据拟建项目的功能要求和使用要求，做出项目定义，包括项目投资定义，并按照项目规划的要求和内容以及项目分析和研究的不断深入，逐步地将投资估算的误差率控制在允许的范围之内。

（二）设计阶段的设计概算

设计阶段是仅次于决策阶段的影响投资的关键。经批准的投资估算作为工程造价控制的最高限额，是设计概算的主要依据。设计阶段运用设计标准与标准设计、价值工程和限额设计方法等，以可行性研究报告中被批准的投资估算为工程造价目标书，控制和修改初步设计直至满足要求。

（三）招投标阶段的招标控制价

招标人通过招标择优选定承包商，不仅有利于确保工程质量和缩短工期，更有利于降低工程造价，是工程造价控制的重要手段。

招标控制价是招标人根据国家或省级、行业建设主管部门颁发的有关计价依据和办法，按设计施工图纸计算的，对招标工程限定的最高工程造价。国有资金投资的工程建设项目应实行工程量清单招标，并应编制招标控制价。招标工作的最终结果是实现工程承发包双方签订施工合同，确定合同价格。

（四）施工阶段的施工预算

施工阶段是工程造价的执行和完成阶段。施工预算以工程合同价等为控制依据，通过工程计量、控制工程变更等方法，按照承包人实际完成的工程量，严格确定施工阶段实际发生的工程费用。以合同价为基础，考虑物价上涨、工程变更等因素，合理确定进度款和结算款，控制工程实际费用的支出。

（五）竣工验收阶段的竣工决算

竣工决算是指在竣工验收阶段，按合同调价范围和调价方法，对实际发生的工程量增减、设备和材料价差等进行调整后计算和确定的价格。竣工决算应据实反映建设项目的工程造价，并总结经验，积累技术经济数据和资料，不断提高工程造价管理水平。

三、我国建设项目工程造价的构成

建设项目工程造价是工程项目按照确定的建设内容、建设规模、建设标准、功能要求和使用要求等全部建成并验收合格交付使用所需的全部费用。

建设项目工程造价主要由设备及工器具购置费用、建筑安装工程费用、工程建设其他费用、预备费、建设期贷款利息、固定资产投资方向调节税（目前已暂停征收）构成。

建设项目工程造价费用构成如图 1-1 所示。

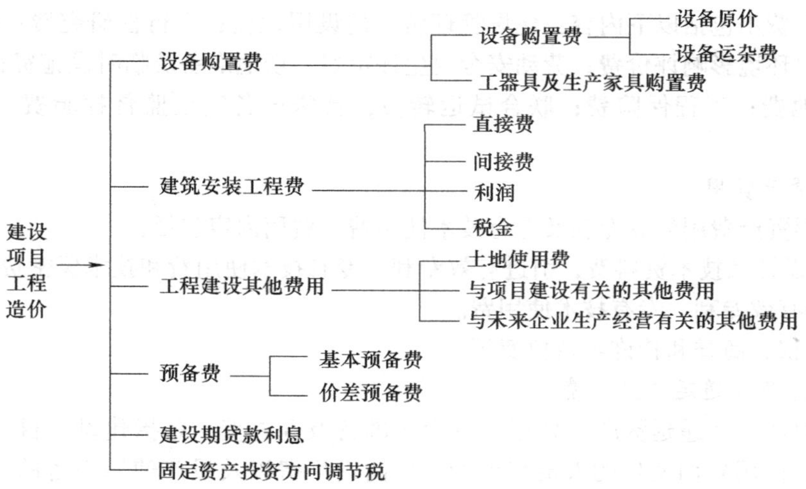

图 1-1 建设项目工程造价构成示意图

（一）设备及工器具购置费的构成

设备及工器具费由设备购置费和工器具、生产家具购置费组成。它是固定资产投资的组成部分。

1. 设备购置费的构成

设备购置费是指为建设项目购置或自制的达到固定资产标准的各种国产或进口设备、工具、器具的购置费用，由设备原价和设备运杂费构成。

设备购置费 = 设备原价 + 设备运杂费

设备原价指国产设备或进口设备的原价；设备运杂费指除设备原价之外的关于设备采购、运输、途中包装及仓库保管等方面支出费用的总和。

2. 工器具及生产家具购置费的构成

工器具及生产家具购置费是指保证初期正常生产必须购置的没有达到固定资产标准的设备、仪器、工卡模具、器具、生产家具和备品备件等的购置费用。一般以设备费为计算基数，按照部门或行业规定的工器具及生产家具费率计算。计算公式为：

工器具及生产家具购置费 = 设备购置费 × 定额费率

（二）建筑安装工程费用

建筑安装工程费用由直接费、间接费、利润、税金组成。详细内容见第五章。

（三）工程建设其他费用

工程建设其他费用，是指从工程筹建起到工程竣工验收交付生产或使用止的整个建设期间，除建筑安装工程费用和设备及工器具购置费用以外的，为保证工程建设顺利完成和交付使用后能够正常发挥效益或效能而发生的各项费用。

工程建设其他费用由土地使用费、与项目建设有关的其他费用、与未来企业生产经营有关的其他费用组成。

工程建设其他费用按资产属性分别形成固定资产、无形资产和其他资产（递延资产）。

1. 固定资产费用

固定资产费用包括以下内容：建设管理费；建设用地费；可行性研究费；研究试验费；勘察设计费；环境影响评价费；劳动安全卫生评价费；场地准备及临时设施费；引进技术和引进设备其他费；工程保险费；联合试运转费；特殊设备安全监督检验费；市政公用设施费。

2. 无形资产费用

形成无形资产费用的有专利及专有技术使用费，费用内容包括：

1）国外设计及技术资料费，引进有效专利、专有技术使用费和技术保密费。

2）国内有效专利、专有技术使用费。

3）商标权、商誉和特许经营权费等。

3. 其他资产（递延资产）费用

形成其他资产（递延资产）费用的有生产准备及开办费，是指建设项目为保证正常生产（或营业、使用）而发生的人员培训费、提前进厂费以及投产使用必备的生产办公、生活家具用具及工器具等购置费用。

（四）预备费

预备费是为了保证工程项目的顺利实施，避免在难以预料的情况下造成投资不足而预先安排的一笔费用。按我国现行规定，预备费包括基本预备费和价差预备费两种。

1. 基本预备费

基本预备费是指在投资估算或设计概算内难以预料的工程费用，费用内容包括：

1）在批准的初步设计范围内，技术设计、施工图设计及施工过程中增加的工程费用，设计变更及局部地基处理等增加的费用。

2）一般自然灾害造成的损失和预防自然灾害所采取的措施费用。实行工程保险的工程项目费用应适当降低。

3）竣工验收时为鉴定工程质量，对隐蔽工程进行必要的挖掘和修复费用。

4）超长、超宽、超重引起的运输增加费用等。

基本预备费一般是以设备及工器具购置费、建筑安装工程费和工程建设其他费用三者之和为计取基础，乘以基本预备费率进行计算。基本预备费率的取值应执行国家及部门的有关规定，计算公式为：

基本预备费 =（设备及工器具购置费 + 建筑安装工程费 + 工程建设其他费用）× 基本预备费率

2. 价差预备费

价差预备费是指建设项目在建设期间，由于价格等变化引起工程造价变化的预测预留费用。费用内容包括：人工、设备、材料、施工机械的价差费，建筑安装工程费及工程建设其他费用调整，利率、汇率调整等增加的费用。

价差预备费的测算方法，一般根据国家规定的投资综合价格指数，按估算年份价格水平的投资额为基数，根据价格变动趋势，预测价值上涨率，采用复利方法计算。

（五）建设期贷款利息

建设期贷款利息是指在项目建设期发生的支付银行贷款、出口信贷、债券等的借款利息和融资费用。大多数的建设项目都会利用借款来解决自有资金不足的问题，以完成项目的建设，从而达到项目运行获取利润的目的。利用贷款必须支付利息和各种融资费用，所以在建设期支付的贷款利息，也构成了项目投资的一部分。

当总贷款是分年均衡发放时，建设期贷款利息计算可按当年借款在年中支用考虑，即当年借款按半年计息，上年贷款按全年计息。

第二节　建筑工程定额

一、定额概述

（一）定额的概念

从广义讲，“定”即规定，“额”即额度或限度。定额就是规定的额度或限度，即标准或尺度（技术计量）。在建筑工程中，它是指在正常的（施工）生产条件下，完成单位合格产品所必须消耗的人工、材料、机械及其资金的数量标准。

正常的施工条件，指施工过程中，符合生产工艺、施工验收规范和操作规程的要求，并且满足施工条件完善、劳动组织合理、机械运转正常、材料供应及时等条件。

（二）定额的特点

我国工程建设定额具有科学性、系统性、统一性、权威性等特点。

1. 科学性

工程建设定额的科学性，首先表现在用科学的态度制定定额，尊重客观实际，力求定额水平合理；其次，表现在制定定额的技术方法上，利用现代科学管理的成就，形成一套系统的、完整的、在实践中行之有效的科学方法；第三，表现在定额制定和贯彻的一体化，制定是为了提供贯彻依据，贯彻是为了实现管理目标，即对定额信息的反馈。

2. 系统性

工程建设定额是由多种定额结合而成的有机的整体。它的结构复杂，有鲜明的层次、明确的目标，又是相对独立的系统。

系统性表现在：第一，工程建设定额的系统性是由工程建设的技术经济特点决定的，工程建设本身的多种类、多层次就决定了以它为服务对象的工程建设定额的多种类、多层次。第二，各类工程的建设在计划和实施过程中都有严密的逻辑阶段，例如规划、可行性研究、设计、施工、试运转、竣工交付使用，以及投入使用后的维修，与此相适应必然形成工程建设定额的多种类、多层次。

3. 统一性

工程建设定额的统一性，主要是由国家对经济发展的有计划的宏观调控职能决定的。

工程建设定额的统一性按照其影响力和执行范围来看，有全国统一定额、部门统一定额和地区统一定额等；按照定额的制定、颁布和贯彻使用来看，有统一的程序、统一的原则、统一的方法和统一的要求。

4. 权威性

工程建设定额的权威性的客观基础是定额的科学性。只有科学的定额才具有权威。

工程建设定额经国家或其授权部门审批颁发后，凡是在定额规定范围内的建设工程，都应该遵照执行。

二、定额的分类

(一) 按照定额的测定对象和用途分类

1. 预算定额

预算定额是以工程中的分项工程，即在施工图纸上和工程实体上都可以区分开的产品为测定对象，其内容包括人工、材料和机械台班使用量三个部分。经过计价后，可编制单位工程预算。它是编制施工图预算的依据，也是编制概算定额、概算指标的基础。预算定额在施工企业被广泛用于编制施工准备计划，编制工程材料预算，确定工程造价，考核企业内部各类经济指标等。因此，预算定额是用途最广泛的一种定额。

2. 概算定额

概算定额是预算定额的合并与归纳，用于在初步设计深度条件下，编制设计概算，控制设计项目总造价，评定投资效果和优化设计方案。

3. 概算指标

概算指标是概算定额的扩大与合并，它是以整个建筑物和构筑物为对象，以“平方米”、“立方米”、“座”为计量单位编制的，主要用于初步设计概算的编制。

(二) 按制定单位和执行范围分类

1. 全国统一定额

全国统一定额由国务院有关部门制定和颁发，它不分地区，全国适用。

2. 地方定额

地方估价表是由各省、自治区、直辖市在国家统一指导下，结合本地区特点编制的定额，只在本地区范围内执行。

3. 行业定额

行业定额是由各行业结合本行业特点，在国家统一指导下编制的具有较强行业或专业特点的定额，一般只在本行业内部使用。

4. 企业定额

企业定额是施工企业根据本企业的施工技术水平和管理水平，以及有关工程造价资料制定的，完成单位合格产品所需的人工、材料和机械使用台班消耗量标准。

企业定额是由企业自行编制，只限于本企业内部使用的定额，如施工企业及附属的加工厂、车间编制的用于企业内部管理、成本核算、投标报价的定额。

(三) 按生产要素分类

1. 劳动定额

劳动定额也称工时定额或人工定额，是指在合理的劳动组织条件下，工人以社会平均熟练程度和劳动强度在单位时间内生产合格产品的数量。

建筑安装工程劳动定额是反映建筑产品生产中活劳动消耗量的标准数量，是指在正常的生产（施工）组织和生产（施工）技术条件下，为完成单位合格产品或完成一定量的工作所预先规定的必要劳动消耗量的标准数额。

劳动定额是建筑安装工程定额的主要组成部分，反映建筑安装工人劳动生产率的社会平均先进水平。

2. 材料消耗定额

材料消耗定额是指在生产（施工）组织和生产（施工）技术条件正常，材料供应符合技术要求，合理使用材料的条件下，完成单位合格产品，所需一定品种规格的建筑材料或构、配件消耗量的标准数量，包括在产品中的净用数量和在施工过程中发生的自然和工艺性质的损耗量。

3. 机械使用台班定额

机械使用台班定额是指施工机械在正常的生产（施工）和合理的人机组合条件下，由熟悉机械性能、有熟练技术的工人或工人小组操纵机械时，该机械在单位时间内的生产效率或产品数量。

机械使用台班定额也可以表述为该机械完成单位合格产品或某项工作所必需的工作时间。

第三节 河北省建筑工程预算定额

建筑工程预算定额是指在正常合理的施工条件下，完成质量合格的一定计量单位的分部分项工程的人工、材料和机械台班以及价值货币表现的消耗标准。

建筑工程预算定额，是由国家或各省、市、自治区主管部门或授权单位组织编制并颁发执行的，是基本建设预算制度中的一项重要技术经济法规。它的法令性质保证了在定额适用范围内的建筑工程有统一的造价与核算尺度。因此，必须正确地制定和运用建筑工程预算定额。

一、预算定额的作用与编制

（一）预算定额的作用

1）建筑工程预算定额是编制施工图预算，确定工程预算造价的基本依据。

2）建筑工程预算定额是对设计方案进行技术经济评价，对新结构、新材料进行技术经济分析的主要依据。

3）建筑工程预算定额是招标控制价和投标报价的重要依据。

4）建筑工程预算定额是施工企业与建设单位办理工程结算的依据。

5）建筑工程预算定额是建筑企业进行经济核算和考核工程成本的依据。

6）建筑工程预算定额是国家对基本建设进行统一计划管理的重要工具之一。

7）建筑工程预算定额是编制概算定额的基础。

（二）预算定额的编制原则

1）按社会平均水平确定预算定额的原则。

2）简明适用的原则。

3）坚持统一性和差别性相结合的原则。

（三）预算定额的编制依据

1）现行的施工定额。

2）现行设计规范、施工及验收规范、质量评定标准和安全操作规程。

3）具有代表性的典型工程施工图及有关标准图。

4）新技术、新结构、新材料和先进的施工方法等。这类资料是调整定额水平和增加新的定额项目的重要依据。

5）有关科学实验、技术测定和统计、经验资料。这类资料是确定定额水平的重要依据。

6）现行的预算定额、材料预算价格及有关文件规定等。

二、河北省预算定额概述

河北省建筑工程预算定额，即《全国统一建筑工程基础定额河北省消耗量定额》、《全国统一建筑装饰装修工程消耗量定额河北省消耗量定额》（以下简称河北省定额），于2012年7月1日开始执行。

（一）河北省定额适用范围及作用

1. 河北省定额适用范围

本定额适用于河北省行政区域内的一般工业与民用建筑的新建、扩建和接层工程。

2. 河北省定额作用

1）定额中的消耗量（不含可竞争措施项目消耗量）是编制施工图预算、最高限价和标底的依据。

2）它是工程量清单计价、投标报价、工程拨款、竣工结算、衡量投标报价合理性、编制企业定额和工程造价管理的基础和依据。

3）它是编制概算定额、概算指标和投资估算指标的主要资料。

（二）《全国统一建筑工程基础定额河北省消耗量定额》（HEBGYD—A—2012）章节介绍

参照《建设工程工程量清单计价规范》（GB 50500—2008）分部工程划分方法，并结合河北省建筑工程预算定额的编制和使用习惯，定额共设16章，2652个子目，并包括“建筑工程建筑面积计算规范”及“附录”。具体设置如下：

1）总说明。

2）建筑面积计算规则。

3）实体项目。实体项目包括以下章节：A.1 土石方工程，A.2 桩与地基基础工程，A.3 砌筑工程，A.4 混凝土及钢筋混凝土工程，A.5 厂库房大门、特种门、木结构工程，A.6 金属结构工程，A.7 屋面及防水工程，A.8 防腐、隔热、保温工程，A.9 构件运输及安装工程，A.10 厂区道路及排水工程。

4）措施项目。

①可竞争措施项目。可竞争措施项目包括以下章节：A.11 脚手架工程，A.12 模板工程，A.13 垂直运输工程，A.14 建筑物超高费，A.15 其他可竞争措施项目。

②不可竞争措施项目。不可竞争措施项目包括 A.16 安全防护、文明施工费。

5）附录：配合比；材料、成品、半成品损耗率表。

（三）《全国统一建筑装饰装修工程消耗量定额河北省消耗量定额》（HEBGYD—B—2012）章节介绍

定额共设10章，2225个子目，并包括“附录”。具体设置如下：

1）总说明。

2）实体项目。实体项目包括以下章节：B.1 楼地面工程，B.2 墙柱面工程，B.3 天棚工程，B.4 门窗工程，B.5 油漆、涂料、裱糊工程，B.6 其他工程。

3）措施项目。

①可竞争措施项目。可竞争措施项目包括以下章节：B.7 脚手架工程，B.8 垂直运输工程及建筑物超高费，B.9 其他可竞争措施项目。

②不可竞争措施项目。不可竞争措施项目包括 B.10 安全防护、文明施工费。

4）附录：材料、成品、半成品损耗率表。

三、河北省定额基价与消耗量

预算定额基价即预算定额单价，是指规定完成定额计量单位建筑产品的预算价格。它由定额人工费、材料费和机械使用费组成，即：

预算定额基价 = 人工费 + 材料费 + 机械使用费

（一）人工费的确定

建筑工程预算定额中的人工费，是根据完成定额计量单位合格建筑产品的人工消耗量（工日数）和相应的定额日工资标准确定的，即：

人工费 = 人工消耗量 × 定额日工资标准

1. 人工消耗量

人工消耗量即人工工日，指一定计量单位的分项工程所必须消耗的各种用工，综合了基本用工、超运距用工、人工幅度差及辅助用工，不分工种和技术等级以综合用工表示。

1）基本用工指完成某个分项工程所需的主要用工，例如砌砖工程中的砌砖、调制砂浆、运砖、运砂浆等的用工。

2）超运距用工指材料、半成品的场内的平均运距超过劳动定额规定的平均运距所需的用工。

3）辅助用工指施工现场加工材料等所需的用工，如淋砂子、淋石灰膏等的用工。

4）人工幅度差指在确定人工消耗量指标时，应考虑在劳动定额中未包括而在一般正常施工情况下又不可避免发生的一些零星用工。例如，工种间工序搭接、交叉作业时不可避免的停歇工时消耗，质量检查影响操作消耗的工时，以及施工作业中不可避免的其他零星用工等。

人工幅度差 =（基本用工 + 超运距用工 + 辅助用工）× 人工幅度差系数（取 10%）

人工消耗量计算公式为：

人工消耗量 =（基本用工 + 超运距用工 + 辅助用工）×（1 + 10%）

2. 定额日工资标准

定额日工资标准指一个建筑安装工人一个工作日在定额中应计入的全部人工工资。它基本反映了该地区建筑安装工人的工资水平，包括：

（1）基本工资　发放给生产工人的基本工资。

（2）工资性补贴　按规定标准发放的物价补贴，煤、燃气补贴，交通补贴，住房补贴，流动施工津贴等。

（3）生产工人辅助工资　生产工人年有效施工天数以外非作业天数的工资，包括职工学习、培训期间的工资，调动工作、探亲、休假期间的工资，因气候影响的停工工资，女工哺乳时间的工资，病假在六个月以内的工资及产、婚、丧假期的工资。

（4）职工福利费　按规定标准计提的职工福利费。

（5）生产工人劳动保护费　按规定标准发放的劳动保护用品的购置费及修理费，徒工服装补贴，防暑降温费，在有碍身体健康环境中施工的保健费用等。

定额日工资标准即定额综合用工，按技术含量不同分为综合用工一类、综合用工二类、综合用工三类，单价分别为：70元/工日、60元/工日、47元/工日。

（二）材料费的确定

建筑工程预算定额中的材料费，是根据完成定额计量单位合格建筑产品所消耗的材料（包括构件、成品和半成品）的品种和数量，以及相应的材料预算价格等确定的，即：

定额材料费＝定额材料消耗量×相应的材料预算价格

从上式中可以看出，定额材料消耗量是由设计要求和材料消耗定额决定的，它是一个稳定不变的因素；而材料预算价格则是一个变化因素。由于地区不同，工程分布情况不同，运输距离和方式不同等原因，材料预算价格的差别和可变幅度很大。因此，必须正确合理地制定材料的预算价格。

1. 材料预算价格的确定

材料预算价格包括：

（1）材料原价　材料的出厂价格。

（2）材料供销综合费　指材料不能直接向生产厂采购，必须经过当地物资部门或供销部门采购时，所附加的手续费、管理费等。

（3）材料包装费　材料出厂时为了便于材料运输或为保护材料而进行包装所需的费用。

（4）材料运输费　材料自来源地运至工地仓库或指定堆放地点所发生的全部费用，包括装卸费、运输费和合理的运输损耗费等。

（5）采购及保管费　为组织采购、供应和保管材料过程中所发生的各项费用，包括采购费、仓储费、工地保管费、仓储损耗。采购及保管费一般按各项费用之和的1%～3%计取，即：

采购及保管费＝（材料原价＋供销综合费＋包装费＋材料运输费）×采购及保管费率

材料预算价格计算公式为：

材料预算价格＝材料原价＋供销综合费＋包装费＋材料运输费＋采购及保管费

河北省定额中的材料是按选定的材料规格或综合后计算的，其选用标准见“材料、成品、半成品价格取定表”，实际工程所使用材料的品种、规格与定额不同时，可以调整。材料价格是依据2012年《河北省建设工程材料价格》确定的。

2. 材料消耗量的确定

河北省定额的材料消耗量包括施工中消耗的主要材料、辅助材料和零星材料等，并计入了相应的损耗。材料消耗量由材料净用量和不可避免的损耗量组成。

材料净用量指直接用在工程上、构成工程实体的材料消耗量；材料的损耗包括场内运输损耗、现场存放损耗和施工操作损耗，即：

材料消耗量＝材料净用量＋材料损耗量＝材料净用量×（1＋材料损耗率）

式中，材料损耗率＝材料损耗量/材料净用量，材料损耗率参考河北省定额的附录二。

（1）实体材料消耗量的确定　实体材料消耗量可采用理论计算法进行确定，其适合于计算按“块”的现成制品材料。下面以“$1m^3$ 砖砌体材料消耗量的计算”为例进行说明。

$$1m^3\text{ 砖砌体净用量(块)}=\frac{2\times k}{\text{墙厚}\times(\text{砖厚}+\text{灰缝})\times(\text{砖长}+\text{灰缝})}$$

式中　k是以砖长倍数表示的墙厚（1/2 砖墙，$k=0.5$；1 砖墙，$k=1$；1 砖半墙，$k=1.5$）。

标准砖尺寸为长×宽×厚＝0.24m×0.115m×0.053m，灰缝的厚度为 0.01m，则：

$$1m^3\text{ 砖砌体净用量(块)}=\frac{2\times k}{\text{墙厚}\times(0.053+0.01)\times(0.24+0.01)}$$

$1m^3$ 砖砌体中的砂浆净用量（m^3）＝1－标准砖净用量×砖长×砖宽×砖厚

墙厚为 0.115m、0.24m、0.365m 时，标准砖和砂浆的净用量见表 1-1。

表 1-1　$1m^3$ 砖砌体标准砖和砂浆的净用量

净用量＼墙厚	0.115m	0.24m	0.365m
标准砖净用量/块	552	529	522
砂浆净用量/m^3	0.193	0.226	0.237

【例 1-1】　试计算标准砖墙厚为一砖墙，砖砌体和砂浆的消耗量。通过河北省定额附录二得知，砖和砂浆的损耗率为 1%。

【解】　$1m^3$ 砖砌体净用量＝2×1/[0.24×(0.24+0.01)×(0.053+0.01)]＝529.1(块)

$1m^3$ 砖砌体中的砂浆净用量＝1－529.1×0.24×0.115×0.053＝0.226(m^3)

$1m^3$ 砖砌体中标准砖消耗量＝净用量×(1+1%)＝529.1×1.01＝534.39(块)

$1m^3$ 砖砌体中砂浆消耗量＝0.226×(1+1%)＝0.228(m^3)

(2) 周转性材料消耗量的确定　周转性材料是指在建筑工程中不直接构成工程实体，可多次周转性使用的工具性材料，如脚手架、模板等。周转性材料在施工中不是一次性消耗完，而是随着周转次数的增加，逐渐消耗、不断补充。因此，周转性材料的定额消耗量，应按多次使用、分次摊销的方法计算，且考虑回收因素。

河北省定额中的模板和脚手杆、板等周转性材料的数量为摊销量，已考虑了正常的周转次数和残值回收折价，实际施工采用不同品种的周转性材料时，可以调整。

周转性材料摊销量是指完成一定计量单位产品，一次消耗周转性材料的数量。

周转次数是指周转性材料从第一次使用起可重复使用的次数，它与不同的周转性材料、使用的工程部位、施工方法及操作技术有关。

周转性材料的摊销量公式，可以简化为：

$$\text{摊销量}=\frac{\text{一次使用量}}{\text{周转次数}}$$

【例 1-2】　矩形柱的组合钢模板的一次使用量为 3866.0kg/$100m^2$，周转次数为 50 次，损耗率为 1%。试计算矩形柱组合钢模的摊销量。

【解】　摊销量＝3866.0/50＝77.32(kg/$100m^2$)

考虑模板的损耗:77.32×(1+1%)＝78.09(kg/$100m^2$)

【例 1-3】　矩形柱的复合木模板的一次使用量为 $100m^2$，周转次数为 3 次，损耗率为 5%。试计算矩形柱复合木模板的摊销量。

【解】 摊销量 $=(100/3)\times(1+5\%)=35(m^2)$

（三）机械台班费的确定

机械台班费指某种施工机械在单位台班内，为了正常运转所必须支出和分摊的各项费用之和。

$$机械台班费=机械台班消耗量\times机械台班单价$$

机械台班消耗量是按合理的施工方法确定的，并考虑了必要的机械停滞时间等因素。

机械台班单价是依据2012年《河北省建设工程施工机械台班单价》确定的，凡未指具体型号、规格的机械，其台班单价是根据本省当前机械配备情况取定的综合价格。

台班单价由七项费用组成：

（1）折旧费　指施工机械在规定的使用期限内，陆续收回其原值及购置资金的时间价值。

（2）大修理费　指施工机械按规定的大修理间隔台班进行必要的大修理，以恢复其正常功能所需的费用。

（3）经常修理费　指施工机械除大修理以外的各级保养和临时故障排除所需的费用。包括为保障机械正常运转所需替换设备与随机配备工具附具的摊销和维护费用，机械运转及日常保养所需润滑与擦拭的材料费用及机械停滞期间的维护保养费用等。

（4）安拆费及场外运费

1）安拆费：指施工机械在现场进行安装与拆卸所需的人工、材料、机械和试运转费用以及机械辅助设施的折旧、搭设、拆除等费用。

2）场外运费：指施工机械整体和分体自停放地点运至施工现场或由一施工地点运至另一施工地点的运输、装卸、辅助材料以及架线等费用。

（5）人工费　指机上司机（司炉）和其他操作人员的工作日人工费及上述人员在施工机械规定的年工作台班以外的人工费。

（6）燃料动力费　指施工机械在运转作业中所耗用的固体燃料（煤、木柴）、液体燃料（汽油、柴油）及水、电力和风力等费用。

（7）其他费用　指施工机械按照国家和省内有关规定应交纳的养路费、车船使用税、运输管理费、保险费及车辆年检等有关费用。

机械台班单价公式为：

台班单价＝台班折旧费＋台班大修理费＋台班经常修理费＋台班安拆费及场外运费＋台班人工费＋台班燃料动力费＋台班其他费用

【例1-4】 试计算砌筑$10m^3$质量合格的1砖砖墙（砌筑砂浆为M5混合砂浆）的定额人工、材料、机械的消耗量；计算人工费、材料费、机械费、基价。

【解】 由《全国统一建筑工程基础定额河北省消耗量定额》确定：

定额编号：A3—3

工程项目：1砖砖墙

定额单位：$10m^3$

砌筑砂浆：M5混合砂浆

人工消耗量：13.31工日（综合用工二类）

材料消耗量：标准砖5.314千块，32.5水泥0.482t，中砂3.607t，生石灰0.185t，水 2.28m^3。

机械消耗量：灰浆搅拌机 0.38 台班。

人工费 = 13.31 × 60 = 798.60（元）

材料费 = 5.314 × 380 + 0.482 × 360 + 3.607 × 30 + 0.185 × 290 + 2.28 × 5 = 2366.10（元）

机械费 = 0.38 × 103.45 = 39.31（元）

基价 = 798.60 + 2366.10 + 39.31 = 3204.01（元）

思考与练习题

1. 工程造价的含义是什么？
2. 工程造价的特点是什么？
3. 简述我国工程建设项目工程造价的构成。
4. 简述定额的特点。
5. 定额按生产要素划分为为几种？分别是什么？
6. 河北省人工消耗量（人工工日）的由哪几部分组成？
7. 材料预算价格包括什么？
8. 材料消耗量的计算公式是什么？

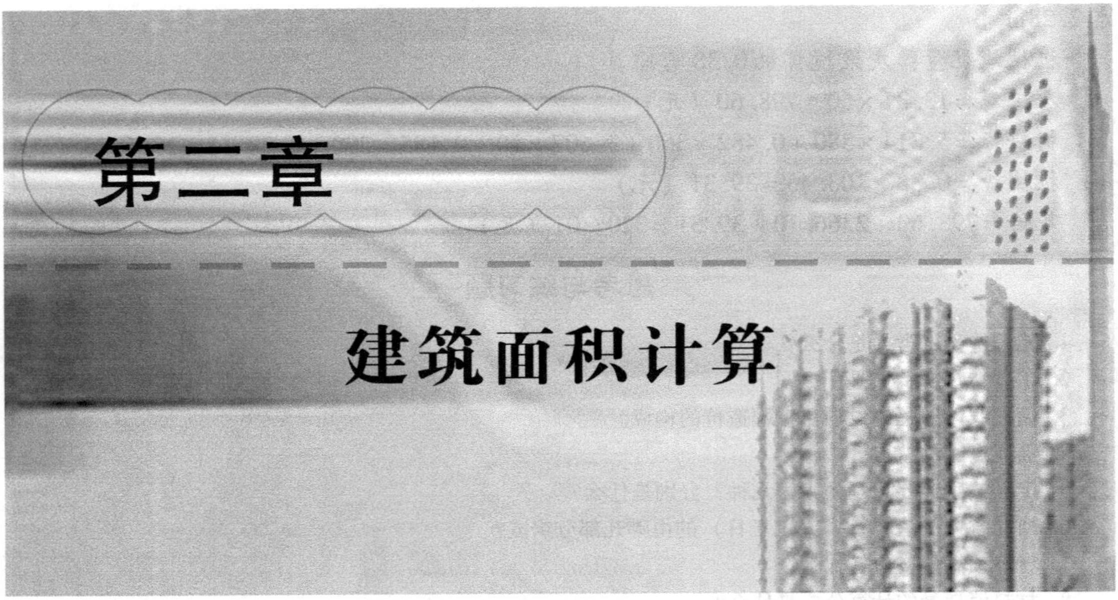

第二章 建筑面积计算

知识目标：

- 掌握建筑面积的概念及计算规则。

能力目标：

- 会应用建筑计算规则计算建筑面积。
- 会计算建筑物的雨篷、阳台、楼梯间、保温层等的建筑面积。

第一节 建筑面积概述

一、建筑面积的概念及组成

1. 建筑面积的概念

建筑面积是指建筑物自然层外墙结构外围水平面积之和。所谓结构外围是指不包括外墙装饰抹灰层的厚度，因而建筑面积应按图纸尺寸计算，而不能在现场量取。

2. 建筑面积的组成

建筑面积包括使用面积、辅助面积和结构面积。

（1）使用面积　指建筑物各层平面布置中，可直接为生产或生活使用的净面积总和，如住宅楼中的客厅、卧室的净面积。

（2）辅助面积　指建筑物各层平面布置中为辅助生产或生活所占净面积的总和，如住宅楼的楼梯、走道的净面积。

（3）结构面积　指建筑物各层平面布置中墙体、柱等结构构件所占面积的总和。

二、建筑工程建筑面积计算规范

（一）建筑面积计算的意义

建筑面积是以 m^2 为计量单位反映房屋建筑规模的实物量指标，它广泛应用于基本建设计划、统计、设计、施工和工程概预算等各个方面，在建筑工程造价管理方面起着非常重要的作用，是房屋建筑计价的主要指标之一。

1）建筑面积是衡量基本建设规模的重要指标之一。

2）在编制施工图预算时，某些分项工程的工程量可以直接引用，如垂直运输费、超高费等都与建筑面积有关。

3）建筑面积是计算建筑物单方造价、单方用工量、单方用钢量等技术经济指标的基础。

4）建筑面积是确定容积率的主要依据。容积率是指一个小区的地上总建筑面积与用地面积的比率。对于开发商来说，容积率决定地价成本在房屋中所占比例；而对于住户来说，容积率关系居住的舒适度。

（二）建筑面积计算依据

中华人民共和国住房和城乡建设部和国家质量监督总局于 2014 年 7 月 1 日施行了《建筑工程建筑面积计算规范》（GB/T 50353—2013），河北省定额中的建筑面积计算规则是依据此规范编制而成的。

（三）适用范围

《建筑工程建筑面积计算规范》适用于新建、扩建、改建的工业与民用建筑工程的建筑面积的计算。

（四）《建筑工程建筑面积计算规范》的内容

1）计算全部建筑面积的范围和规定。

2）计算部分（1/2）建筑面积的范围和规定。

3）不计算建筑面积的范围和规定。

第二节 建筑面积的计算规则

一、计算建筑面积的范围

（一）单（多）层建筑物

1）建筑物的建筑面积，应按自然层外墙结构外围水平面积之和计算，结构层高在 2.20m 及以上的，应计算全面积；结构层高在 2.20m 以下的，应计算 1/2 面积。

2）建筑物内设有局部楼层：建筑物内设有局部楼层时，对于局部楼层的二层及以上楼层，有围护结构的应按其围护结构外围水平面积计算，无围护结构的应按其结构底板水平面积计算。结构层高在 2.20m 及以上的，应计算全面积；结构层高在 2.20m 以下的，应计算 1/2 面积。

3）名词解释

①自然层：按楼地面结构分层的楼层。

②结构层高：楼面或地面结构层上表面至上部结构层上表面之间的垂直距离。

③围护结构：围合建筑空间的墙体、门、窗。

【例 2-1】 已知某单层房屋平面和剖面图（图 2-1），计算该房屋的建筑面积。

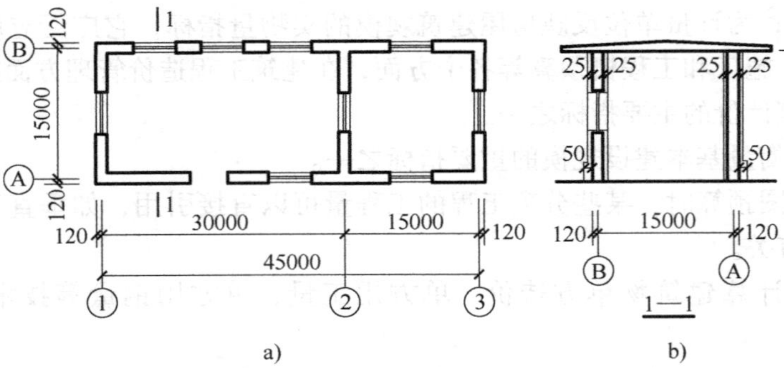

图 2-1 单层房屋平面图和剖面图

a）平面图 b）1—1 剖面图

【解】 建筑面积 $S=(45+0.24)\times(15+0.24)=689.46(m^2)$

【例 2-2】 已知某单层房屋平面和剖面图（图 2-2），计算该房屋的建筑面积。

【解】 建筑面积 $S=(20+0.24)\times(10+0.24)+(5+0.24)\times(10+0.24)=260.92$ (m^2)

【例 2-3】 如图 2-3 所示，计算多层建筑物的建筑面积。图中所示尺寸为外墙外边线。

【解】 建筑面积 $S=15.18\times 9.18\times 7=975.47$ (m^2)

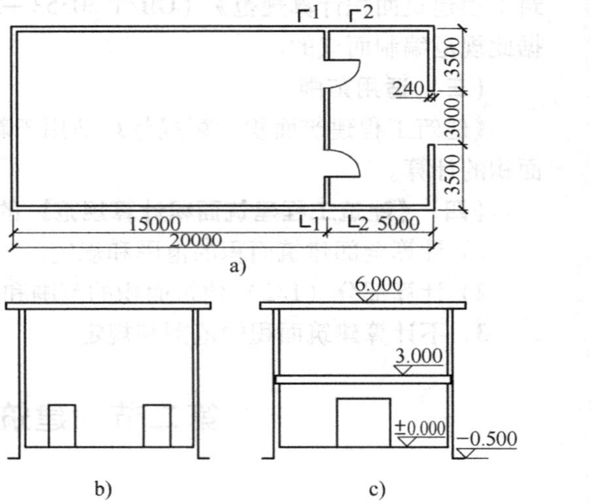

图 2-2 单层房屋平面和剖面图

a）平面图 b）1—1 剖面图 c）2—2 剖面图

（二）建筑空间的坡屋顶

（1）形成建筑空间的坡屋顶

1）结构净高在 2.10m 及以上的部位应计算全面积。

2）结构净高在 1.20m 及以上至 2.10m 以下的部位应计算 1/2 面积。

3）结构净高在 1.20m 以下的部位不应计算面积。

（2）名词解释

1）建筑空间：以建筑界面限定的、供人们生活和活动的场所。

2）结构净高：楼面或地面结构层上表面至上部结构层下表面之间的垂直距离。

【例 2-4】 如图 2-4 所示，计算单层建筑物的建筑面积。

【解】 建筑面积 $S=5.4\times(6.9+0.24)+2.7\times(6.9+0.24)\times 0.5\times 2=57.83(m^2)$

（三）地下室

1）地下室、半地下室建筑面积，应按其结构外围水平面积计算。结构层高在 2.20m 及

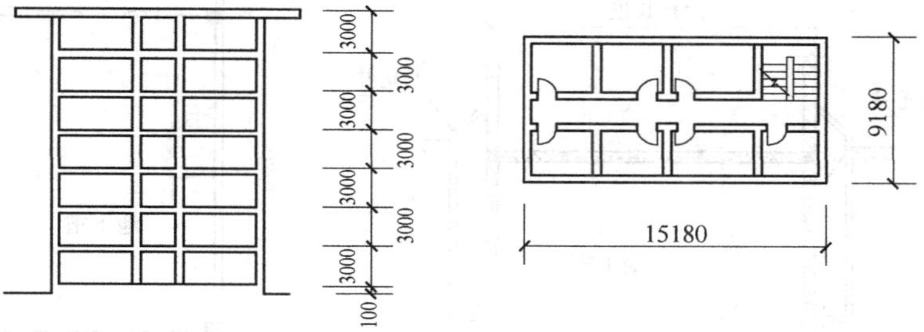

a)　　b)

图 2-3　多层建筑物立面和平面图

a）立面图　b）平面图

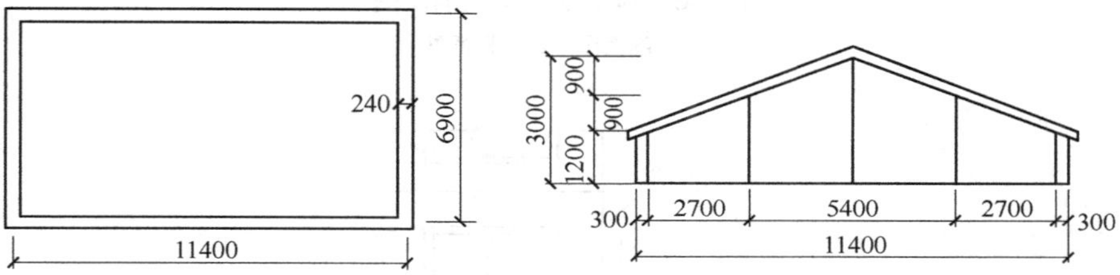

a)　　b)

图 2-4　坡屋顶的单层建筑

a）平面图　b）剖面图

以上的，应计算全面积；结构层高在 2.20m 以下的，应计算 1/2 面积。

2）名词解释

①地下室：室内地平面低于室外地平面的高度超过室内净高的 1/2 的房间。

②半地下室：室内地平面低于室外地平面的高度超过室内净高的 1/3，且不超过 1/2 的房间。

图 2-5 为地下室剖面示意图。

图 2-5　地下室剖面示意图

【例 2-5】 如图 2-6 所示，计算某地下室的建筑面积。

【解】 建筑面积 $S = 7.98 \times 5.68 = 45.33(m^2)$

（四）出入口坡道

1）出入口外墙外侧坡道有顶盖的部位，应按其外墙结构外围水平面积的 1/2 计算面积。

2）出入口坡道顶盖的挑出长度，为顶盖结构外边线至外墙结构外边线的长度。

3）顶盖以设计图纸为准，对后增加及建设单位自行增加的顶盖等，不计算建筑面积。顶盖不分材料种类，如钢筋混凝土顶盖、彩钢板顶盖、阳光板顶盖等。

地下室出入口坡道如图 2-7 所示。

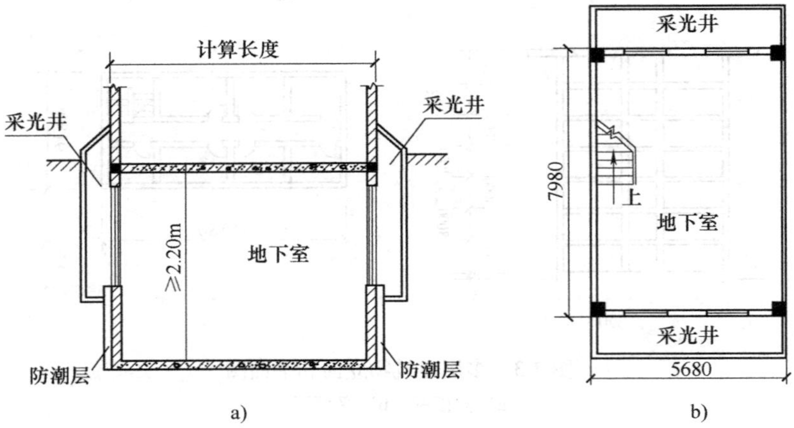

图 2-6　地下室平面和剖面图

a）剖面图　b）平面图

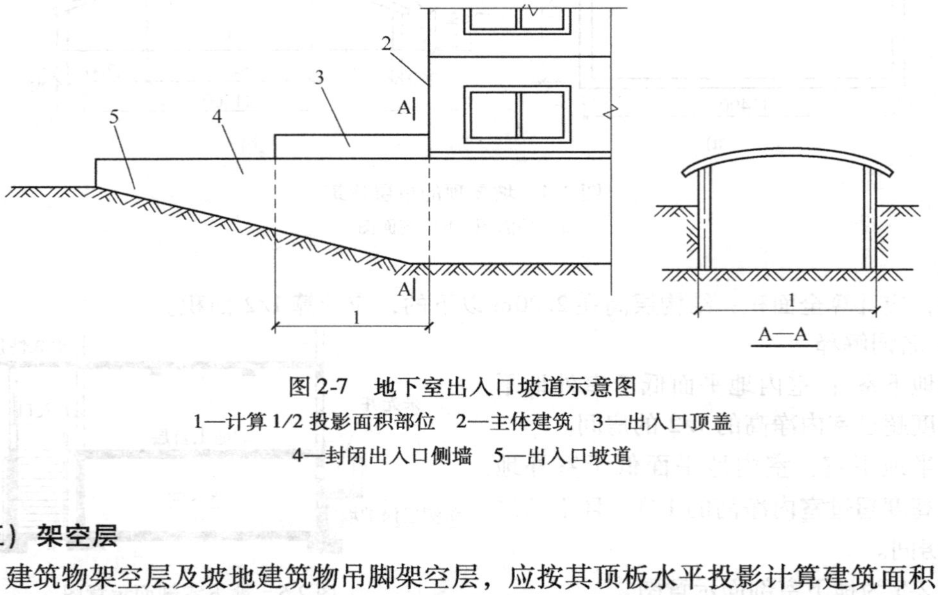

图 2-7　地下室出入口坡道示意图

1—计算 1/2 投影面积部位　2—主体建筑　3—出入口顶盖

4—封闭出入口侧墙　5—出入口坡道

（五）架空层

1）建筑物架空层及坡地建筑物吊脚架空层，应按其顶板水平投影计算建筑面积。结构层高在 2.20m 及以上的，应计算全面积；结构层高在 2.20m 以下的，应计算 1/2 面积。

本条既适用于建筑物吊脚架空层、深基础架空层建筑面积计算，也适用于目前部分住宅、学校教学楼等工程在底层架空或在二楼或以上某个甚至多个楼层架空，作为公共活动、停车、绿化等空间的建筑面积计算。

2）名词解释

架空层：仅有结构支撑而无外围护结构的开敞空间层。

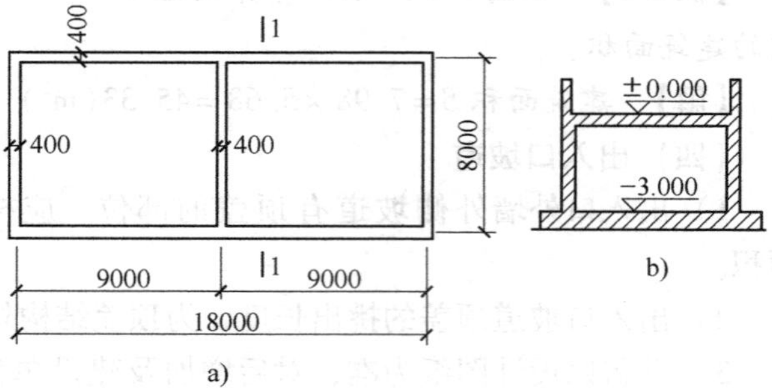

图 2-8　深基础架空层

a）架空层平面示意图　b）1—1 剖面图

【例2-6】 如图2-8所示，计算利用深基础地下架空层的建筑面积。

【解】 建筑面积 $S=(18+0.4)\times(8+0.4)=154.56(m^2)$

（六）建筑物的门厅、大厅

1）建筑物的门厅、大厅按一层计算建筑面积。

2）门厅、大厅内设置的走廊，应按走廊结构底板水平投影面积计算建筑面积。

3）结构层高在2.20m及以上的，应计算全面积；结构层高在2.20m以下的，应计算1/2面积。

4）名词解释

走廊：建筑物中的水平交通空间。

（七）变形缝

1）与室内相通的变形缝，应按其自然层合并在建筑物建筑面积内计算。

2）对于高低联跨的建筑物，当高低跨内部连通时，其变形缝应计算在低跨建筑面积内。

与室内相通的变形缝，是指暴露在建筑物内，在建筑物内可以看见的变形缝。

与室内不相通的变形缝不计算建筑面积。

3）名词解释

变形缝：防止建筑物在某些因素作用下引起开裂甚至破坏而预留的构造缝。

（八）室内楼梯、井道、采光井

1）建筑物内的室内楼梯间、电梯井、提物井、管道井、通风排气竖井、烟道应并入建筑物的自然层计算建筑面积。

2）有顶盖的采光井应按一层计算面积，结构净高在2.10m及以上的，应计算全面积；结构净高在2.10m以下的，应计算1/2面积。

有顶盖的采光井包括建筑物中的采光井和地下室采光井。地下室采光井如图2-9所示。

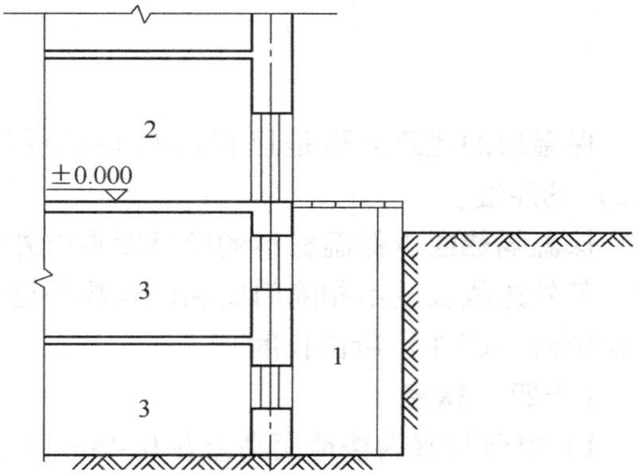

图2-9　地下室采光井

1—采光　2—室门　3—地下室

3）名词解释

自然层：按楼地面结构分层的楼层。

（九）建筑物顶部楼梯间

设在建筑物顶部的、有围护结构的楼梯间、水箱间、电梯机房等，结构层高在2.20m及以上的，应计算全面积；结构层高在2.20m以下的，应计算1/2面积。

（十）室外楼梯

室外楼梯，应并入所依附建筑物自然层，并应按其水平投影面积的1/2计算建筑面积。

层数为室外楼梯所依附的楼层数，即梯段部分投影到建筑物范围的层数。

如图2-10室外楼梯所示，$S_{楼梯}=\frac{1}{2}ab$

（十一）设备层

对于建筑物内的设备层、管道层、避难层等有结构层的楼层，结构层高在2.20m及以上的，应计算全面积；结构层高在 2.20m 以下的，应计算 1/2 面积。

在吊顶空间内设置管道的，则吊顶空间部分不能被视为设备层、管道层。

（十二）幕墙

以幕墙作为围护结构的建筑物，应按幕墙外边线计算建筑面积。

（十三）保温层

建筑物的外墙外保温层，应按其保温材料的水平截面积计算，并计入自然层建筑面积。建筑外墙外保温如图 2-11 所示。

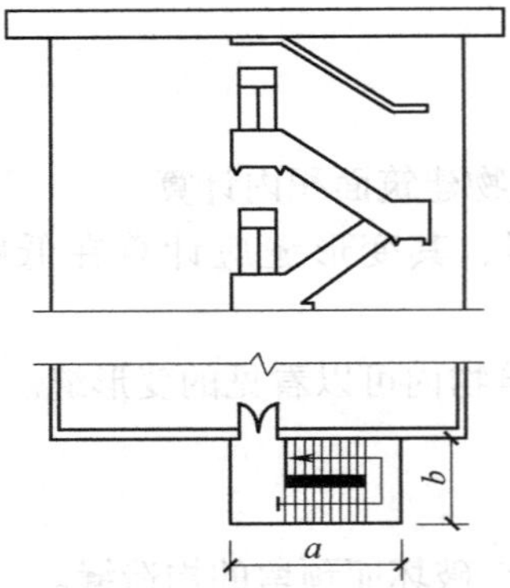

图 2-10　室外楼梯示意图

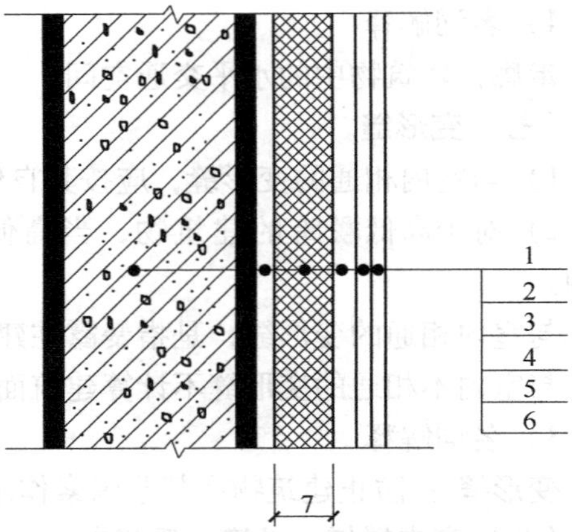

图 2-11　建筑外墙外保温构造

1—墙体　2—黏结胶浆　3—保温材料　4—标准网　5—加强网　6—抹面胶浆　7—计算建筑面积部位

保温层的建筑面积是以保温材料的厚度来计算的，不包括抹灰层、防潮层、保护层（墙）的厚度。

保温隔热层以保温材料的净厚度乘以外墙结构外边线长度按建筑物的自然层计算建筑面积。其外边线长度不扣除门窗和建筑物外已计算建筑面积构件（如阳台、室外走廊、门斗、落地橱窗等部件）所占长度。

（十四）飘窗

1）窗台与室内楼地面高差在 0.45m 以下且结构净高在 2.10m 及以上的凸（飘）窗，应按其围护结构外围水平面积计算 1/2 面积。

凸（飘）窗须同时满足两个条件方能计算建筑面积：一是结构高差在 0.45m 以下，二是结构净高在 2.10m 及以上。

2）名词解释

凸（飘）窗：凸出建筑物外墙面的窗户。

（十五）落地橱窗

1）附属在建筑物外墙的落地橱窗，应按围护结构外围水平面积计算。结构层高在 2.20m 及以上的，应计算全面积；结构层高在 2.20m 以下的，应计算 1/2 面积。

2）名词解释

落地橱窗：突出外墙面且根基落地的橱窗。

（十六）雨篷

1）有柱雨篷应按其结构板水平投影面积 1/2 计算建筑面积。

2）无柱雨篷的结构外边线至外墙结构外边线的宽度在 2.10m 及以上的，应按雨篷结构板的水平投影面积的 1/2 计算建筑面积。

3）名词解释

雨篷：建筑出入口上方为遮挡雨水而设置的部件。

如图 2-12 有柱雨篷所示，没有出挑宽度的限制，$S_{雨篷}=\frac{1}{2}ab$

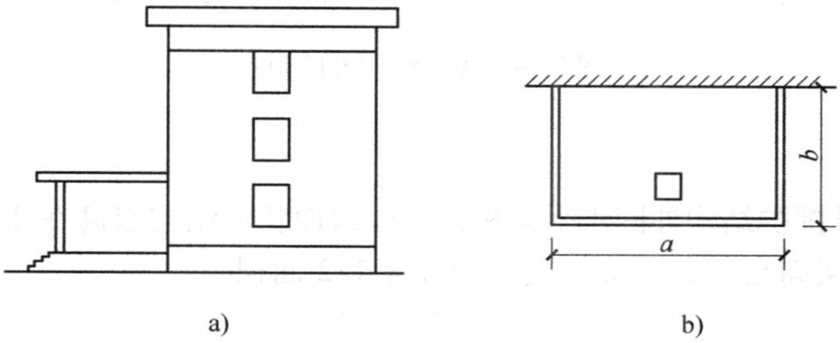

图 2-12　雨篷示意图
a）立面图　b）平面图

（十七）阳台

1）在主体结构内的阳台，应按其结构外围水平面积计算全面积，如图 2-13 所示。

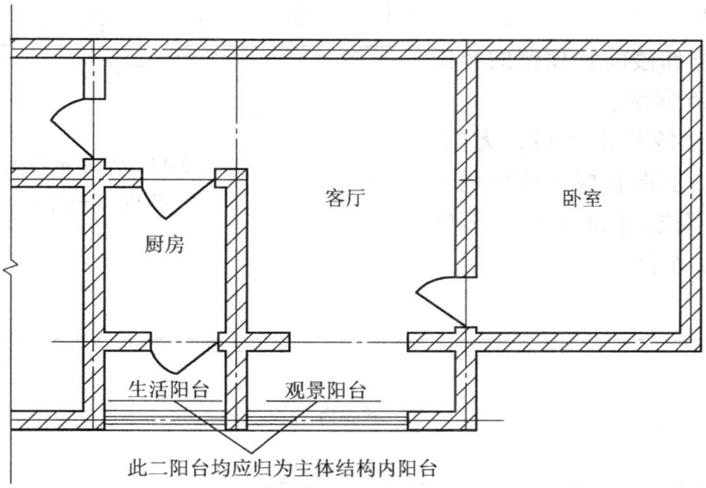

图 2-13　主体结构内的阳台

2）在主体结构外的阳台，应按其结构底板水平投影面积计算 1/2 面积，如图 2-14 所示。

建筑物的阳台，不论其形式如何，均以建筑物主体结构为界分别计算建筑面积。

3）名词解释

阳台：附设于建筑物外墙，设有栏杆或栏板，可供人活动的室外空间。

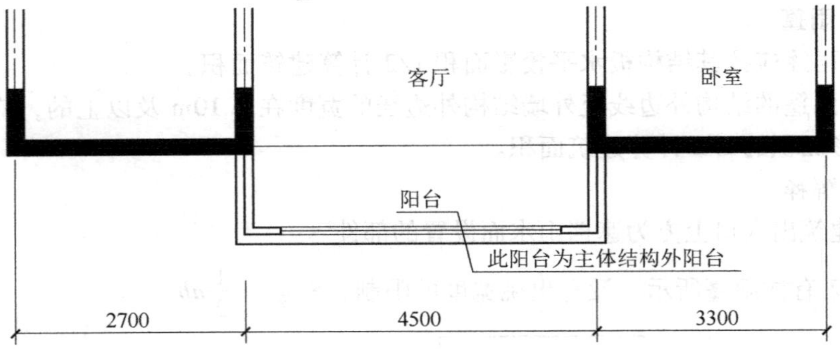

图 2-14 主体结构外的阳台

（十八）门斗

1）门斗应按其围护结构外围水平面积计算建筑面积。结构层高在 2.20m 及以上的，应计算全面积；结构层高在 2.20m 以下的，应计算 1/2 面积。

2）名词解释

门斗：建筑物入口处两道门之间的空间，如图 2-15 所示。

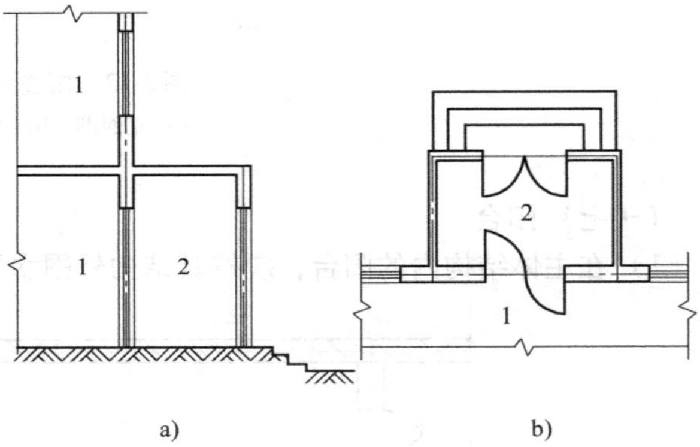

图 2-15 门斗示意图

1—室内 2—门斗

（十九）门廊

1）门廊应按其顶板水平投影面积的 1/2 计算建筑面积。

2）名词解释

门廊：建筑物如楼前有顶棚的半围合空间，如图 2-16 所示。

门廊是指在建筑物出入口，无门、三面或两面有墙，上部有板（或借用上部楼板）围护的部位。门廊划分为全凹式、半凹半凸式、全凸式。

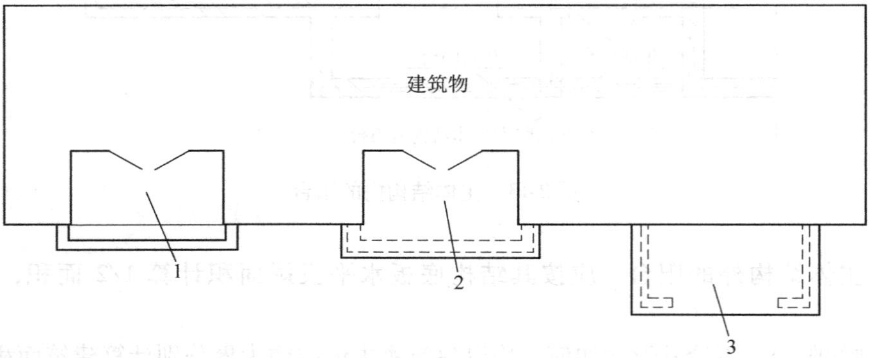

图 2-16 门廊示意图

1—全凹式门廊 2—半凹半凸式门廊 3—全凸式门廊

（二十）走廊、挑廊、檐廊

1）有围护设施的室外走廊（挑廊），应按其结构底板水平投影面积计算1/2面积，如图2-17所示。

2）有围护设施（或柱）的檐廊，应按其围护设施（或柱）外围水平面积计算1/2面积，如图2-18所示。

3）名词解释

①走廊：建筑物中的水平交通空间。

②挑廊：挑出建筑物外墙的水平交通空间。

③檐廊：建筑物挑檐下的水平交通空间。

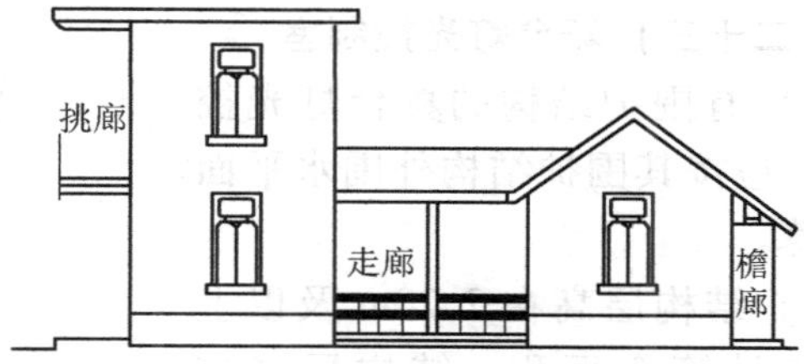

图2-17　走廊、檐廊、挑廊示意图

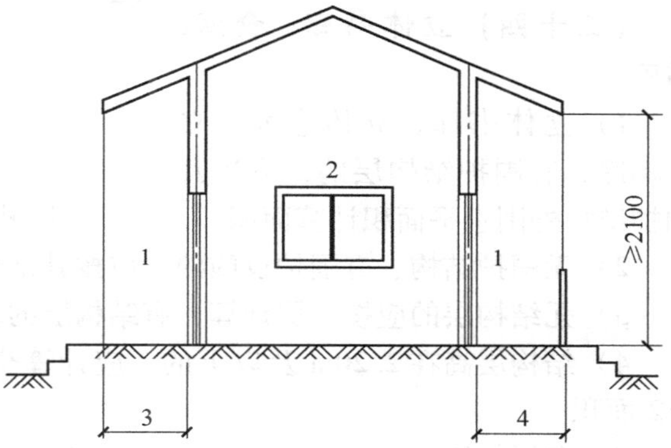

图2-18　檐廊示意图

1—檐廊　2—室内　3—不计算建筑面积部位
4—计算1/2建筑面积部位

（二十一）架空走廊

1）建筑物间的架空走廊，有顶盖和围护结构的，应按其围护结构外围水平面积计算全面积。

2）无围护结构、有围护设施的，应按其结构底板水平投影面积计算1/2面积。

3）名词解释

架空走廊：专门设置在建筑物的二层或二层以上，作为不同建筑物之间水平交通的空间。

【例2-7】 如图2-19所示，计算无围护结构、有围护设施的架空通廊建筑面积。

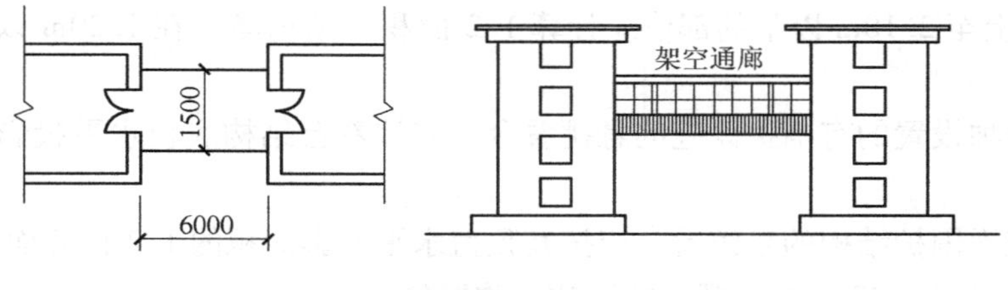

图2-19　有围护设施的架空走廊示意图

a）平面图　b）立面图

解：

建筑面积　$S = 0.5 \times 6 \times 1.5 = 4.5(m^2)$

（二十二）围护结构不垂直水平面的楼层

1）围护结构不垂直水平面的楼层，应按其底板面的外墙外围水平面积计算，如图2-20

所示。

2）结构净高在 2.10m 及以上的部位应计算全面积；结构净高在 1.20m 及以上至 2.10m 以下的部位应计算 1/2 面积；结构净高在 1.20m 以下的部位不应计算面积。

（二十三）舞台灯光控制室

1）有围护结构的舞台灯光控制室，应按其围护结构外围水平面积计算。

2）结构层高在 2.20m 及以上的，应计算全面积；结构层高在 2.20m 以下的，应计算 1/2 面积。

（二十四）立体书库、仓库、书库

1）立体书库、立体仓库、立体车库，有围护结构层的，应按其围护结构外围水平面积计算面积。

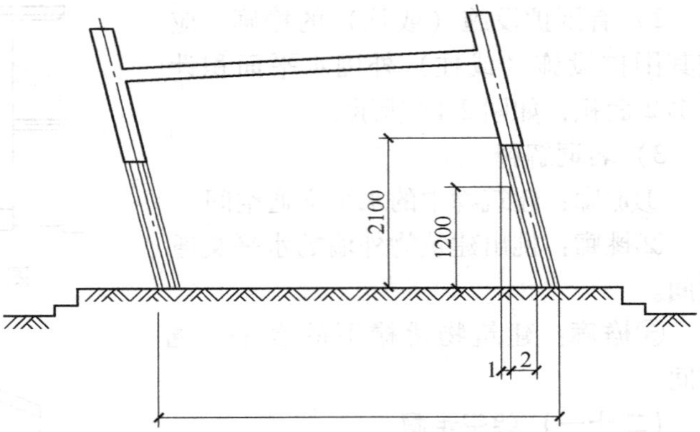

图 2-20 斜围护结构示意图
1—计算 1/2 建筑面积部位 2—不计算建筑面积部位

2）无围护结构、有围护设施的，应按其结构底板水平投影面积计算建筑面。

3）无结构层的应按一层计算，有结构层的应按其结构层面积分别计算。

4）结构层高在 2.20m 及以上的，应计算全面积；结构层高在 2.20m 以下的，应计算 1/2 面积。

5）名词解释

结构层：整体结构体系中承重的楼板层。

起局部分隔、存储等作用的书架层、货架层或可升降的立体钢结构停车层均不属于结构层。故该部分分层不计算建筑面积。

（二十五）场馆看台

1）场馆看台下的建筑空间，结构净高在 2.10m 及以上的部位应计算全面积；结构净高在 1.20m 及以上至 2.10m 以下的部位应计算 1/2 面积；结构净高在 1.20m 以下的部位不应计算面积。

2）室内单独设置的有围护设施的悬挑看台，应按看台结构底板水平投影面积计算建筑面积。

3）有顶盖无围护结构的场馆看台应按其顶盖水平投影面积的 1/2 计算面积。

（二十六）站台、车（货）棚、加油站、收费站

有顶盖无围护结构的车棚、货棚、站台、加油站、收费站等，应按其顶盖水平投影面积的 1/2 计算建筑面积。

二、不计算建筑面积的范围

（一）骑楼、过街楼及建筑物通道

1）骑楼、过街楼底层的开放空间和建筑物通道不计算建筑面积。

2）名词解释

①骑楼：建筑物底层沿街面后退且留出公共人行空间的建筑物，如图 2-21 所示。

②过街楼：跨越道路上空并与两边建筑相连接的建筑物，如图 2-22 所示。

③建筑物通道：为穿过建筑物而设置的空间。

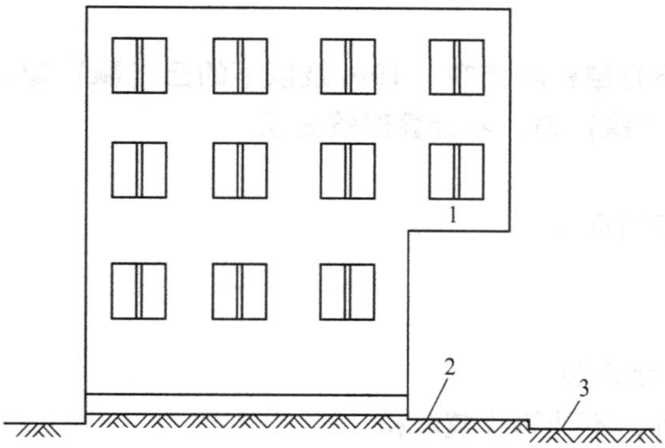

图 2-21 骑楼示意图

1—骑楼 2—人行道 3—街道

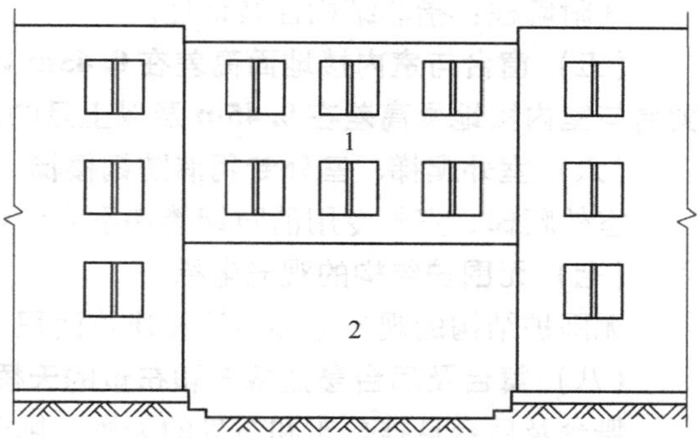

图 2-22 过街楼示意图

1—过街楼 2—建筑物通道

（二）与建筑物内不相连通的建筑部件

与建筑物内不相连通的建筑部件不计算建筑面积。

本条指的是依附于建筑物外墙外不与户室开门连通，起装饰作用的敞开式挑台（廊）、平台，以及不与阳台相通的空调室外机搁板（箱）等设备平台部件。

（三）露台、屋顶的水箱、花架等

1）露台、露天游泳池、花架、屋顶的水箱、及装饰性结构构件不计算建筑面积。

2）名词解释

露台：设置在屋面、首层地面或雨篷上的供人室外活动的有围护设施的平台。

（四）勒脚、附墙柱、垛、台阶等

1）勒脚、附墙柱、垛、台阶、墙面抹灰、装饰面、镶贴块料面层、装饰性幕墙、主体结构外的空调室外机搁板（箱）、构件、配件，挑出宽度在 2.1m 以下的无柱雨篷和顶盖高度达到或超过两个楼层的无柱雨篷，不计算建筑面积，如图 2-23 所示。

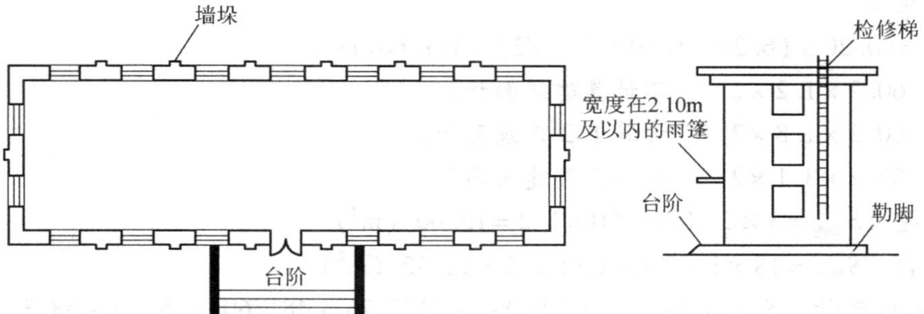

图 2-23 台阶、墙垛等示意图

2）名词解释

①勒脚：在房屋外墙接近地面部位设置的饰面保护构造。

②台阶：联系室内外地坪或同楼层不同标高而设置的阶梯形踏步。

③附墙柱：指非结构性装饰柱。

（五）窗台与室内楼地面高差在 0.45m 以下且结构净高在 2.10m 及以下的凸（飘）窗，窗台与室内楼地面高差在 0.45m 及以上且的凸（飘）窗，不计算建筑面积。

（六）室外爬梯、室外专用消防钢楼梯

室外爬梯、室外专用消防钢楼梯不应计算建筑面积。

（七）无围护结构的观光电梯

无围护结构的观光电梯不计算建筑面积。

（八）舞台及后台悬挂幕布和布景的天桥、挑台等

舞台及后台悬挂幕布和布景的天桥、挑台等，不计算建筑面积。

（九）操作平台、上料平台等

建筑物内的操作平台、上料平台、安装箱和罐体的平台，不计算建筑面积。

（十）地下人防通道等构筑物

建筑物以外的地下人防通道、独立的烟囱、烟道、地沟、油（水）罐、气柜、水塔、贮油（水）池、贮仓、栈桥等构筑物，不计算建筑面积。

【例 2-8】 如图 2-24 所示某多层住宅，与室内相通的变形缝宽度为 0.20m，每个在主体结构外的阳台底板水平投影尺寸为 1.80m×3.60m，共 18 个，每个无柱雨篷结构板水平投影尺寸为 2.60m×4.00m，共 3 个。坡屋面阁楼室内净高最高点为 3.65m，坡屋面坡度为 1:2；平屋面顶标高为 11.00m，女儿墙顶面标高为 11.60m。A-B 轴部分一层为大厅，层高 6m。请按建筑工程建筑面积计算规范（GB/T 50353—2013）计算建筑面积。（保留两位小数）

【解】 1）A-C 轴建筑面积：

1-2 层 $S_{1\text{-}2层}=30.20\times8.40\times2=507.36(m^2)$

3 层 $S_{3层}=30.20\times8.40\times0.5=126.84(m^2)$

2）C-D 轴建筑面积：

1-4 层 $S_{1\text{-}4层}=60.20\times12.20\times4=2937.76(m^2)$

3）坡屋面：

$S_{坡屋面}=60.20\times(6.20+1.80\times2\times1/2)=481.60(m^2)$

其中：$60.2\times1.2\times2$ 不计算建筑面积；

$60.2\times1.8\times2$ 计算 1/2 建筑面积；

$60.2\times3.1\times2$ 计算全部建筑面积。

4）雨篷 $S_{雨篷}=3\times2.60\times4.00\times1/2=15.60$ (m^2)

5）阳台 $S_{阳台}=18\times1.80\times3.60\times1/2=58.32$ (m^2)

建筑面积合计：$S_{合计}=507.36+126.84+2937.76+481.60+15.60+58.32=4127.48$ (m^2)

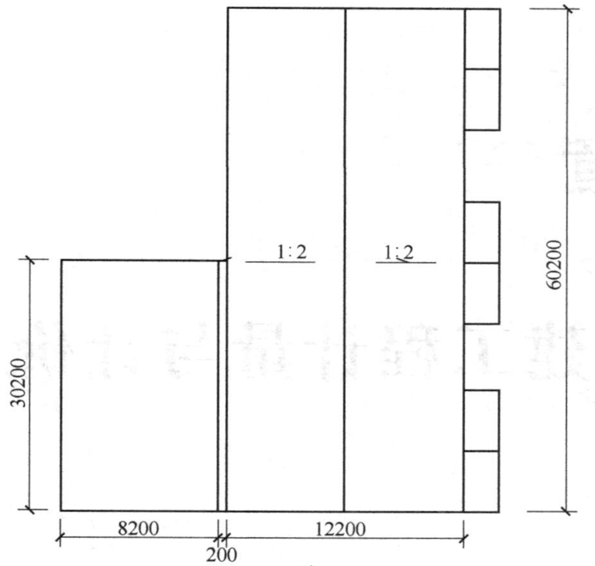

a)

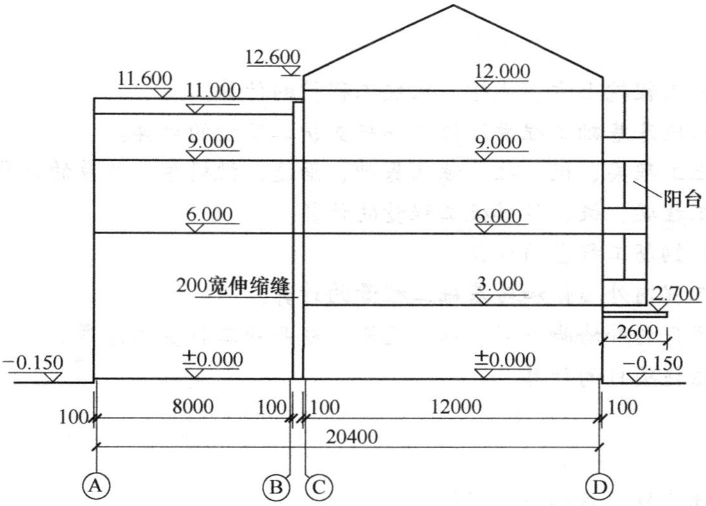

b)

图2-24　建筑物平面及立面图

a) 平面图　b) 立面图

思考与练习题

1. 简述建筑面积的组成。
2. 计算建筑面积时，全面积与一半面积的结构层高界限如何理解？
3. 室内楼梯与室外楼梯、屋顶楼梯间建筑面积计算有何区别？
4. 屋顶的水箱与屋顶水箱间建筑面积计算有何不同？
5. 外墙外保温层如何计算建筑面积？

第三章

土建工程计量与计价

知识目标：

- 掌握土石方工程挖土方、地槽、基坑工程量的计算。
- 掌握桩基与地基基础工程灌注桩及锚杆支护工程量的计算。
- 掌握混凝土工程梁、板、柱、独立基础、雨篷、挑檐等工程量的计算。
- 掌握模板工程梁、板、柱模板工程量的计算。
- 掌握梁、板钢筋工程量的计算。
- 掌握砌筑工程内外墙体和砖基础工程量的计算。
- 掌握措施项目内外墙脚手架、垂直运输、超高费工程量的计算。
- 掌握其他措施项目的计算。

能力目标：

- 能正确识读建筑、结构施工图纸。
- 会应用各分部分项计算规则计算工程量。
- 会依据定额掌握常用项目定额子目的套用。
- 能依据钢筋平法图集 11G101 进行钢筋的识读与工程量的计算。

第一节　土石方工程

一、土石方概述

（一）土石方分类

1. 平整场地

平整场地是指建筑场地以内，以设计室外地坪为准，±30cm 以内的挖、填土方及找平。

超过上述范围的土方按挖土方计算。

2. 土方开挖

土方开挖包括挖沟槽、挖地坑、挖土方三部分，均按体积计算工程量。土方开挖（包括回填）一律以挖掘前的天然密实体积为准计算，如为虚方体积、夯实体积和松填体积必须折算成天然密实体积，折算系数为：天然密实体积为1；虚方体积为1.30；夯实后体积为0.87；松填体积为1.08。

天然密实土是指未经动的自然土（天然土）；虚土是指未经填压自然形成的土；夯实土是指按规范要求经过分层碾压、夯实的土；松填土是指挖出的自然土自然堆放未经夯实填在槽、坑中的土。

3. 挖沟槽

凡槽底宽度在3m以内（≤3m），且槽长大于槽宽3倍的为沟槽。

4. 挖地坑

凡图示基坑底面积在 $20m^2$ 以内的挖土为挖地坑。

5. 挖土方

凡图示坑底宽度在3m以上，坑底面积在 $20m^2$ 以上，挖土厚度在 ±30cm 以上者为挖土方。

（二）土方放坡

土方开挖施工应根据土壤类别、开挖深度、基础类型、尺寸等，决定是否放坡。

1. 放坡起点

挖地槽、地坑、土方需放坡者，可按表3-1规定的放坡起点和放坡系数计算工程量。

表3-1　土方工程放坡系数表

土壤类别	放坡起点/m	人工挖土	机械作业	
			在坑内作业	在坑上作业
一、二类土	1.20	1:0.50	1:0.33	1:0.75
三类土	1.50	1:0.33	1:0.25	1:0.67
四类土	2.00	1:0.25	1:0.10	1:0.33

1）放坡起点：混凝土垫层由垫层底面开始放坡，灰土垫层由垫层上表面开始放坡，无垫层的由底面开始放坡。混凝土垫层放坡起点与工作面示意图如图3-1所示。

2）计算放坡时，在交接处的重复工程量不予扣除。

3）因土质不好，地基处理采用挖土、换土时，其放坡点应从实际挖深开始。

4）在挖土方、槽、坑时，如遇不同土壤类别，应根据地质勘测资料分别计算，边坡放坡系数可根据各土壤类别及深度加权取定。

2. 放坡系数

表3-1中的放坡系数，在建筑工程中通常用 K 来表示，公式表达为：

$$K = \frac{B}{H} \tag{3-1}$$

式中　H——挖土深度；

B——放坡宽度，$B = KH$。

土方放坡宽度及深度如图 3-2 所示。

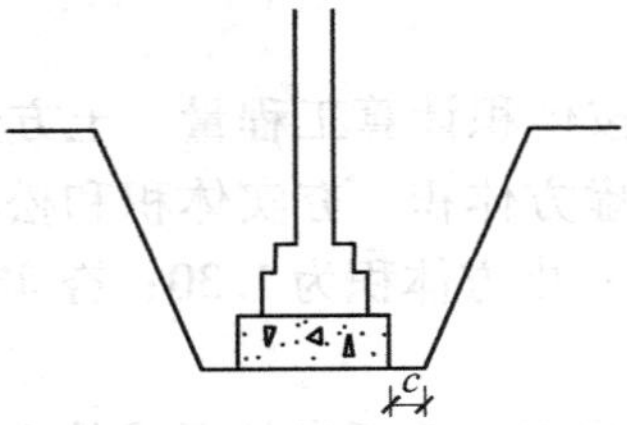

图 3-1 混凝土垫层放坡起点与工作面示意图

c—混凝土垫层所需工作面

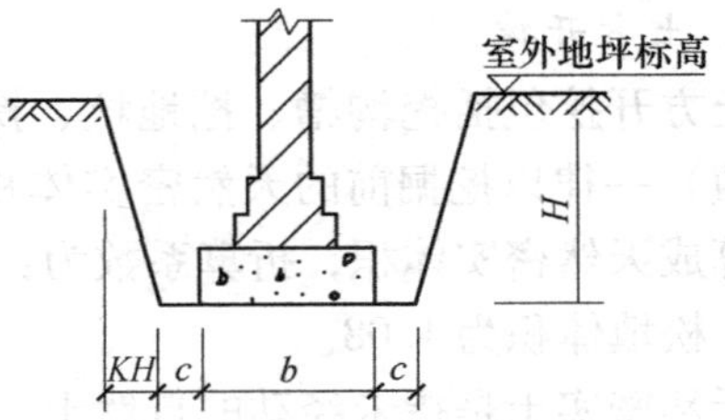

图 3-2 土方放坡示意图

3. 工作面

工作面指工人在施工中所需的工作空间。基础工程施工中需要增加的工作面，可按表 3-2 的规定计算。

表 3-2 基础施工所需工作面宽度计算表

基础材料	每边各增加工作面宽度/mm	基础材料	每边各增加工作面宽度/mm
砖基础	200	混凝土基础支模板	300
浆砌毛石、条石基础	300	基础垂直面做防水层	800（防水层面）
混凝土基础垫层支模板	300	搭设脚手架	1200

基础工程施工应根据基础类型的不同按规定增加工作面后，计算土方工程量。多种情况同时存在时按较大值计算。

4. 挡土板

由于场地等因素不能放坡时，可采用支挡土板的方式，挡土板的厚度一般为 10cm。

挖沟槽、地坑需支挡土板时，其宽度按沟槽、地坑底宽，单面加 10cm，双面加 20cm 计算。支挡土板不再计算放坡，支挡土板如图 3-3 所示。

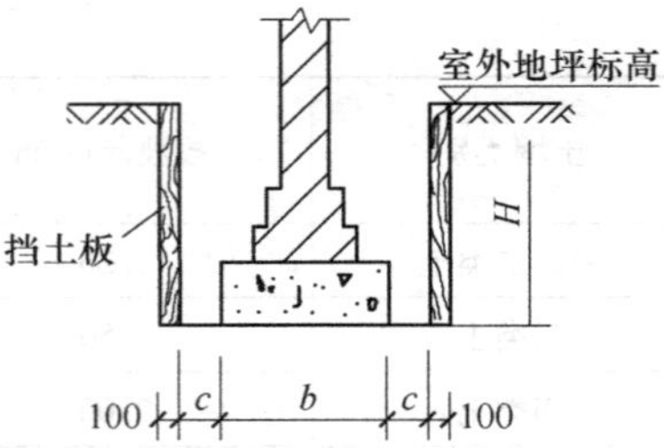

图 3-3 支挡土板示意图

二、土石方工程计算

（一）场地平整

1）场地平整面积等于建筑物的底面积（包括外墙保温板），包括有基础的底层阳台面积。

注意：“建筑物的底面积”与“建筑物的底层建筑面积”的区别与联系。

2）场地平整工程量的计算方法。

①按建筑物的底面积计算，包括有基础的底层阳台面积。

②围墙按中心线每边各增加 1m 计算。

③道路及室外管道沟不计算平整场地。

（二）挖地坑及土方

1. 四边放坡的矩形地坑及挖土方公式一

独立基础挖地坑，放坡后的平面及剖面如图 3-4 所示。

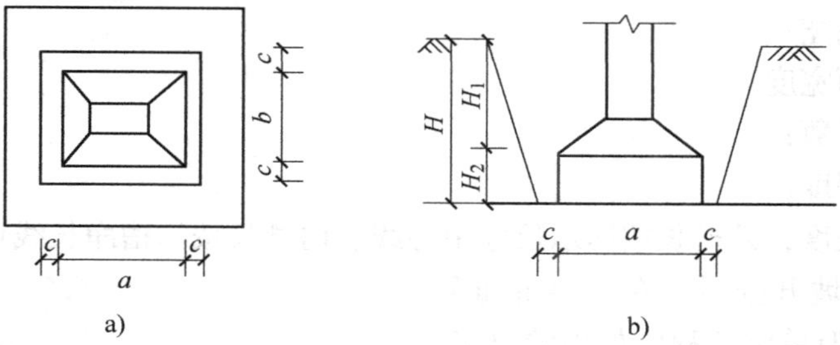

图 3-4　独立基础及地坑示意图

a）平面图　b）剖面图

四边放坡的矩形地坑及挖土方，计算公式为：

$$V=(a+2c+KH)\times(b+2c+KH)\times H+\frac{1}{3}K^2H^3 \tag{3-2}$$

式中　a——基础底面宽度；

b——基础底面长度；

c——工作面宽度；

K——放坡系数；

H——挖土深度，挖土深度以设计室外地坪以下的挖土深度计算。

2. 四边放坡的矩形地坑及挖土方公式二

四边放坡的矩形地坑及挖土方，还可以用下列公式计算：

$$V=\frac{H}{6}[A\times B+a\times b+(A+a)\times(B+b)] \tag{3-3}$$

式中　a、b——基坑下底边长，a = 基础边长 $+2c$，b = 基础边长 $+2c$；

A、B——基坑上底边长，$A=a+2KH$，$B=b+2KH$；

H——挖土深度。

地坑立体示意图如图 3-5 所示。

（三）挖沟槽

沟槽根据放坡与否、是否支挡土板，其断面形式不同（图 3-6）。挖沟槽体积可表达为：

$$V_{沟槽}=沟槽断面\times沟槽长度$$

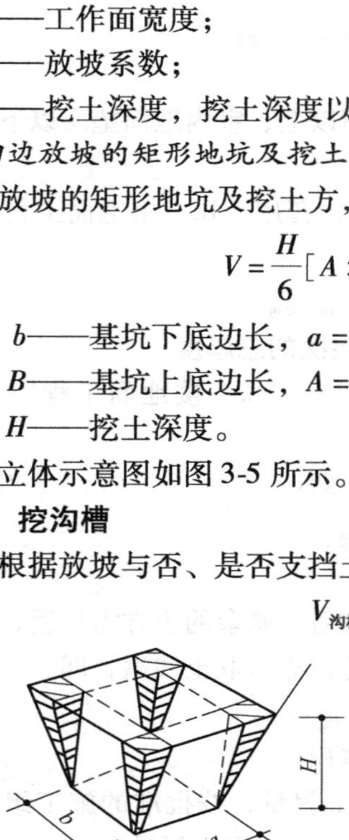

图 3-5　地坑立体示意图

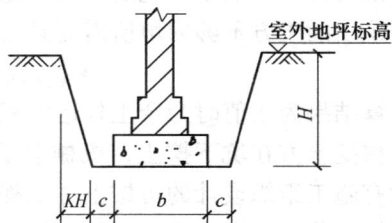

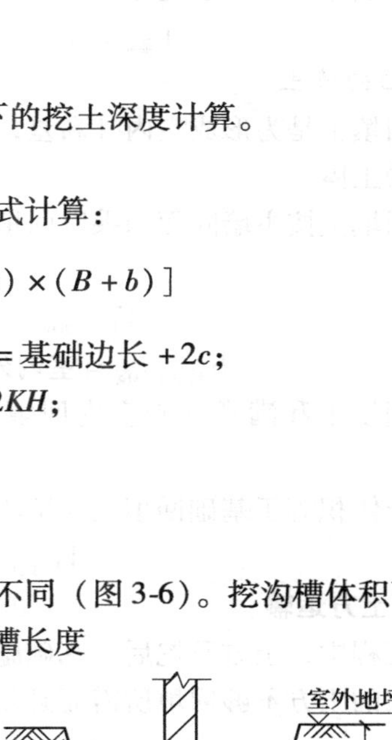

图 3-6　沟槽放坡断面示意图

沟槽放坡，不支设挡土板，以图3-6梯形断面为例，挖沟槽体积计算公式为：

$$V_{沟槽} = [(b+2c)+(b+2c+2KH)] \times H \div 2 \times L$$

合并后，得：

$$V_{沟槽} = (b+2c+KH) \times H \times L \tag{3-4}$$

式中 b——基础底宽；

c——工作面宽度；

K——放坡系数；

H——挖土深度；

L——沟槽长度，外槽长按图示尺寸中心线、内槽长按沟槽净长线计算。

注意：沟槽放坡开挖时，在交接处重复工程量不予扣除，但单位工程中如内墙过多、过密，交接处重复计算工程量过大，已超出大开挖的土方量时，应按大开挖计算工程量。

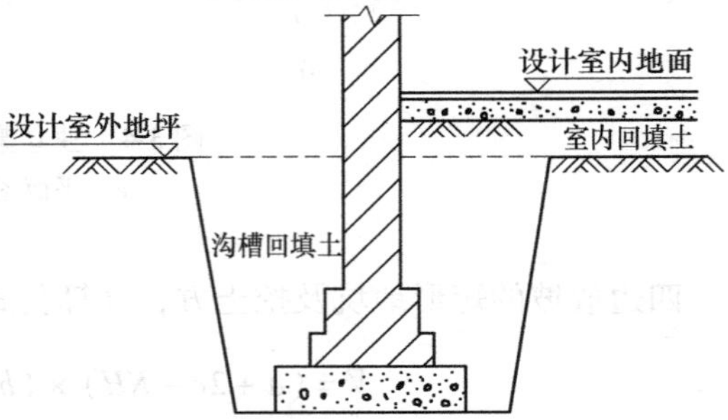

图3-7 回填土示意图

（四）回填土

回填土包括夯实填土和松散填土两类，按 m^3 计算工程量。回填土包括基础回填土和房心回填土，回填土示意图如图3-7所示。

1. 基础回填土

基础回填土体积等于挖土体积减去室外地坪以下埋设的所有基础、垫层等的体积，即：

$$V_{基础回填土} = V_{挖土} - V_{室外设计地坪以下埋设的基础和垫层}$$

2. 房心回填土

房心回填土是为形成室内外高差，而在室外设计地面以上、室内地面垫层以下，房心的部位回填的土体。

房心回填土按主墙间面积乘以回填土厚度以 m^3 计算，套用“B.1楼地面工程”相应项目，即：

$$V_{房心回填土} = S_{室内主墙之间净面积} \times H_{回填土厚度}$$

$$H_{回填土厚度} = 室内外高差 - 地面构造层次的总厚度$$

房心回填土和满堂基础室内回填土可按装饰装修定额“B.1楼地面工程”素土垫层计算。

回填土体积等于基础回填土与房心回填土体积之和，即：

$$V_{回填土} = V_{基础回填土} + V_{房心回填土}$$

（五）土方运输

基础工程中，土方开挖后，基础施工完毕，土方回填后，剩余的土方需外运，即余土外运；当挖出的土方不够回填所需而必须由场外回运土方时，称为取土回运，即：

$$V_{余土外运(或取土回运)} = V_{挖土} - V_{回填土}$$

式中计算结果为正值时为余土外运体积，负值时为取土体积。

机械挖土方在坑下挖土，机械上下行驶坡道的土方工程量，按批准的施工组织设计计算，没有施工组织设计的可按土方工程量的5%计算，并计入土方工程量。

因场地狭小无堆土地点，挖出的土方运输，应根据现场签证确定的数量和运距计算。

【例3-1】 已知基础平面图如图3-8所示，土为三类土，计算人工挖土工程量。（混凝

土垫层施工时需支模板）

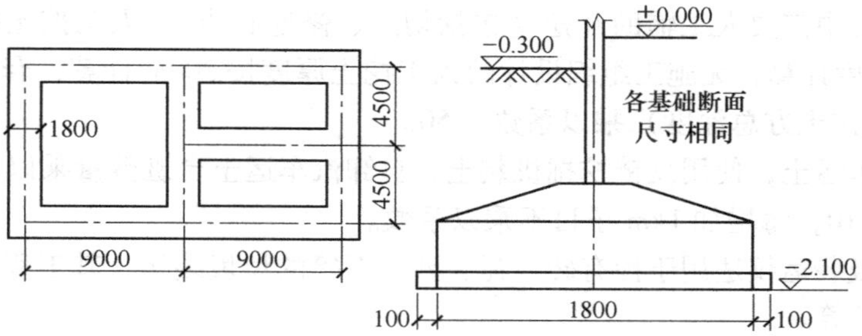

图 3-8 基础平面与剖面图

【解】 人工挖沟槽，三类土。

1）挖深 $H=2.1-0.3=1.8\text{m}>1.5\text{m}$，沟槽需放坡。

沟槽放坡宽 $=0.33\times1.8=0.594(\text{m})$

工作面宽 $=0.3\text{m}$

2）沟槽长：$(18+9)\times2+(9-2.6)\times2=54+6.4\times2=66.8(\text{m})$

3）沟槽断面积：

下底宽 $=2+0.3\times2=2.6(\text{m})$

上底宽 $=2.6+0.594\times2=3.788(\text{m})$

断面面积 $=(2.6+3.788)\times1.8\times0.5=5.749(\text{m}^2)$

4）挖沟槽工程量 $=66.8\times5.749=384.03(\text{m}^3)$

【例 3-2】 计算图 3-9 所示独立基础挖土工程量，设人工挖三类土。

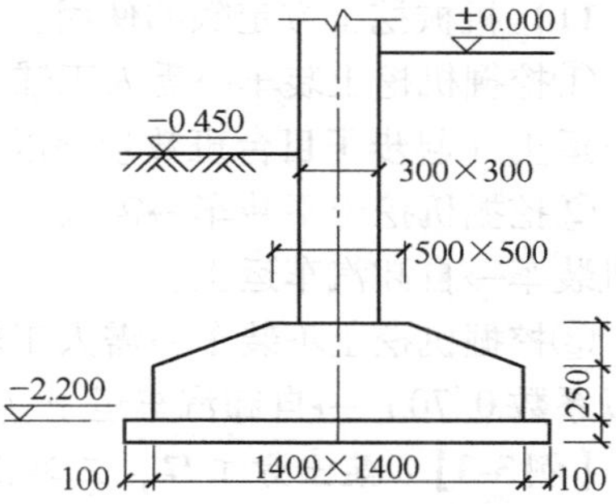

图 3-9 独立基础剖面图

【解】

1）第一种方法：

挖深 $H=2.3-0.45=1.85(\text{m})$，需放坡，$K=0.33$，$c=0.3$

基础底边长 $1.4+0.2=1.6(\text{m})$

挖地坑 $V=[(1.6+2\times0.3+0.33\times1.85)^2\times1.85+1/3\times0.33^2\times1.85^3]$
$=14.843(\text{m}^3)$

2）第二种方法：

基坑下底边长 $=1.6+0.3\times2=2.2(\text{m})$

基坑上底边长 $=2.2+0.33\times1.85\times2=3.421(\text{m})$

挖地坑 $V=1.85\times(2.2\times2.2+3.421\times3.421+5.621\times5.621)/6=14.843(\text{m}^3)$

（六）基底钎探

钎探工程量按槽底面积以"m^2"计算。定额分人工钎探、机械钎探 2 个子目。

（七）定额中需要说明的问题

1）人工挖土方、挖沟槽、挖地坑项目深度最深为 6m，超过 6m 时，超过部分土方工程量套用 6m 以内项目乘以系数 1.25。

2）场地竖向布置挖、填、找平土方时，不再计算平整场地工程量。地基土方大开挖工程应计算平整场地。

3）回填灰土适用于地下室墙身外侧的回填、夯实。

4）机械挖土中需要人工辅助开挖（包括切边、修整底边），人工挖土按批准的施工组织设计确定的厚度计算，无施工组织设计的人工挖土厚度按30cm计算，套用人工挖土相应项目（挖土深度按土方总深度）乘以系数1.50。

5）自卸汽车运土，使用反铲挖掘机装土，自卸汽车运土台班数量乘以系数1.10。起步子目乘以系数1.10，每增加1km子目不乘以系数。

6）建筑垃圾装运仅适用于掺有砖、瓦、砂、石等的垃圾装运，其工程量以自然堆积方乘以系数0.80计算。

7）因场地狭小无堆土地点，挖出的土方运输，应根据现场签证确定的数量和运距计算。

8）土方项目是按干土编制的，含水率≥25%时为湿土。人工挖湿土时，乘以系数1.18；机械挖湿土时，人工、机械乘以系数1.15。

9）挖掘机挖松散土时，套用挖土方一、二类土相应项目乘以系数0.7。

10）挖掘机挖桩间土时，按实际挖土体积（扣除桩所占体积），相应项目乘以系数1.50。

11）机械挖土方定额的使用。

①挖掘机挖土装车→需人工辅助挖土（套用人工挖土相应项目乘以系数1.50）→自卸汽车运土（起步子目台班数量乘以系数1.10）。

②挖掘机挖土不装车→需人工辅助挖土（套用人工挖土相应项目乘以系数1.50）→装载机装车→自卸汽车运土。

③挖掘机挖土不装车→需人工辅助挖土→挖掘机装车（按挖土方一、二类土相应项目乘以系数0.70）→自卸汽车运土（起步子目台班数量乘以系数1.10）。

【例3-3】 某土方工程，三类土，平整场地1200m^2，反铲挖掘机（斗容量1.0m^3）挖深3.5m，机械挖土5500m^3，人工辅助开挖30cm，人工挖土400m^3，槽底面积1400m^2，基础回填土2100m^3（不考虑房心回填土）。若挖土除回填土用土外，其余土用反铲挖掘机装车，用自卸汽车（载重12t）外运2500m；基底机械钎探。计算该土方工程直接费。

【解】 土方工程量及直接费见表3-3。

表3-3 单位工程预算表

序号	定额编号	项目名称	单位	数量	单价	合价	其中	
							人工费/元	机械费/元
1	A1-39	平整场地	100m^2	12	142.88	1714.56	1714.56	0
2	A1-126	反铲挖掘机挖土（斗容量1.0m^3）装车 三类土	1000m^3	3.4	4037.73	13728.28	922.05	12806.24
3	A1-123	反铲挖掘机挖土（斗容量1.0m^3）不装车 三类土	1000m^3	2.1	3285.13	6898.77	569.50	6329.27
4	A1-5×1.5	人工挖土方 三类土 机械挖土中的人工辅助开挖 单价×1.5	100m^3	4	3146.42	12585.68	12585.68	0

（续）

序号	定额编号	项目名称	单位	数量	单价	合价	其中	
							人工费/元	机械费/元
5	A1-41	回填土　夯填	$100m^3$	21	1582.46	33231.66	27981.45	5250.21
6	A1-167 J×1.1	自卸汽车运土（载重12t）运距1km以内　使用反铲挖掘机装车　机械×1.1	$1000m^3$	3.8	8921.57	33901.97	0	33901.97
7	A1-168×2	自卸汽车运土（载重12t）运距20km以内每增加1km	$1000m^3$	3.8	3715.02	14117.08	0	14117.08
8	A1-241	机械钎探	$100m^2$	14	345.22	4833.08	2763.60	1711.50
		合　计				121011.10	46536.84	74116.27

第二节　桩基与地基基础工程

桩基础是一种常用的基础形式，当天然地基上的浅基础沉降量过大或地基的承载力不能满足设计要求时，往往采用桩基础。桩基础按制作工艺分为预制桩和现场灌注桩。

基坑支护方法有土层锚杆、土钉墙、排桩、钢板桩、地下连续墙等。

地基处理的方法有钻孔灌注桩、灰土桩、深层搅拌水泥桩、高压旋喷桩、碎石桩、重锤夯击等。

本节计算规则适用于一般工业与民用建筑工程的桩基及基坑支护、地基处理工程，不适用于水工建筑、公路桥梁工程。

使用本节定额时，钻孔土质分为四种：

1）砂土：粒径≤2mm的砂类土，包括淤泥、轻亚粘土。

2）粘土：亚粘土、粘土、黄土，包括土状风化。

3）砂砾：粒径2～20mm的角砾砾、圆砾含量≤50%，包括礓石粘土及粒状风化。

4）砾石：粒径2～20mm的角砾砾、圆砾含量>50%，有时还包括粒径为20～200mm的碎石、卵石，其含量在40%以内，包括块状风化。

一、预制桩

预制桩根据材料不同分为钢管桩、混凝土管桩及板桩等。预制桩的施工顺序为打桩、接桩、送桩、截桩。预制桩打桩根据打桩机械及方式不同分为振动沉桩法、静力压桩法。

（一）打桩

1）打预制钢筋混凝土桩按设计桩长（包括桩尖）以延长米计算。如管桩的空心部分按设计要求灌注混凝土或其他填充材料时，应另行计算。

2）灌注桩芯混凝土工程量按设计桩长与加灌长度之和乘以设计图示断面面积以“m^3”计算，加灌长度设计有规定的，按设计规定，设计无规定的按0.25m计算。

3）打桩、成孔桩间净距小于4倍桩径的，项目中的人工、机械乘以系数1.13。

4）打预制桩是按垂直桩编制的，如打斜桩，斜度在1∶6以内者，项目人工、机械乘以系数1.20，如斜度大于1∶6，项目人工、机械乘以系数1.30。

5）定额以平地（坡度小于15°）打桩为准，如在堤坡上（坡度大于15°）打桩时，项目人工、机械乘以系数1.15。如在基坑内（基坑深度大于1.50m）打桩，或在地坪上打坑槽内桩（坑槽深度大于1m），项目人工、机械乘以系数1.11。如铺设坡道其费用另行计算。

6）试验桩（含锚桩）按相应项目的人工、机械乘以系数2.00计算。

7）单位工程打、压桩或灌注桩成孔工程量在表3-4规定数量以内时，其人工、机械按相应项目乘以系数1.25。

表3-4 单位工程打（灌注）桩工程量表

项目	钢筋混凝土管桩	钢筋混凝土板桩	各类灌注桩
单位工程的工程量	300m	$50m^3$	$80m^3$

【例3-4】 计算图3-10所示预制桩的体积。

【解】 预制混凝土桩体积：$V=0.4\times0.4\times(4+0.5)=0.72(m^3)$

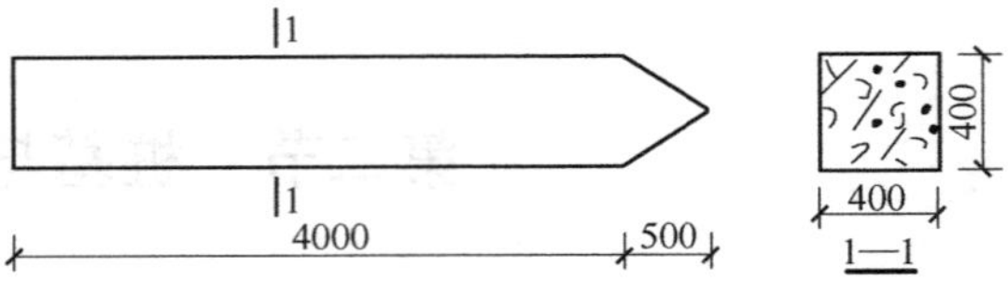

图3-10 预制混凝土桩

（二）接桩

1）定额中的打、压预制管桩项目均未包括接桩，接桩按设计要求另行计算。

2）电焊接桩按设计接头以“个”计算。

3）焊接桩接头钢材用量设计与项目不同时，可按设计用量换算。

（三）送桩

1）送桩按送桩长度以延长米计算（即打桩架底至桩顶面高度或自桩顶面至自然地坪面另加0.50m计算）。送桩后空洞如需回填时，按本定额“土石方工程”相应项目计算。

2）送桩时，按打、压桩相应项目人工、机械乘以表3-5规定的系数计算。

表3-5 打、压送桩深度系数表

送桩深度	2m以内	4m以内	4m以上
系数	1.25	1.43	1.67

（四）截桩

1）一般设计的桩长是指基础底至桩尖的长度，在实际施工中，桩一般是在基础未开挖的时候施工的，为施工方便，肯定会使制作的桩比实际的长，但经过打入（或其他工艺）到设计深度后，基础底面以上的多余部分需截去，即截桩，也称锯桩头。

2）桩身混凝土浇筑过程中，由于在振捣过程中随着混凝土内部的气泡或孔隙上升至桩顶部分，桩顶一定范围内为浮浆，为了保证桩身混凝土强度，保证二次浇注混凝土的施工质量，需将上部的虚桩凿除，并对钢筋进行梳理，即为凿桩头。

3）锯桩头按个计算，凿桩头按剔除长度乘以桩截面面积以“m^3”计算。

【例3-5】 某预制混凝土桩基工程，自然地坪为−0.300m，桩顶标高距离垫层底150mm，计算完成图3-11所示独立桩承台下面桩基础所需的打桩、送桩、截桩的工程量。

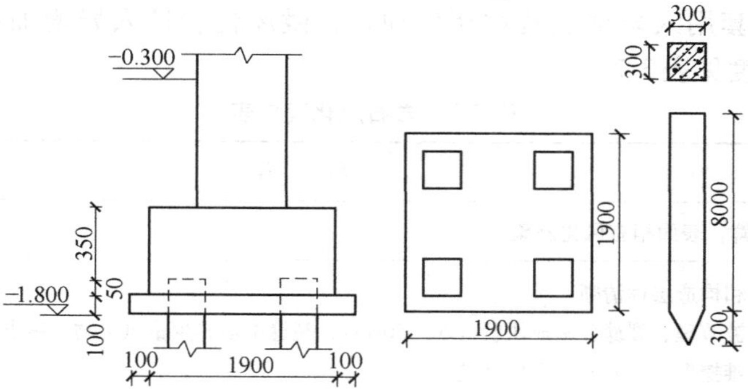

图 3-11 桩基础剖面及平面图

【解】

打桩：$V=4\times0.3\times0.3\times(8+0.3)=2.988(m^3)$

送桩：$V=4\times0.3\times0.3\times(1.8-0.3-0.1-0.05+0.5)=4\times0.3\times0.3\times1.85=0.666$ (m^3)

截桩：即锯桩头，按个计算，4 个。

二、灌注桩

钢筋混凝土灌注桩根据施工工艺不同分为钻孔灌注桩、人工挖孔灌注桩、打孔灌注桩。

灌注桩的施工工序为：挖孔（钻孔、打孔）→安装钢筋笼→浇筑混凝土。

灌注桩预拌混凝土需要泵送时其泵送费用按定额混凝土及钢筋混凝土工程相应项目计算。

各种灌注桩材料用量中均已包括表 3-6 规定的充盈系数和材料损耗。其中灌注砂石桩除上述充盈系数和损耗率外，还包括级配密度系数 1.334。

表 3-6 充盈系数和损耗率表

项目名称	充盈系数	损耗率（%）	项目名称	充盈系数	损耗率（%）
打孔灌注混凝土桩	1.25	1.5	打孔灌注碎石桩	1.30	3
钻孔灌注混凝土桩	1.30	1.5	打孔灌注砂石桩	1.30	3
打孔灌注砂桩	1.30	3	振冲碎石桩	1.35	2

（一）钻孔灌注桩

1）钻孔按实钻孔深以“m ”计算，灌注混凝土按设计桩长（包括桩尖，不扣除桩尖虚体积）与超灌长度之和乘以设计桩断面面积以“m^3”计算。超灌长度设计有规定的按设计规定，设计无规定的按 0.25m 计算。

2）泥浆制作及运输按成孔体积以“m^3”计算。泥浆制作是按普通泥浆考虑的，若需采用膨润土制作泥浆时，可按施工组织设计据实结算。

3）注浆管按打桩前的自然地坪标高至设计桩底标高的长度另加 0.25m 计算。

4）注浆按设计注入水泥用量计算。

5）人工成孔及机械成孔时，如遇岩石层，其入岩工程量单独计算。强风化岩不作入岩处理；中等风化岩套用入岩增加费用相应项目；微风化岩按入岩增加相应项目乘以系数1.20。岩石风化程度见表3-7。

表3-7 岩石风化程度表

风化程度	特征
微风化	岩石新鲜，表面稍有风化迹象
中等风化	1. 结构和构造层理清晰 2. 岩体被节理、裂缝分割成块状（20～50cm），裂缝中填充少量风化物，锤击声脆，且不易击碎 3. 用镐难挖掘，用岩心钻方可钻进
强风化	1. 结构和构造层理不甚清晰，矿物成分已显著变化 2. 岩体被节理、裂隙分隔成块状（2～20cm），碎石用手可折断 3. 用镐可以挖掘，手摇钻不易钻进

6）钢护筒的工程量按护筒的设计重量计算（护筒长度按施工规范或施工组织设计计算）。设计重量为加工后的成品重量。如设计无明确规定，按表3-8重量计算。

表3-8 钢护筒理论重量表

桩径/cm	60	80	100	120	150
护筒重量/（kg/m）	112.29	136.94	167.00	231.39	280.10

（二）人工挖孔灌注桩

1）挖土按实际挖孔深度乘以设计桩截面面积以“m^3”计算。人工成孔是按孔深10m以内考虑的，孔深超过10m时，人工、机械乘以系数1.50。人工成孔，桩径小于1200mm（包括1200mm）时，人工、机械乘以系数1.20。人工成孔如遇地下水时，其处理费用按实际计取。

2）护壁混凝土按设计图示尺寸以“m^3”计算。混凝土护壁模板制作和安装按定额模板工程相应项目计算。

3）扩大头如需锚杆支护时，另行计算。

4）人工挖土混凝土桩从桩承台以下，按设计图示尺寸以“m^3”计算。

（三）打孔（沉管）灌注桩

1）混凝土桩、砂柱、砂石桩、碎石桩的体积，按设计的桩长（包括桩尖，不扣除桩尖虚体积）乘以设计规定桩断面面积以“m^3”计算；设计无规定时，桩径按钢管管箍外径计算。

2）打孔后先埋入预制混凝土桩尖，再灌注混凝土者，桩尖按“混凝土及钢筋混凝土工程”相应项目计算。灌注桩按设计长度（自桩尖顶面至桩顶面高度）乘以钢管管箍外径截面面积以“m^3”计算。

（四）钢筋笼制作、安装

1）钢筋笼制作按图示尺寸及施工规范并考虑搭接以“t”计算。

2）钢筋笼接头数量按设计规定计算，设计图纸未作规定的，直径10mm以内按每12m一个接头；直径10mm以上至25mm以下按每10m一个接头；直径25mm以上按每9m一个接头计算，搭接长度按规范及设计规定计算。

3）钢筋笼安装区别不同长度按相应项目计算。

（五）褥垫层

褥垫层按设计图示尺寸以“m^3”计算；设计无规定时按基础垫层每边增加300mm，乘以褥垫层相应厚度以“m^3”计算。

【例3-6】 某单位工程采用人工成孔（三类土）灌注混凝土桩，桩身为C30预拌混凝土，共10根，桩身有效长度为8m，其中入岩深度（中等风化岩）为0.6m，设计桩径为800mm（保护层厚30mm），护壁厚度为100mm，护壁混凝土为C20预拌混凝土，预拌混凝土不考虑泵送。根据上述条件计算人工成孔灌注混凝土桩工程量。

【解】 桩身工程包括成孔、入岩、混凝土灌注、护壁混凝土。

人工成孔：$V=10\times3.14\times0.5^2\times(8-0.6)=58.09(m^3)$

入岩增加：$V=10\times3.14\times0.5^2\times0.6=4.71(m^3)$

灌注预拌混凝土：$V=10\times3.14\times0.4^2\times8=40.192(m^3)$

预拌混凝土护壁：$V=10\times3.14\times(0.5^2-0.4^2)\times8=22.608(m^3)$

三、基坑及边坡支护

（一）护坡桩

1）护坡桩的腰带连系梁及压顶按定额混凝土及钢筋混凝土工程相应项目计算。

2）高压旋喷桩按设计桩长（包括桩尖）以“m”计算。

3）高压旋喷桩分单管、双重管、三重管三种施工方法分别列项。水泥用量分别按250kg/m、300kg/m、455kg/m全长注浆计算，如水泥用量与定额用量不同时，可换算，其余不变。

4）螺旋钻孔护坡桩按设计图、施工组织设计以“m^3”计算。

5）深层搅拌桩、喷粉桩、振冲碎石桩、夯扩灌注桩按设计桩长乘以设计断面面积以“m^3”计算。

6）振冲碎石桩填料调整量项目，按下列公式计算：

$$填料调整量=实际桩口填料量体积-1.35\times设计振冲桩体积$$

碎石容重取定为$1.48t/m^3$。

（二）喷射混凝土护壁

1）喷射混凝土支护按施工组织设计计算实喷面积，初喷50mm厚为基本层，每增（减）10mm按增（减）项目计算，不足10mm按10mm计算。

2）喷射混凝土支护钢筋制作和安装按定额混凝土及钢筋混凝土工程相应项目计算。

（三）土层锚杆

1）机械钻锚孔、锚孔注浆工程量按设计锚孔长度计算。

2）锚杆制安工程量按设计锚杆重量（包括锚杆搭接、定位器钢筋用量）以“t”计算。

3）型钢围檩安拆工程量按包括托架在内的重量以“t”计算。

4）锚头制作（包括承压台座、锚头螺杆制作、焊接）、安装（包括张拉、锁定）工程量以套计算。

5）土锚围檩安、拆定额中的型钢是按摊销考虑的。

6）锚头制作包括锚杆端头螺栓制作及与锚杆焊接连接。

第三节　混凝土工程

混凝土根据施工工艺不同分为现浇和预制混凝土，根据混凝土搅拌地点的不同分为现场搅拌混凝土和预拌混凝土。

本节根据混凝土工程的不同部位，分主体、基础、悬挑结构及其他构件混凝土；主体混凝土按结构形式的不同分为框架结构、砖混结构及剪力墙结构，分别讲述混凝土计算规则。

一、混凝土通用计算规则

1）混凝土及钢筋混凝土项目除另有规定外，均按图示尺寸以构件的实际体积计算。不扣除构件内钢筋、预埋铁件及螺栓所占的体积。用型钢代替钢筋骨架时，按设计图纸用量每吨扣减 $0.1m^3$ 混凝土体积。

2）混凝土及钢筋混凝土墙、板等构件，均不扣除孔洞面积在 $0.3m^2$ 以内的混凝土的体积，其预留孔洞工料也不增加。面积超过 $0.3m^2$ 的孔洞，应扣除孔洞所占的体积。

3）定额中混凝土按现浇混凝土、预制混凝土、构筑物混凝土、预拌混凝土（现浇）、预拌混凝土（预制）、混凝土泵送分别列项。

4）现场搅拌混凝土、预制混凝土的泵送按建筑物檐高套用相应泵送项目。

5）预拌混凝土的价格是运送到施工现场的价格。

6）成品大型预制构件和成品预应力构件套用“构件运输及安装工程”相应项目。

7）混凝土强度等级及粗骨料最大粒径是按通常情况编制的，如设计要求不同时，可以换算。

8）现浇钢筋混凝土柱、墙项目，均按规范规定综合了底部灌注 1∶2 水泥砂浆用量。

9）斜梁（板）是按坡度 30°以内综合取定的。坡度在 45°以内的人工乘以系数 1.05，坡度在 60°以内的人工乘以系数 1.10。

10）现浇框架、框剪、剪力墙结构中混凝土条带厚度在 100mm 以内按压顶相应项目套用，厚度在 100mm 以上时按圈梁相应项目套用。

11）砌体墙根部素混凝土带套用圈梁相应项目。

二、框架结构混凝土

框架结构是指由梁和柱以刚接或者铰接相连而成构成承重体系的结构，即由梁和柱组成框架共同抵抗使用过程中出现的水平荷载和竖向荷载。采用框架结构的房屋墙体不承重，仅起到围护和分隔作用，一般用加气混凝土、膨胀珍珠岩、空心砖或多孔砖、陶粒等轻质砌块或板材砌筑、装配而成。

下面分别讲述框架结构的柱、梁、板混凝土的计算规则。

（一）柱

柱按图示尺寸以实体积计算工程量，即：柱体积 = 柱断面积 × 柱高。

1. 有梁板的柱高

柱高按柱基上表面或楼板上表面至柱顶上表面的高度计算，如图 3-12 所示。

2. 无梁板的柱高

柱高按柱基上表面或楼板上表面至柱头（帽）的下表面的高度计算。依附于柱上的牛腿应并入柱身体积内计算。

有梁板：带有梁（包括主梁、次梁）的楼板。板面靠梁支撑，梁再将荷载传给柱。

无梁板：不带梁直接由柱支撑的板。板面无梁支撑，通常是靠带有柱帽的柱子支撑。

有梁板与无梁板如图 3-13 所示。

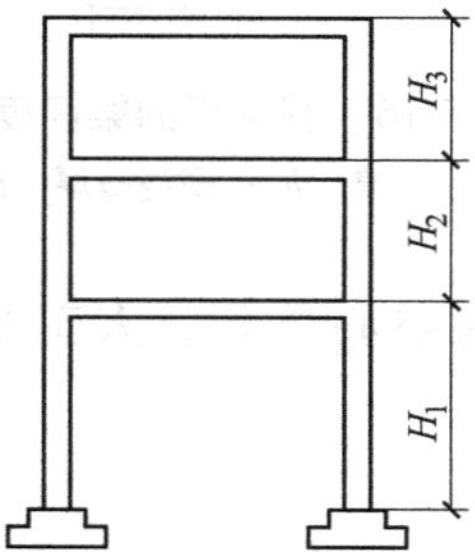

图 3-12　有梁板柱高

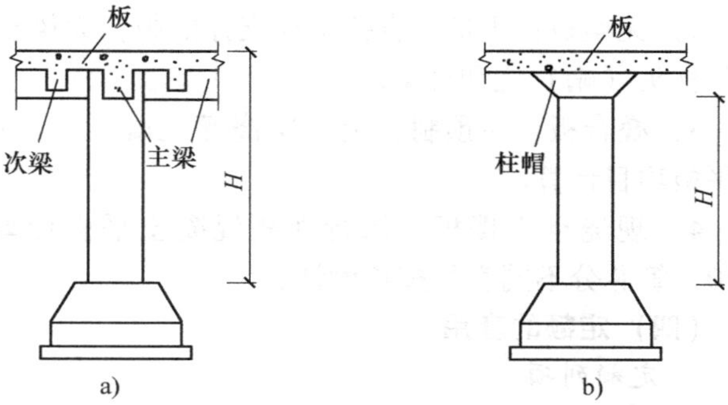

图 3-13　有梁板和无梁板
a）有梁板　b）无梁板

（二）梁

梁按图示断面尺寸乘以梁长以“m^3”计算，即：梁体积 = 梁断面积 × 梁长。

1）各种梁的长度按下列规定计算：

①梁与柱交接时，梁长算至柱侧面。

②次梁与主梁交接时，次梁长度算至主梁侧面。

主梁、次梁示意图如图 3-14 所示，主梁、次梁计算长度示意图如图 3-15 所示。

2）有梁板的梁高：梁的高度算至板的顶面，如图 3-16 所示。

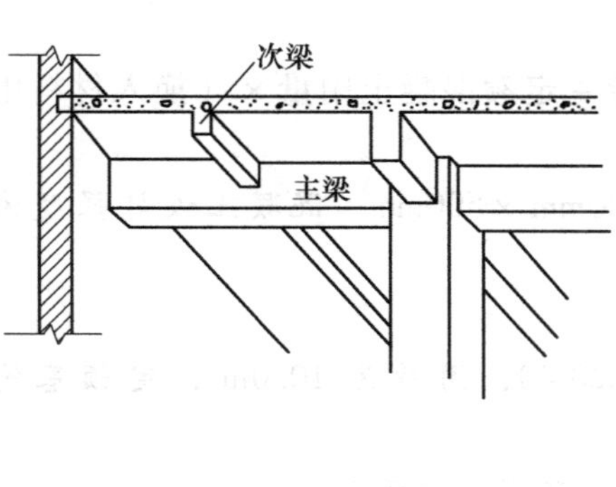

图 3-14　主梁、次梁示意图

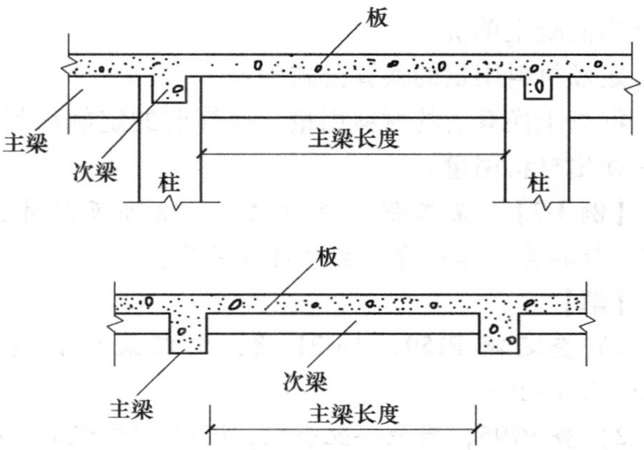

图 3-15　主梁、次梁计算长度示意图

（三）板

板按图示平面尺寸乘以板厚以“m^3”计算，板中的预留孔洞在 $0.3m^2$ 以内者不扣除，即：

$$板体积 = 板面积 \times 板厚$$

1）有梁板：凡带有梁（包括主、次梁）的楼板，梁和板的工程量分别计算，梁的高度算至板的顶面，梁、板分别套用相应项目。

有梁板中梁与板的分界：板算至梁内侧。

图 3-16 中，板的面积应不含 $b \times h_1$ 的面积，即板边应以梁边为界。

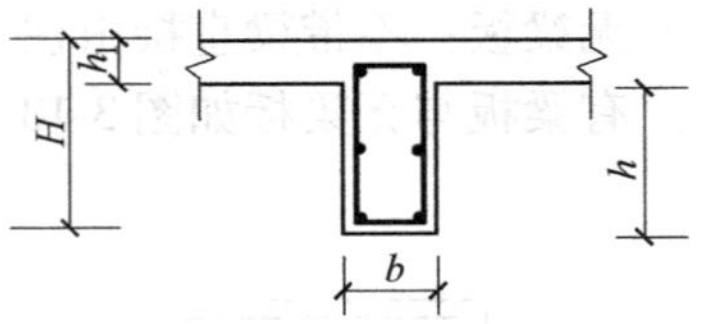

图 3-16 有梁板的梁高度示意图
H—梁高 h_1—现浇板厚 b—梁宽

2）无梁板：不带梁直接由柱支撑的板，无梁板体积以板与柱头（帽）之和计算。

3）叠合板：在预制板上二次浇灌混凝土结构层面层，按平板项目计算。

4）现浇空心楼板：执行现浇混凝土平板计算规则，扣除空心体积，人工乘以系数1.10，管芯分不同直径按长度计算。

（四）定额的套用

1. 定额列项

1）现浇钢筋混凝土 A.4.1：柱 A.4.1.2（A4-16 矩形柱）、梁 A.4.1.3（A4-21 单梁、连续梁）、板 A.4.1.5（A4-35 平板）。

2）预拌混凝土（现浇）A.4.4：柱 A.4.4.2（A4-172 矩形柱）、梁 A.4.4.3（A4-177 单梁、连续梁）、板 A.4.5.5（A4-190 平板）。

3）混凝土泵送 A.4.6。

2. 定额换算

混凝土强度等级及粗骨料最大粒径是按通常情况编制的，如设计要求不同时，可以换算。

定额基价的换算公式为：

混凝土换算后的定额基价 = 换算前的定额基价 + 定额混凝土用量 ×（换入混凝土单价 - 换出混凝土单价）

定额材料用量的换算公式为：

混凝土换算后的材料用量 = 换算前的定额材料用量 + 定额混凝土用量 ×（换入材料用量 - 换出材料用量）

【例 3-7】 某工程现浇框架梁，其断面尺寸为 300mm × 500mm，混凝土设计强度为 C30，计算其预算基价及主要材料用量。

【解】

1）查定额 P159，A4-21 梁，定额采用混凝土 C20-40，用量为 $10.0m^3$，定额基价 3035.92 元/$10m^3$。

2）查 P795，附录—配合比，P797 现浇混凝土—中砂碎石—粒径 40mm

ZF1-0029 项目 C20-40 混凝土单价：195.34 元/m^3

ZF1-0031 项目 C30-40 混凝土单价：209.69 元/m^3

3）混凝土换算后的定额基价 = 3035.92 + 10 ×（209.69 − 195.34）= 3179.42（元/$10m^3$）

4）换算后主要材料用量。

查附录，C30-40 混凝土材料单方用量：42.5 水泥 0.336t/m^3，中砂 0.605t/m^3，碎石 1.419t/m^3，水 0.18m^3/m^3。

换算后主要材料用量为：

42.5 水泥　3.25 + 10 × (0.336 − 0.325) = 3.36(t)

中砂　6.69 + 10 × (0.605 − 0.669) = 6.05(t)

碎石　13.66 + 10 × (1.419 − 1.366) = 14.19(t)

【例 3-8】 某多层现浇框架办公楼三层楼面如图 3-17 所示，板厚 120mm，二层楼面至三层楼面高 4.2m。梁、板、柱混凝土为 C20。请根据河北省消耗量定额（HEBGYD-A-2012）的有关规定，计算该层楼面现浇混凝土梁、板、柱的工程量，并套定额（设混凝土为现场搅拌混凝土）。

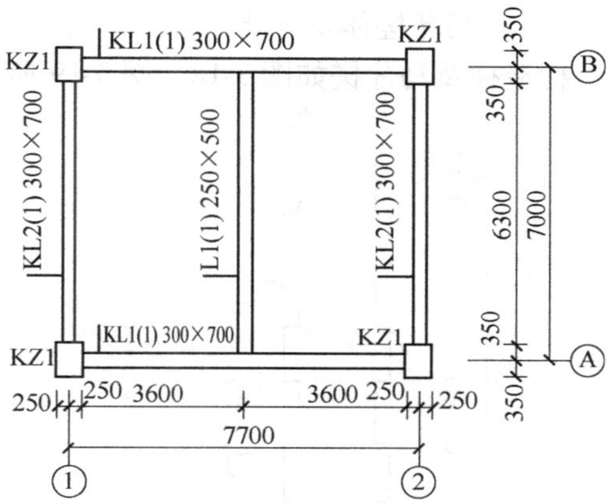

图 3-17　现浇框架办公楼三层平面图

【解】

1）计算柱、梁、板工程量。

①框架柱 KZ1：　4 × 0.5 × 0.7 × 4.2 = 5.88（m^3）

柱工程量小计：5.88m^3

②梁：KL1：0.3 × 0.7 × 7.2 × 2 = 3.024（m^3）

KL2：0.3 × 0.7 × 6.3 × 2 = 2.646（m^3）

L1：0.25 × 0.5 ×（7 − 0.3）= 0.838（m^3）

梁工程量小计：3.024 + 2.646 + 0.838 = 6.508（m^3）

③板：（7.7 − 0.3 − 0.25）×（7 − 0.3）× 0.12 = 5.749（m^3）

扣柱角：0.1 × 0.2 × 4 × 0.12 = 0.0096（m^3）

板工程量小计：5.749 − 0.0096 = 5.739（m^3）

2）柱、梁、板工程量套定额见表 3-9。

表 3-9　单位工程预算表

序号	定额编号	项目名称	单位	数量	基价/元	合价/元		
						小　计	其中	
							人工费	机械费
1	A4-16	框架柱 C20	$10m^3$	0.588	3423.78	2013.18	748.29	67.02
2	A4-21	梁 C20	$10m^3$	0.6508	3035.92	1975.78	586.11	73.35
3	A4-35	板 C20	$10m^3$	0.5739	3039.03	1744.10	450.40	65.91
4		小计				5733.06	1784.80	206.28

三、砖混结构混凝土

砖混结构是混合结构的一种，大部分采用竖向承重的砖墙，小部分采用横向承重的梁、楼板、屋面板等钢筋混凝土构件构成的混合结构体系。

下面分别讲述砖混结构的柱、梁、板混凝土的计算规则。

（一）构造柱

构造柱按图示尺寸计算实体积，包括与砖墙咬接部分（马牙槎）的体积，即：

构造柱总体积 = 构造柱体积 + 马牙槎体积

构造柱体积 = 构造柱断面积 × 柱高

马牙槎体积 = 墙体宽度 × 马牙槎嵌入墙内宽度的一半（30mm）× 柱高

构造柱及马牙槎如图 3-18、图 3-19 所示。

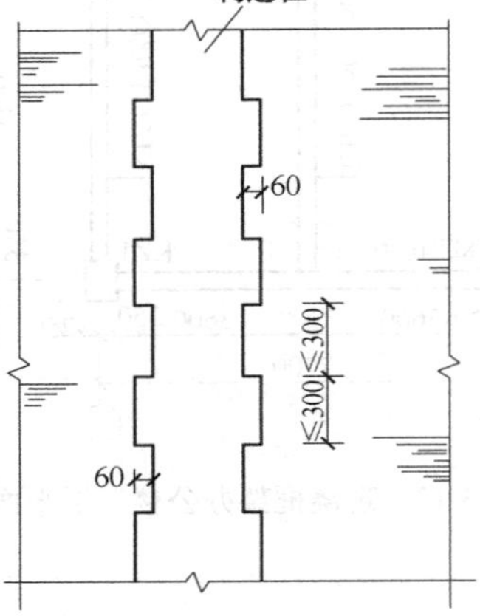

图 3-18 构造柱马牙槎立面示意图

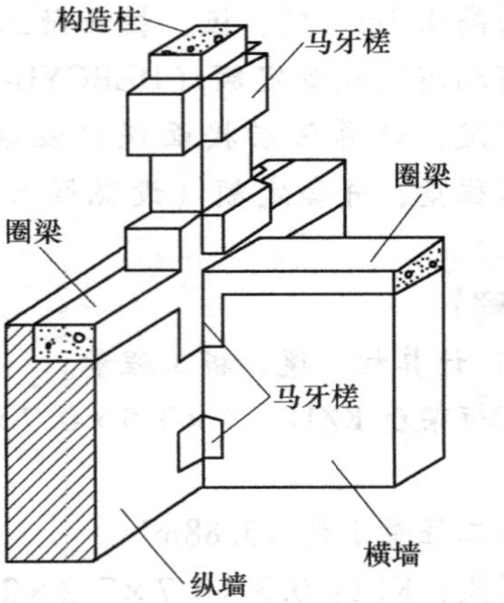

图 3-19 构造柱马牙槎与墙体嵌接图

1）柱高：高度应以柱基上表面至柱顶面的高度计算。

2）根据构造柱的位置，马牙槎断面形式有 L 形、T 形、十形、一字形，如图 3-20 所示。

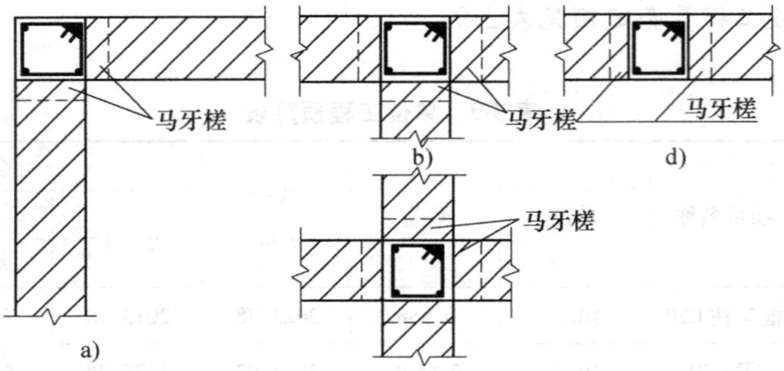

图 3-20 构造柱马牙槎不同形式示意图

a）L 形 b）T 形 c）十字形 d）一字形

若构造柱为240mm×240mm，其不同形式马牙槎的构造柱断面分别为：

①L形：$240 \times 240 + 30 \times 240 \times 2 = 240 \times (240 + 30 \times 2) = 240 \times 300(mm^2)$

②T形：$240 \times 240 + 30 \times 240 \times 3 = 240 \times (240 + 30 \times 3) = 240 \times 330(mm^2)$

③十字形：$240 \times 240 + 30 \times 240 \times 4 = 240 \times (240 + 30 \times 4) = 240 \times 360(mm^2)$

④一字形：$240 \times 240 + 30 \times 240 \times 2 = 240 \times 300(mm^2)$

3）现浇女儿墙柱，套用构造柱项目。

4）空心砌块内的混凝土芯柱，按实灌体积计算，套用构造柱项目。

（二）梁

梁按图示断面尺寸乘以梁长以"m^3"计算，即：

$$梁体积 = 梁断面积 \times 梁长$$

1）圈梁：外墙圈梁长度按外墙中心线计算，内墙圈梁长度按内墙净长线计算。圈梁的体积应扣除构造柱所占的体积。

2）单梁及连续梁：梁长按图示长度计算。伸入墙内的梁头或梁垫体积应并入梁的体积内计算，现浇梁垫如图3-21所示。

3）过梁：图纸无规定时，过梁长可按门窗洞口宽度两端共加500mm计算。

4）圈梁兼过梁：圈梁通过门窗洞口时，可按门窗洞口宽度两端共加500mm并按过梁项目计算，其他按圈梁计算，圈梁兼过梁示意图如图3-22所示。

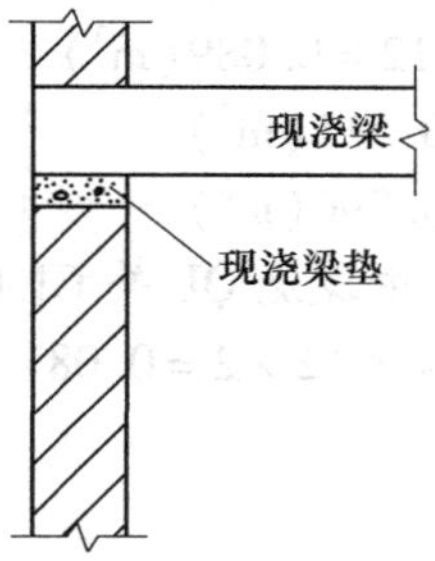

图3-21 现浇梁垫示意图

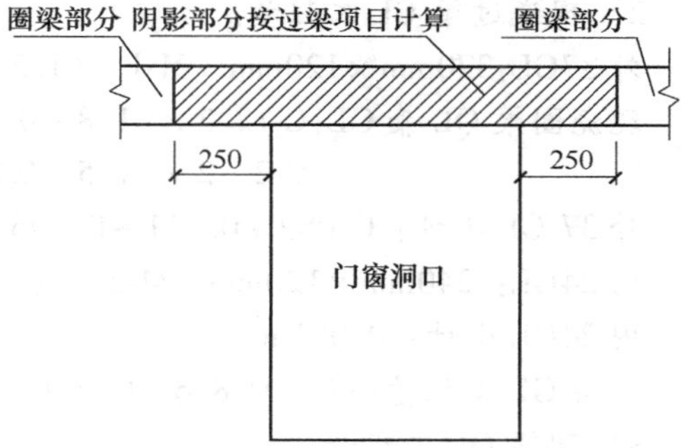

图3-22 圈梁兼过梁示意图

（三）板

板按图示平面尺寸乘以板厚以"m^3"计算，板中的预留孔洞在$0.3m^2$以内者不扣除。即：

$$板体积 = 板面积 \times 板厚$$

板算至梁侧、圈梁侧、现浇梁侧面，即板的体积中不包含梁的体积。

（四）定额套用

1）现浇钢筋混凝土A.4.1：柱A.4.1.2（A4-18构造柱）、梁A.4.1.3（A4-21单梁、连续梁，A4-23圈梁、A4-24过梁）、板A.4.1.5（A4-35平板）

2）预拌混凝土（现浇）A.4.5：柱A.4.4.2（A4-174构造柱）、梁A.4.4.3（A4-177单梁、连续梁，A4-179圈梁、A4-180过梁）、板A.4.4.5（A4-190平板）

【例 3-9】 某单层建筑物，层高 3.0m，平面图如图 3-23 所示，外墙为 370mm，内墙为 240mm，M-1 为 1500mm × 2400mm，M-2 为 900mm × 2000mm，C-1 为 1800mm × 1800mm，C-2 为 1500mm × 1800mm，窗台高 1000mm。圈梁沿墙满布，同墙宽，高度 200mm。构造柱在四角布置 GZ1：370mm × 370mm（4 个），内外墙交接处布置 GZ2：240mm × 370mm（4 个）。需单独加过梁处，布置现浇过梁，过梁宽同墙宽，高均为 120mm，长度为洞口宽加 500mm。屋面现浇板厚 100mm。试计算建筑物的构造柱、圈梁、过梁混凝土工程量。

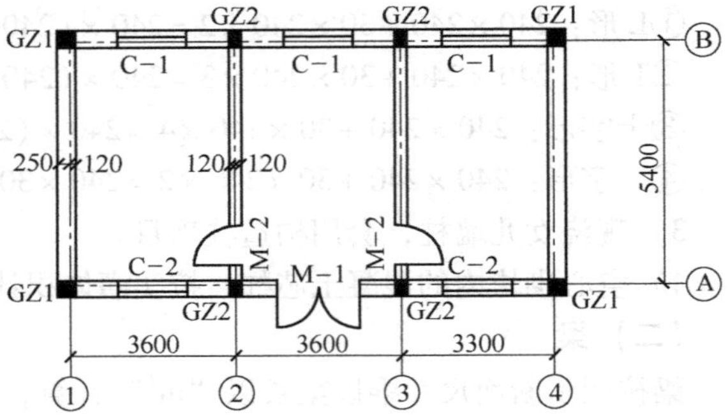

图 3-23 砖混结构建筑物平面图

【解】

1）构造柱 GZ 工程量。

外墙 GZ1:4 ×0.37 ×(0.37 +2 ×0.03) ×3 =4 ×0.37 ×0.43 ×3 =1.909(m^3)

外墙 GZ2:4 ×(0.24 ×0.37 +2 ×0.03 ×0.37 +0.24 ×0.03) ×3 =4 ×0.1182 ×3 =1.418(m^3)

构造柱 GZ 工程量小计:1.909 +1.418 =3.327(m^3)

2）现浇过梁 GL 工程量。

外 37GL:370mm ×120mm　M-1　(1.5 +0.5) ×0.37 ×0.12 =0.089(m^3)

现浇圈梁 QL 兼 GL:C-1　3 ×(1.8 +0.5) ×0.37 ×0.2 =0.511(m^3)

C-2　2 ×(1.5 +0.5) ×0.37 ×0.2 =0.296(m^3)

外 37 GL 小计：0.089 +0.511 +0.296 =0.896（m^3），其中现浇 QL 兼 GL 0.807m^3。

内 24GL：240mm ×120mm　M-2　(0.9 +0.5) ×0.24 ×0.12 ×2 =0.081（m^3）

内 24GL 小计：0.081m^3

过梁 GL 工程量小计：0.896 +0.081 =0.977（m^3）

3）圈梁 QL 工程量。

外 37 QL：370mm ×200mm

QL 长:(5.4 +0.13 +3.6 ×2 +3.3 +0.13) ×2 =32.32(m)

外 37 QL：32.32 ×0.37 ×0.2 =2.392(m^3)

减圈梁兼过梁　0.807m^3

减构造柱　4 ×(0.37 ×0.37 +0.24 ×0.37) ×0.2 =0.181(m^3)

外 37QL 工程量小计：2.392 −0.807 −0.181 =1.404(m^3)

内 24QL:240mm ×200mm

QL 长:(5.4 −0.24) ×2 =10.32(m)

内 24 QL 工程量:10.32 ×0.24 ×0.2 =0.495(m^3)

圈梁 QL 工程量合计:1.404 +0.495 =1.899(m^3)

四、剪力墙结构混凝土

剪力墙结构是用钢筋混凝土墙板来代替框架结构中的梁柱，这种用钢筋混凝土墙板来承受竖向和水平力的结构称为剪力墙结构。

剪力墙结构包括暗柱、暗梁、连梁、框架柱、框架梁、现浇板等混凝土构件。

下面分别讲述剪力墙结构的墙、梁、板混凝土的计算规则。

(一) 混凝土墙

按图示墙长度乘以墙高及厚度以“m^3”计算，应扣除门窗洞口及0.3m^2以上的孔洞体积，突出混凝土墙面的柱按柱套用相应定额，即：

墙体积＝墙长×墙高×墙厚

1）墙长：外墙长按中心线长度计算，内墙长按净长线计算。

2）墙高：墙高从墙基上表面或基础梁上表面算至墙顶，有梁者算至梁顶面。

3）暗柱、暗梁与连梁并入墙身体积内。

4）突出墙面的柱、梁，按框架结构的有关计算规则计算，此时的墙长算至柱侧面。

(二) 梁

按框架结构梁的有关计算规则计算。

(三) 板

按框架结构板的有关计算规则计算。钢筋混凝土板与钢筋混凝土墙交接时，板的工程量算至墙内侧。

(四) 定额套用

1）现浇钢筋混凝土构件A.4.1。墙A.4.1.4（A4-29电梯井壁、A4-30直形墙、A4-31大钢模板墙）。

2）现浇钢筋混凝土（预拌混凝土）构件A.4.4。墙A.4.5.4（A4-185电梯井壁、A4-186直形墙、A4-187大钢模板墙）。

五、基础混凝土

(一) 带形基础

1）基础为矩形断面时，如图3-24所示基础平面及剖面图，带形基础体积按图示断面积乘以基础长度以“m^3”计算，即：

带形基础体积＝基础断面积×基础长度

外墙基础长度按外墙中心线长度计算，内墙基础长度按内墙基础净长线计算。

2）带形基础垫层体积按图示断面乘以基础垫层长以“m^3”计算，即：

带形基础垫层体积＝基础垫层断面积×基础垫层长度

外墙基础垫层长度按外墙中心线长度计算，内墙基础垫层长度按内墙基础垫层净长线计算。

基础垫层套用装饰装修定额“B.1楼地面工程”垫层项目，人工、机械乘以系数1.20（不包括满堂基础垫层）。

3）基础为梯形断面时，如图3-25所示带形基础示意图，带形基础体积按图示断面乘以基础长，并与基础搭接体积之和计算，即：

梯形断面带形基础体积＝基础断面积×基础长度＋基础搭接体积

外墙基础长度按外墙中心线长度计算，内墙基础长度按内墙基础净长线计算。

基础净长如图3-26所示。

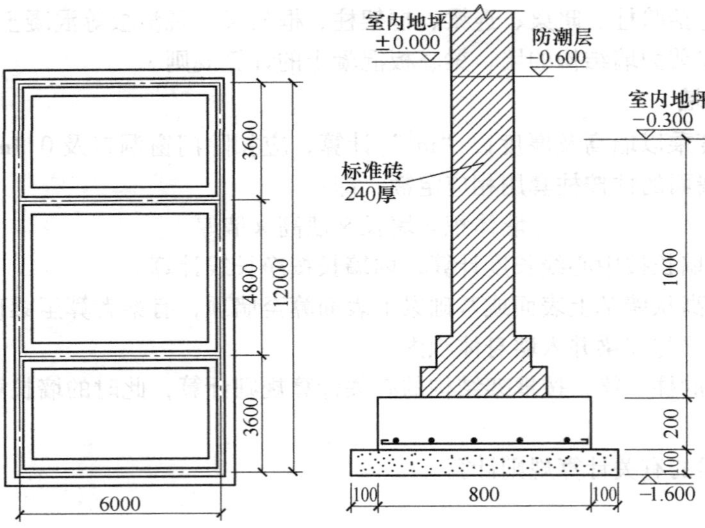

a)　　b)

图 3-24　基础平面及剖面图

a）基础平面图　b）基础剖面图

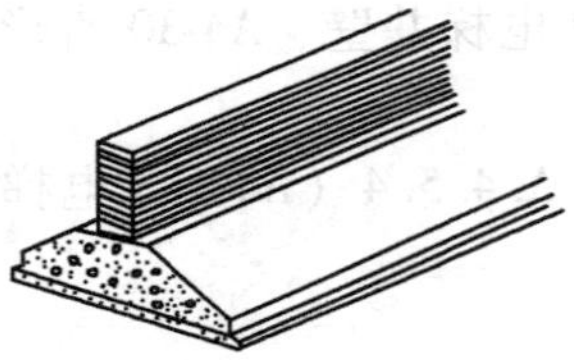
图 3-25　带形基础示意图

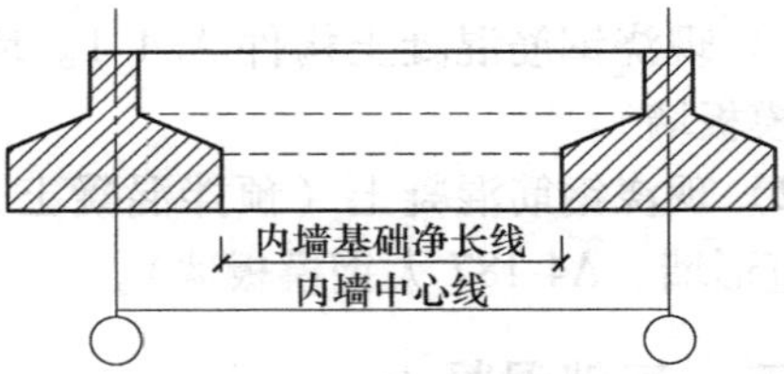

图 3-26　带形基础内墙基础净长线示意图

基础搭接体积：内外基础或内内基础相交时，梯形断面的斜坡处的体积，即 T 形接头搭接体积，应并入带形基础体积内计算，如图 3-27 所示。

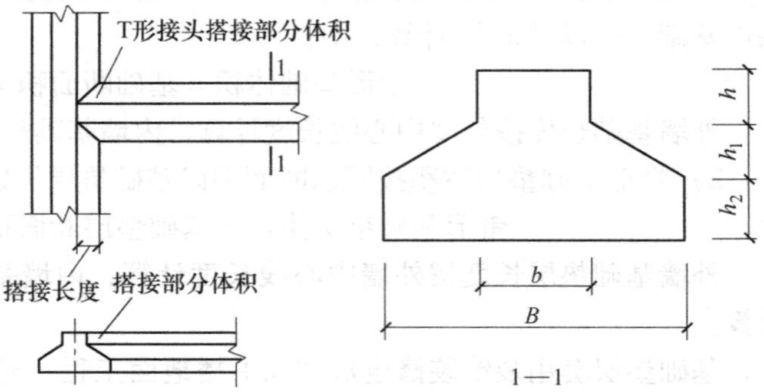

图 3-27　带形基础 T 形搭接示意图

基础搭接体积（T 形接头体积）计算公式：

有梁式带形基础：

$$V_T = L_d \times \left(b \times h + h_1 \times \frac{B+2b}{6} \right) \tag{3-5}$$

无梁式带形基础：当 $h=0$ 时，

$$V_T = L_d \times h_1 \times \frac{B+2b}{6} \tag{3-6}$$

式中　V_T——基础搭接体积；

L_d——被搭接基础梯形断面斜边水平宽度；

b——搭接基础梯形断面上底宽度；

B——搭接基础梯形断面下底宽度；

h_1——搭接基础梯形断面斜边垂直高度；

h——有梁式搭接基础梁的高度。

【例 3-10】 计算图 3-28 带形基础 C20 混凝土工程量。外墙 370mm，内墙 240mm。

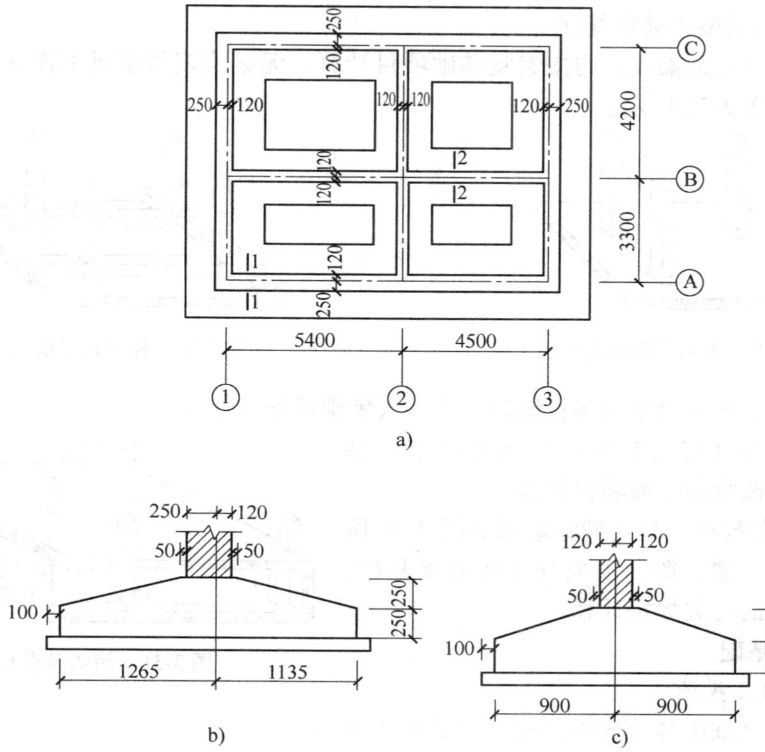

图 3-28 带形基础图

a) 带形基础平面图 b) 1—1 剖面图 c) 2—2 剖面图

【解】

1) 外墙基础体积。

外墙基础中心线长度：$(5.4+4.5+3.3+4.2+0.13\times2)\times2=35.32(m)$

外墙基础断面面积：$(0.47+2.4)\times0.25\times0.5+0.25\times2.4=0.9588(m^2)$

外墙基础体积：$35.32\times0.9588=33.865(m^3)$

2) 内墙基础体积。

内墙基础净长：$(9.9-1.135\times2)+(7.5-1.135\times2-0.9\times2)=11.06(m)$

内墙基础断面面积：$(0.34+1.8)\times0.25\times0.5+0.25\times1.8=0.7175(m^2)$

内墙基础体积：$11.06\times0.7175=7.936(m^3)$

3) T 形接头体积。

内外墙接头体积：$1/6\times0.965\times0.25\times(1.8+2\times0.34)=0.100(m^3)$

内内墙接头体积：$1/6\times0.73\times0.25\times(1.8+2\times0.34)=0.075(m^3)$

T 形接头体积小计：$0.10\times4+0.075\times2=0.55(m^3)$

4）带形基础体积合计：33.865 + 7.936 + 0.55 = 42.351（m^3）

（二）满堂基础

1）满堂基础体积按图示面积乘以基础厚度以“m^3”计算，即：

满堂基础体积 = 基础底板面积 × 基础厚度

2）有梁式与无梁式满堂基础。

①不分有梁式与无梁式，均按满堂基础项目计算。无梁式筏板基础如图 3-29 所示，有梁式筏板基础如图 3-30 所示。

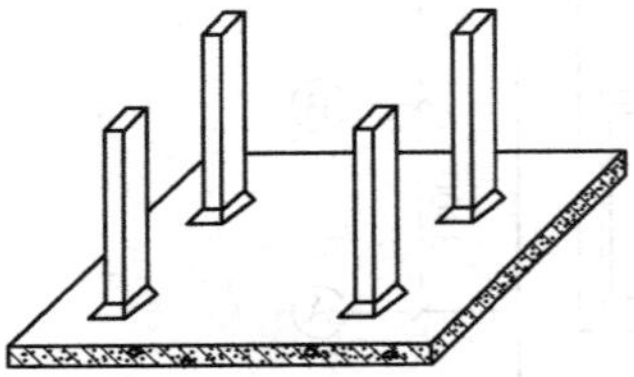

图 3-29　无梁式筏板基础

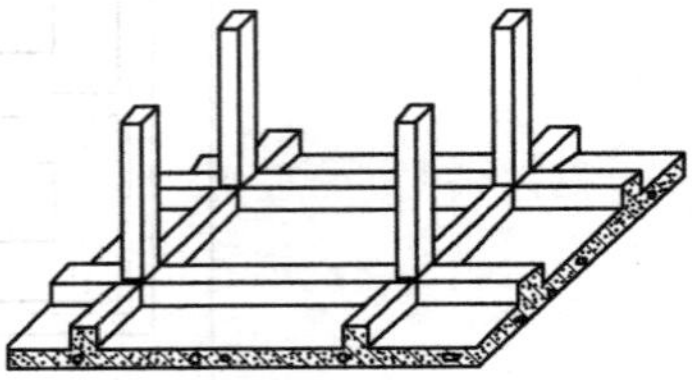

图 3-30　有梁式筏板基础

②满堂基础有扩大或角锥形柱墩时，应并入满堂基础内计算。

③满堂基础梁高超过 1.2m 时，底板按满堂基础项目计算，梁按混凝土墙项目计算。

3）箱式满堂基础。箱式满堂基础如图 3-31 所示，其底板、柱、墙、梁、顶板分别按满堂基础、柱、墙、梁、板的有关规定计算。

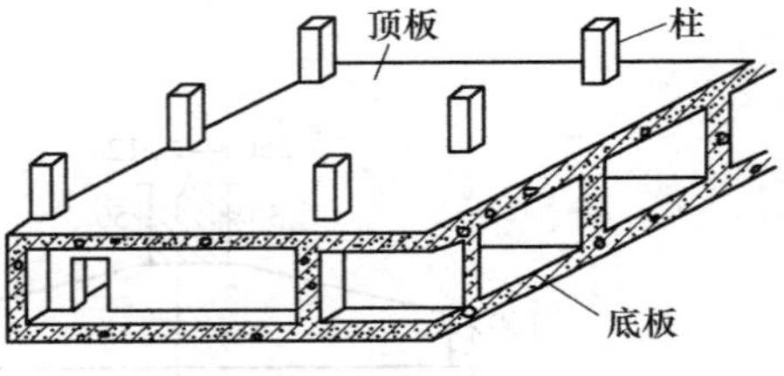

图 3-31　箱式满堂基础

（三）独立基础

1. 台阶形独立基础

台阶形独立基础由各阶台阶组成，如图 3-32 所示。

1）独立基础以设计图示尺寸的实体积计算，其高度从垫层上表面算至基础上表面。

2）现浇独立基础与柱的划分：如图 3-33 所示，H 高度为相邻下一个高度（H_1）2 倍以内者为基础，2 倍以上者为柱身，套用相应柱的项目。

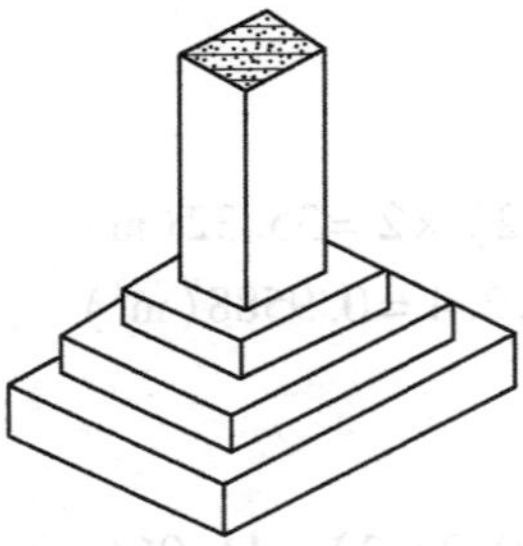

图 3-32　台阶形独立基础

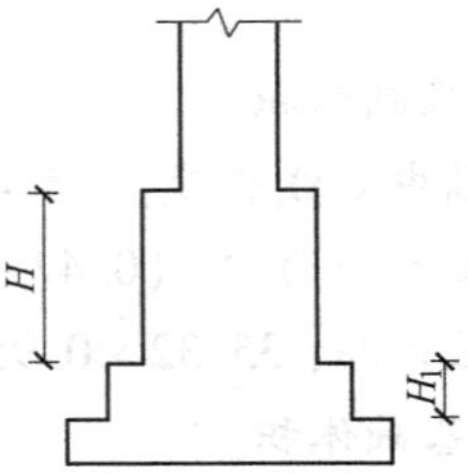

图 3-33　独立基础与柱身

2. 四棱台形独立基础

四棱台形独立基础如图 3-34 所示。

当独立基础为四棱台时，其体积公式为：

$$V = \frac{H}{6} \times [A \times B + (a + A) \times (b + B) + a \times b] \tag{3-7}$$

式中 A、B——独立基础下底边长；

a、b——独立基础上底边长；

H——独立基础高。

【例 3-11】 试计算图 3-35 所示独立基础及垫层混凝土工程量。垫层为 C15 素混凝土，独立基础为 C30 钢筋混凝土。

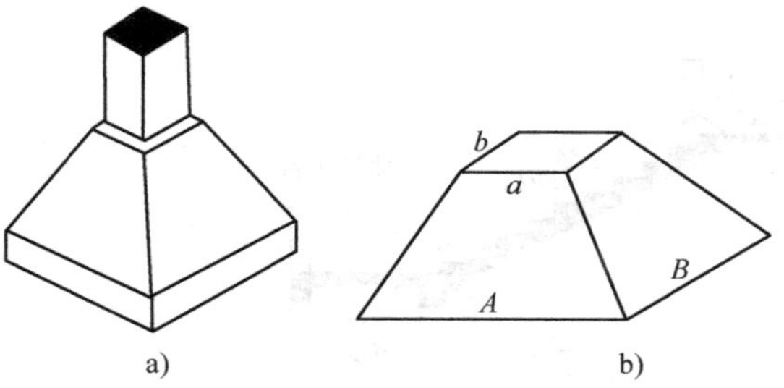

图 3-34 四棱台形独立基础

a）独立基础 b）四棱台

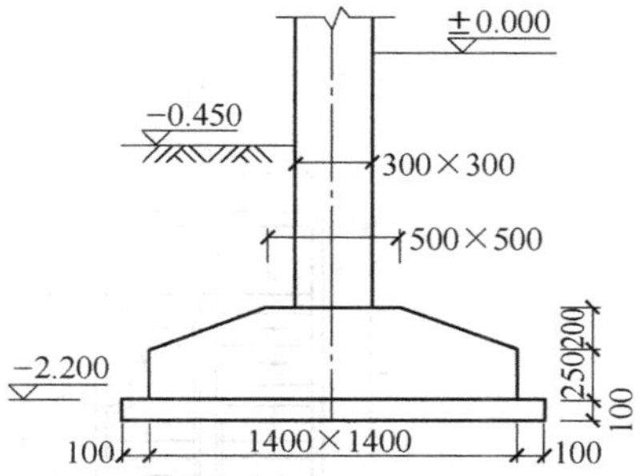

图 3-35 独立基础及垫层

【解】

1）C15 混凝土垫层工程量：$1.6\times1.6\times0.1=0.256(m^3)$

2）C30 独立基础工程量：

正方体体积：$1.4\times1.4\times0.25=0.49(m^3)$

四棱台体积：$0.2\times[0.5\times0.5+1.4\times1.4+(0.5+1.4)\times(0.5+1.4)]\div6=0.194(m^3)$

独立基础工程量合计：$0.49+0.194=0.684(m^3)$

（四）定额套用

1）现浇钢筋混凝土 A.4.1：基础 A.4.1.1（A4-3 带形基础、A4-5 独立基础、A4-7 满堂基础）

2）预拌混凝土（现浇）A.4.4：基础 A.4.4.1（A4-163 带形基础、A4-165 独立基础、A4-167 满堂基础）

【例 3-12】 根据例 3-10、例 3-11 带形基础、独立基础及垫层工程量套定额。

【解】 独立基础混凝土 C20 单价需换算成 C30 单价，垫层混凝土套装饰子目，人工与机械应乘以系数 1.2。带形基础、独立基础及垫层工程量套定额见表 3-10。

表 3-10 单位工程预算表

序号	定额编号	项目名称	单位	数量	单价/元	合价/元	其中	
							人工费/元	机械费/元
1	A4-3	现浇钢筋混凝土带形基础 C20	$10m^3$	4.2351	2782.62	11784.67	2378.43	822.63
2	A4-5 换	现浇钢筋混凝土独立基础 C30	$10m^3$	0.0684	2988.12	204.39	42.35	13.29
3	B1-24 换	基础垫层混凝土机械×1.2，人工×1.2	$10m^3$	0.0256	2793.96	71.53	23.74	2.23
		合　计				12060.59	2444.52	838.15

六、其他混凝土

（一）现浇整体楼梯

1）整体楼梯（包括板式、单梁式或双梁式楼梯）以设计图示尺寸的实体积计算。整体楼梯包括楼梯踏步、休息平台、楼梯梁，如图3-36所示。

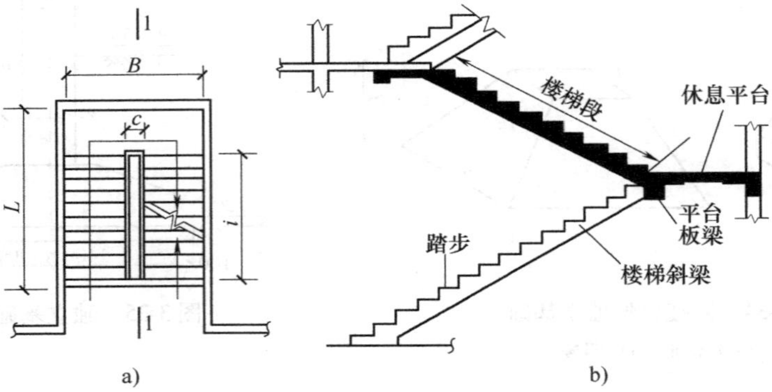

图3-36 现浇混凝土楼梯
a）平面图 b）1—1剖面图

2）楼梯与楼板的划分：以楼梯梁的外边缘为界，该楼梯梁已包括在楼梯体积内。

3）伸入墙内部分的体积并入楼梯体积中。

4）楼梯基础、室外楼梯的柱以及与地坪相连接的混凝土踏步等，项目内均未包括，应另行计算套用相应项目。

【例3-13】 某3层砖混结构办公楼，层高均为3.9m，墙厚均为240mm，轴线居中，二层楼梯平面及剖面如图3-37所示，平台板及TL-1伸至墙中心线，使用C20预拌混凝土，混凝土输送泵车泵送。计算二层楼梯混凝土工程量。

【解】

1）平台板体积：$1.3\times2.95\times0.1=0.384(m^3)$

2）楼梯梁TL-1体积：$2\times0.2\times0.35\times2.95=0.413(m^3)$

3）楼梯斜板体积：$2\times0.13\times(1.4-0.12)\times\sqrt{(3.24^2+1.8^2)}$
$=2\times0.13\times1.28\times3.706=1.233(m^3)$

4）踏步体积：$2\times0.15\times0.27\times0.5\times(1.4-0.12)\times12=0.622(m^3)$

整体楼梯体积合计：$0.384+0.413+1.233+0.622=2.652(m^3)$

（二）悬挑板（阳台、雨篷）

1）悬挑板（阳台、雨篷）按图示尺寸以实体积计算。现浇阳台、挑梁如图3-38所示。

2）伸入墙内部分的梁通过门窗口的过梁应合并按过梁项目另行计算。

3）阳台、雨篷伸出墙外的距离为L：

①$L>1.5m$，梁、板分别计算，套用相应梁、板项目。

②$L\leqslant1.5m$，将梁、板工程量合并，套用相应阳台、雨篷项目。

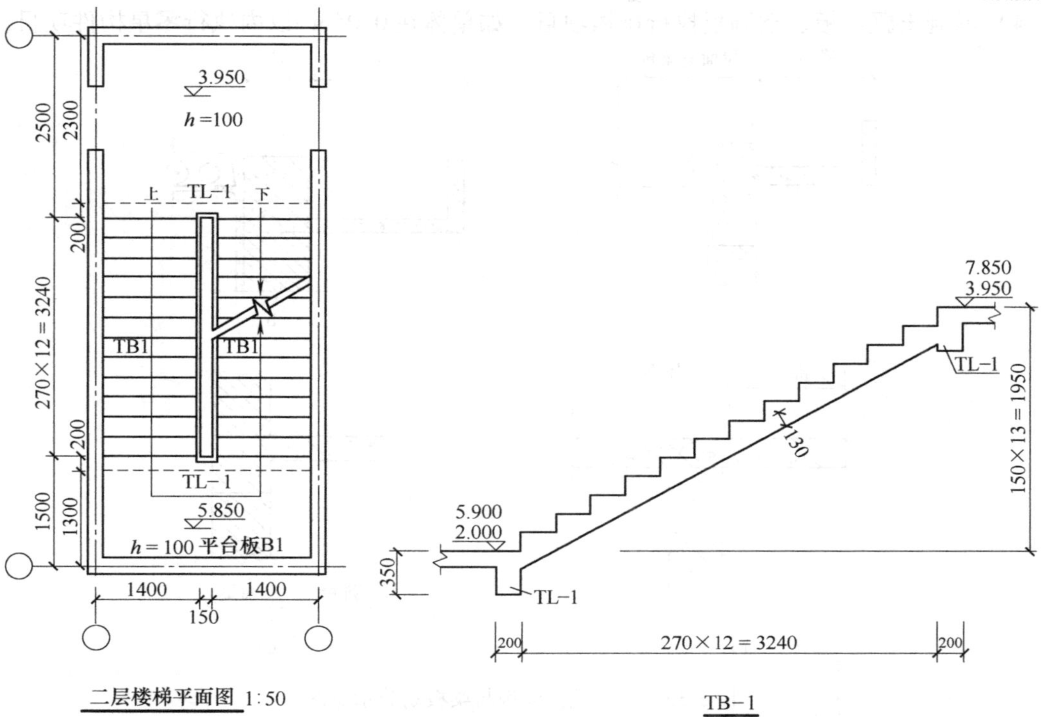

a) b)

图 3-37 楼梯平面及剖面图

a）楼梯平面图 b）楼梯剖面图

4）阳台、雨篷四周外边沿的弯起，如其高度（指板上表面至外边沿的弯起顶面）超过 6cm 时，按全高计算套用栏板项目。板上表面至外边沿的弯起顶面的高度为 H：

①$H>6$cm，按全高计算工程量，套用栏板项目。

②$H\leqslant 6$cm，工程量并入阳台、雨篷工程量中，套用相应定额子目。

5）栏板按实体积以“m^3”计算。

6）凹进墙内的阳台按平板计算。

7）水平遮阳板按雨篷项目计算。

（三）挑檐天沟

1）挑檐天沟按实体积计算。

2）挑檐天沟：当挑檐天沟与板（包括屋面板、楼板）连接时，以外墙身外边缘为分界线。当挑檐天沟与圈梁（包括其他梁）连接时，以梁外边线为分界线。外墙外边缘以外或梁外边线以外为挑檐天沟。现浇挑檐天沟与梁板划分如图 3-39 所示。

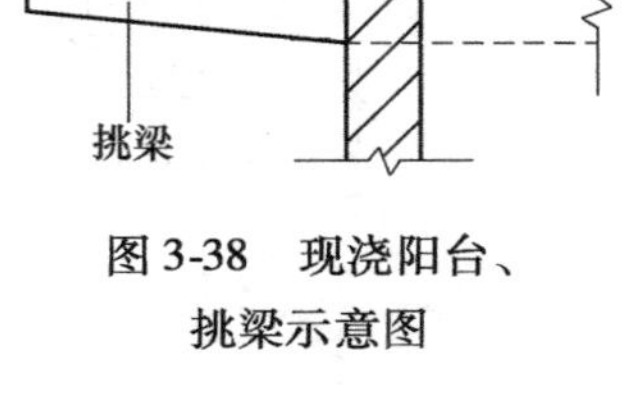

图 3-38 现浇阳台、挑梁示意图

3）挑檐天沟壁高度 h：

①$h\leqslant 40$cm，套用挑檐项目。

②$h>40$cm，按全高计算工程量，套用栏板项目。

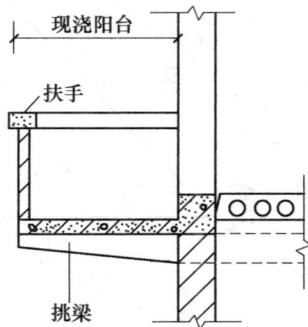

4）混凝土飘窗板、空调板执行挑檐项目，如单体在 0.05m^3 以内执行零星构件项目。

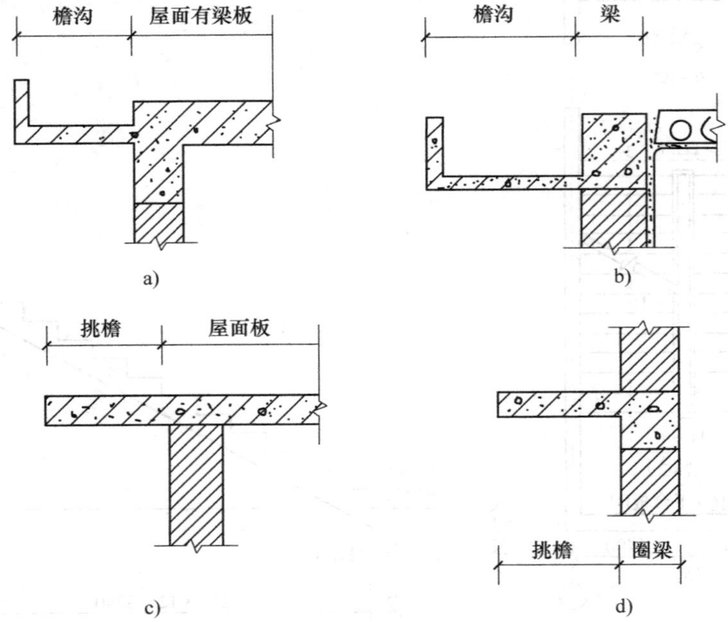

图 3-39 现浇挑檐天沟与梁板划分示意图

a）与屋面有梁板划分 b）与梁划分 c）与屋面板划分 d）与圈梁划分

【例 3-14】 计算如图 3-40 所示挑檐天沟混凝土（预拌 C20 混凝土）工程量。

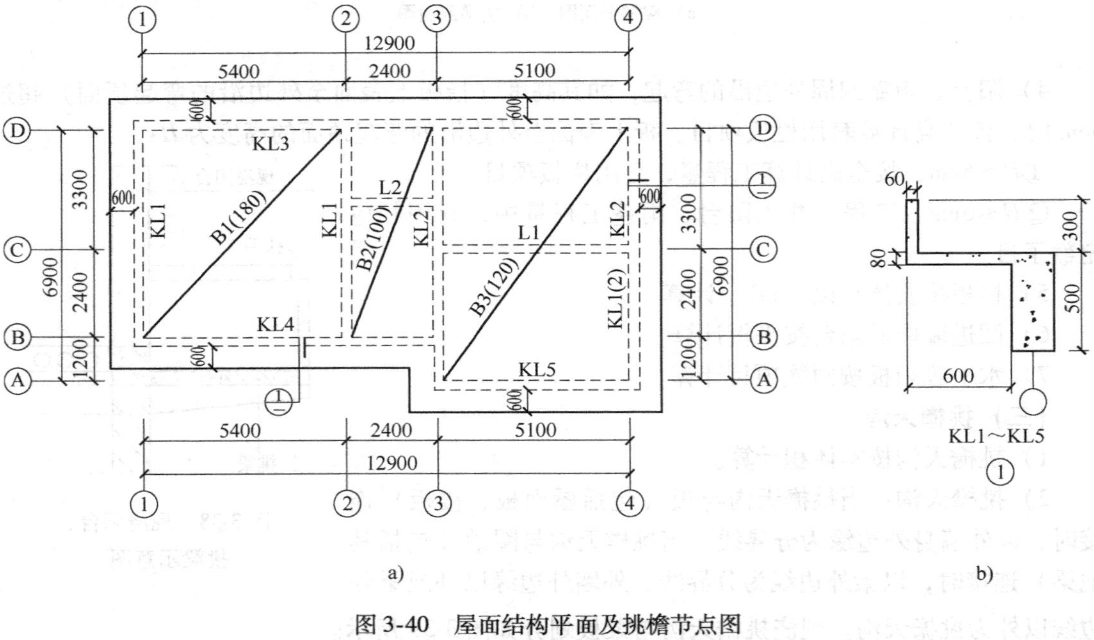

图 3-40 屋面结构平面及挑檐节点图

a）屋面结构平面图 b）挑檐节点图

【解】

1）挑檐天沟板工程量：

$$[(12.9+0.24)+(6.9+0.24)]\times2\times0.6\times0.08+0.6\times0.6\times4\times0.08$$
$$=20.28\times2\times0.6\times0.08+0.6\times0.6\times4\times0.08=2.062(m^3)$$

2）栏板工程量。

栏板长：$(13.14+0.6\times2+7.14+0.6\times2-0.06\times2)\times2=45.12(m)$

$$45.12\times0.3\times0.06=0.812(m^3)$$

3）挑檐天沟工程量小计：$2.062+0.812=2.874\ (m^3)$

（四）台阶、散水等

1）散水按设计图示尺寸以“m^2”计算，应扣除穿过散水的踏步、花台体积。

2）防滑坡道按斜面积计算，坡道与台阶相连处，以台阶外围为界。与建筑物外门厅地面相连的混凝土斜坡道及块料面层按相应人工乘以系数1.10计算。

3）台阶基层（包括踏步及最上一层踏步沿300mm）按水平投影面积计算。

4）明沟按设计图示尺寸以延长米计算。净空断面面积在0.2m^2以上的沟道，应分别按相应项目计算。

5）零星构件，适用于现浇混凝土扶手、柱式栏杆及其他未列项目且单件体积在0.05m^3以内的小型构件，其工程量按实体积计算。

6）混凝土后浇带按图示尺寸以实体积计算。

7）明沟、散水、坡道、台阶等项目均为综合项目，包括挖土、填土、垫层、基层、沟壁及面层等工序，其模板套用“模板工程”相应项目。除混凝土台阶未包括面层抹面，其面层可按设计规定套用相应章节有关项目外，其余项目不予换算。散水、台阶垫层为3∶7灰土，如设计垫层项目不同时，可以换算。散水3∶7灰土垫层厚度是按150mm编制的，如果设计厚度超过150mm，超过部分套用《全国统一建筑装饰装修工程消耗量定额河北省消耗量定额》灰土垫层项目。

【例3-15】 如图3-41所示两步台阶，台阶宽300mm，高150mm，计算台阶基层混凝土（预拌C15混凝土）工程量。

【解】 台阶基层混凝土投影面积：

$$(4.5+0.3\times2)\times(2+0.3)-(4.5-0.3\times2)\times(2-0.3)$$
$$=5.1\times2.3-3.9\times1.7=5.1(m^2)$$

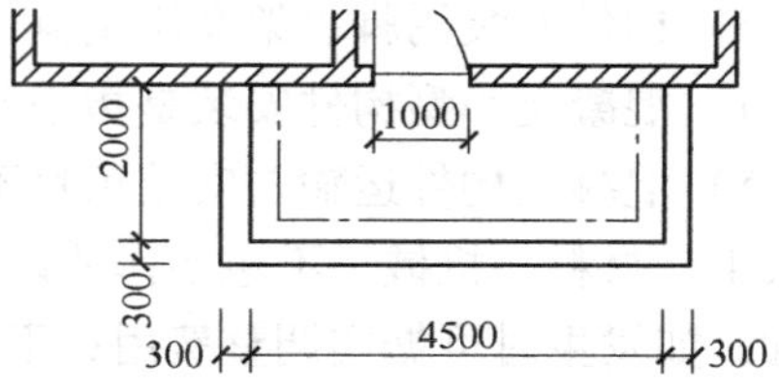

图3-41　台阶平面图

（五）定额套用

1）现浇钢筋混凝土A.4.1：其他A.4.1.6（A4-43直形阳台、A4-45直形雨篷、A4-47整体楼梯、A4-50挑檐天沟、A4-51直形栏板）。

2）预拌混凝土（现浇）A.4.4：其他A.4.4.6（A4-195直形阳台、A4-197直形雨篷、A4-199整体楼梯、A4-202挑檐天沟、A4-203直形栏板）。

【例3-16】 根据例3-13～例3-15，混凝土若为预拌泵送混凝土，根据整体楼梯、挑檐、台阶混凝土的工程量分别套相应的定额。

【解】 泵送混凝土工程量按设计图示尺寸计算。

台阶混凝土体积：$0.051\times12.501=0.638(m^3)$

泵送混凝土体积：$0.638+0.2652\times10.199+0.2874\times10.199=6.274(m^3)$

整体楼梯、挑檐、台阶混凝土的工程量套定额见表3-11。

表3-11　单位工程预算表

序号	定额编号	项目名称	单位	数量	单价/元	合价/元	其中	
							人工费/元	机械费/元
1	A4-199	预拌混凝土(现浇)整体楼梯 C20	$10m^3$	0.2652	3684.51	977.13	308.22	8.17
2	A4-202	预拌混凝土(现浇)挑檐天沟 C20	$10m^3$	0.2874	3646.00	1047.86	290.22	7.38
3	A4-218	预拌混凝土(现浇)台阶 C15	$100m^2$ 水平投影面积	0.051	9321.65	475.40	180.08	3.77
4	A4-315	混凝土输送泵檐高60m以内	$10m^3$	0.6274	185.30	116.26	8.66	75.03
		合计				2615.84	787.18	94.35

七、预制构件混凝土

预制构件混凝土定额中按预制钢筋混凝土、预拌混凝土（预制）列项。成品大型预制构件和成品预应力构件套用“构件运输及安装工程”相应项目。零星构件适用于每个体积在0.05m^3以内未列项目的构件。预制混凝土构件除另有规定外均按图示尺寸实体积计算，不扣除构件内钢筋、铁件所占体积。

（一）预制构件的安装

1）预制构件安装工程量，应按施工图计算净用量，即：

预制构件安装工程量＝图纸净用量

2）预制构件安装套第九章“构件运输及安装工程”定额子目（A.9.2）。以预制过梁为例，根据起吊方式不同有履带式起重机过梁安装A9-94、塔式起重机过梁安装A9-95。

3）构件安装用脚手架套用定额A.11“脚手架工程”有关项目计算。

4）混凝土小型构件安装是指小于0.1m^3的构件安装。

5）混凝土构件运输与安装项目不包括起重机械、运输机械行驶道路的修整、铺垫工作的人工、材料、机械，不包括作业以外的机械转移，不包括构件拼装与安装所需要的螺栓与配件，如发生时可据实调整费用；不包括起重机械安装、拆卸与运输，如发生时，套用相应项目。

6）混凝土构件及金属结构构件安装是按檐口高度20m以内及构件重量25t以内考虑的，如构件安装高度在20m以上或构件单个重超过25t时，项目中的人工、机械乘以下列系数：单机吊车装乘以1.30，必须使用双机抬吊者乘以1.50（使用塔吊者不乘系数）。

7）混凝土构件若采用砖模制作时，其安装项目中的人工、机械乘以系数1.10。

（二）预制构件的制作

1）预制构件的制作工程量，应按图纸计算的实体积（即安装工程量）另加相应安装项目中规定的损耗量，不扣除构件内钢筋、铁件所占体积，即：

预制构件制作工程量 = 安装工程量 ×（1 + 损耗率）

损耗率按照“构件安装”相应项目的规定计算，例如过梁损耗率为 1.5%。

2）预制构件制作定额套用：

①预制构件制作套用 A.4.2 预制钢筋混凝土，“过梁”定额子目，见定额 A4-74。

②预制构件制作套用 A.4.5 预拌混凝土（预制），“过梁”定额子目，见定额 A4-292。

（三）预制构件的运输

1）预制混凝土构件运输工程量等于预制混凝土构件的制作工程量，即：

预制构件运输工程量 = 制作工程量

2）预制构件运输套用“构件运输及安装工程”A.9.1 定额子目。

3）定额适用于自构件堆放场地或构件加工厂至施工现场 25km 以内的运输，运距超过 25km 时，由承发包双方协商确定运输费用。

4）构件运输按表 3-12 分类计算。

表 3-12　构件分类表

类别		项　　目
混凝土构件	1	4m 以内实心板
	2	6m 以内的桩、屋面板、工业楼板、进深梁、基础梁、吊车梁、楼梯休息板、楼梯段、阳台板
	3	6m 以上至 14m 梁、板、柱、桩，各类屋架、桁架、托架（14m 以上另行处理）
	4	天窗架、挡风架、侧板、端壁板、天窗上下档、过梁及单件体积在 $0.1m^3$ 以内小构件
	5	装配式内、外墙板，大楼板，厕所板
	6	隔墙板（高层用）
金属结构构件	1	钢柱、屋架、托架梁、防风桁架
	2	吊车梁、制动梁、型钢檩条、钢支撑、上下档、钢拉杆、栏杆、盖板、垃圾出灰门、箅子、爬梯、零星构件、平台、操作台、走道休息台、扶梯、钢吊车梯台、烟囱紧固箍
	3	墙架、挡风架、天窗架、组合檩条、轻型屋架、滚动支架、悬挑支架、管道支架

5）预制过梁运输，根据表 3-12 确定过梁属于 4 类构件，根据运距不同划分，运距 1～25km 定额子目为 A9-22～28。

第四节　模 板 工 程

模板是混凝土结构构件成型的模具，模板系统包括模板和支撑两部分。为保证混凝土结构的质量和安全，模板应具有足够的承载能力、刚度和稳定性。

定额中模板是按河北省施工中常用的组合钢模板、大钢模板、定型钢模板、复合木模板、木模板、混凝土地胎模、砖地模编制的。

组合钢模板、支撑钢管及扣件、大钢模板按租赁编制，租赁材料往返运输所需要的人工和机械台班已包括在相应的项目内；定型钢模板、复合木模板、木模板等按摊销考虑。

定额中复合木模板适用于竹胶合模板、木胶合模板、复合纤维模板。

一、模板一般计算规则

1）现浇混凝土模板工程量，除另有规定者外，均按混凝土与模板的接触面的面积以“m^2”计算，不扣除后浇带所占面积。二次浇捣的后浇带模板按后浇带体积以“m^3”计算。

2）现浇钢筋混凝土墙、板上单孔面积在0.3m^2以内的孔洞，不予扣除，洞侧壁模板亦不增加；单孔面积在0.3m^2以上时，应予扣除孔洞所占面积，洞侧壁模板面积并入墙、板模板工程量之内计算。

3）拱形、弧形构件按木模板考虑，实际使用钢模，套用直形构件项目，人工乘以系数1.20。混凝土基础构件实际使用砖模，套用砖砌相应项目。

4）2层以内且建筑面积2000m^2以内的建筑物，梁、柱施工使用复合木模板的，其消耗量乘以系数1.4。

5）混凝土构件模板已综合考虑了模板支撑和脚手架操作系统，不另行计算，混凝土构筑物及符合“A.11脚手架工程”工程量计算规则第三条第5款条件的除外。

二、框架结构模板

现浇钢筋混凝土框架的模板工程量分别按柱、梁、板、墙计算，不突出墙面的柱并入墙的模板工程量内计算，突出墙面的柱套用柱的定额。

混凝土大钢模板在消耗量中已综合考虑了门窗洞口及侧壁处模板的面积。

（一）柱、梁、板模板

1）柱模板：

柱模板 = 柱断面周长 × 柱高 − 梁、板与柱的接触面积

柱高按柱基上表面或楼板上表面至柱顶上表面的高度计算。

2）梁模板：

梁模板 =（梁底宽度 + 梁两侧面高度）× 梁长 − 梁与梁的接触面积

①梁与柱交接时，梁长算至柱侧面。

②次梁与主梁交接时，次梁长度算至主梁侧面。

③中跨梁的梁两侧模板高度 =（梁高 − 板厚）×2。

④边跨梁的梁两侧模板高度 =（梁高 − 板厚）+ 梁高。

3）板模板：

板模板 = 板底面积

板底模板算至梁侧。

4）对拉螺栓：高度≥500mm的梁、宽度≥600mm的柱及混凝土墙模板使用对拉螺栓时，按照下列规定以“t”为单位计算，并扣除相应子目的铁件消耗量。

①对拉螺栓长度按混凝土厚度每侧增加270mm，直径按14mm计算。

②对拉螺栓间距：复合木模板中对拉螺栓间距400mm，组合钢模板中对拉螺栓间距800mm。

经批准的施工方案的对拉螺栓长度、直径、间距与上述不同时可以调整。

（二）模板支撑超高的计算

现浇混凝土梁、板、柱、墙是按支撑高度3.6m编制的，3.6m以上6m以下，每超过

1m（不足1m者按1m计），超过部分工程量另按超高的项目计算。6m以上按批准的施工方案计算。

电梯井壁的混凝土支模楼层层高超过3.6m时，超过部分工程量另按墙超高项目乘以系数0.50计算。

【例3-17】 根据图3-17，计算梁、板、柱的复合木模板及周转式对拉螺栓工程量并套定额。

【解】

1）柱模板：

$$4\times(0.5+0.7)\times2\times4.2-0.3\times0.7\times2\times4-4\times(0.1+0.2)\times0.12=40.32-1.68-0.144=38.496(\mathrm{m}^2)$$

柱模板小计：$38.496\mathrm{m}^2$

判断超高：$4.2-0.12-3.6=0.48(\mathrm{m})$，计算1个超高。

柱模板超高工程量：

$$4\times(0.5+0.7)\times2\times0.48-0.3\times0.48\times2\times4=4.608-1.152=3.456(\mathrm{m}^2)$$

柱模板超高小计：$3.456\mathrm{m}^2$

2）梁模板：

L1：$(0.25+0.38\times2)\times6.7=6.77(\mathrm{m}^2)$

KL1：$(0.3+0.58+0.7)\times7.2-0.25\times0.38=11.376-0.095=11.281(\mathrm{m}^2)$

KL1（2根）：$2\times11.281=22.562(\mathrm{m}^2)$

KL2（2根）：$(0.3+0.58+0.7)\times6.3\times2=19.91(\mathrm{m}^2)$

梁模板小计：$49.242\mathrm{m}^2$

判断梁模板超高：L1：$4.2-0.5-3.6=0.1(\mathrm{m})$，计算1个超高

KL1、KL2：$4.2-0.7-3.6=-0.1(\mathrm{m})$，不计算超高

梁模板L1超高工程量：$6.77\mathrm{m}^2$

3）板模板：

$5.739/0.12=47.825(\mathrm{m}^2)$

板模板小计：$47.825\mathrm{m}^2$

判断超高：$4.2-0.12-3.6=0.48(\mathrm{m})$，计算1个超高

板模板超高工程量：$47.825\mathrm{m}^2$

4）对拉螺栓ϕ14@400：

柱700mm宽加设螺栓：长$0.7+0.27\times2=1.24(\mathrm{m})$，$(4.2-0.7)/0.4-1=8$(个)

$$4\times8\times1.24\times1.21=48(\mathrm{kg})$$

梁L1　500mm高加设螺栓：长$0.25+0.27\times2=0.79(\mathrm{m})$，$6.7/0.4-1=16$(个)

$$16\times0.79\times1.21=15(\mathrm{kg})$$

KL　700mm高加设螺栓：长$0.3+0.27\times2=0.84(\mathrm{m})$

$7.2/0.4-1=17$(个)　　$6.3/0.4-1=15$(个)

$$2\times(17+15)\times0.84\times1.21=65(\mathrm{kg})$$

对拉螺栓合计：$48+15+65=128(\mathrm{kg})=0.128(\mathrm{t})$

单位工程预算表见表3-13。

表 3-13 单位工程预算表

序号	定额编号	项目名称	单位	数量	单价	合价	其中	
							人工费/元	机械费/元
1	A12-58	复合木模板 矩形柱	$100m^2$	0.385	5135.52	1977.18	799.95	88.03
2	A12-61	复合木模板 单梁连续梁	$100m^2$	0.4924	5704.11	2808.7	1039.95	129.12
3	A12-65	复合木模板 平板	$100m^2$	0.4783	4729.30	2262.02	672.39	128.44
4	A12-19	柱支撑高度超过 3.6m	$100m^2$	0.0346	277.33	9.6	6.31	0.34
5	A12-25	梁支撑高度超过 3.6m	$100m^2$	0.0677	545.30	36.92	21.85	2.67
6	A12-34	板支撑高度超过 3.6m	$100m^2$	0.4783	618.35	295.76	158.99	14.08
7	A12-216	对拉螺栓 周转式	t	0.128	3588.88	459.38	131.45	0
		合计				7849.56	2830.89	362.68

三、砖混结构模板

（一）构造柱模板

1）构造柱外露面均应按图示外露部分计算模板面积。

2）构造柱与墙接触面不计算模板面积。

3）构造柱模板套用矩形柱项目。

4）马牙槎的模板面积按马牙槎宽度乘以柱高计算。

构造柱所在位置不同，马牙槎和构造柱外露面的个数不同，应分别计算模板面积。构造柱马牙槎外露面如图 3-42 所示。

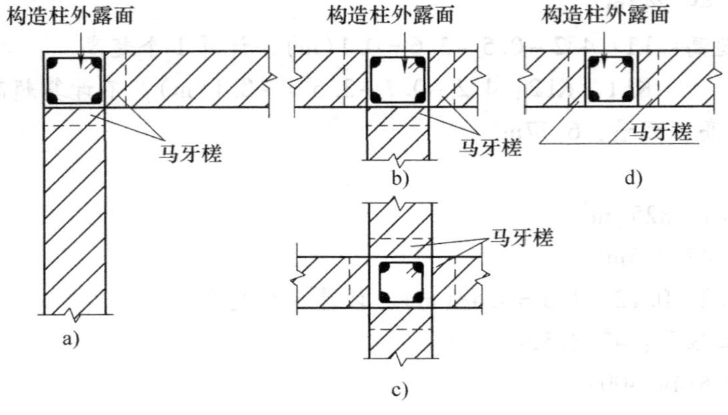

图 3-42 构造柱马牙槎外露面

a）L形 b）T形 c）十形 d）一形

马牙槎宽度为 60mm，构造柱外露面为构造柱与模板接触面；构造柱外露面个数分别为：L 形 2 个，T 形 1 个，十形 0 个，一形 2 个。

构造柱模板面积分别为：

①L 形：柱高 ×（外露宽 ×2 +0.06 ×4）。

②T 形：柱高 ×（外露宽 +0.06 ×6）。

③十形：柱高 ×（0.06 ×8）。

④一形：柱高×(外露宽×2+0.06×4)。

柱高按柱基上表面或楼板上表面至柱顶上表面的高度计算。

(二) 圈梁及其他梁模板

1) 圈梁：

圈梁模板＝梁高×2×梁长－梁与梁的接触面积

圈梁梁长外墙圈梁按外墙中心线长度，内墙圈梁按内墙净长线长度。

2) 其他梁：其他梁模板同框架结构梁的模板的计算规则。

(三) 板模板

板模板＝板底面积

板底模板算至圈梁或其他梁侧面。

四、基础模板

(一) 带形基础

1) 带形基础模板：

带形基础模板＝基础侧面面积×基础长度－基础与基础接触面积

基础长：外墙基础长度按外墙中心线长度计算，内墙基础长度按内墙基础净长线计算。

有梁式带形基础，梁的模板按梁长乘以梁净高以“m^2”计算，次梁与主梁交接时，次梁模板算至主梁侧面。其梁高（基础扩大顶面至梁顶面的高度）超过1.2m时，带形基础底板模板按无梁式计算，扩大顶面以上部分模板按混凝土墙项目计算。

2) 带形基础垫层模板：

带形基础垫层模板＝垫层侧面面积×垫层长度－垫层与垫层接触面积

基础垫层长，外墙基础垫层长度按外墙中心线长度计算，内墙基础垫层长度按内墙基础垫层净长线计算。

(二) 独立基础

1) 独立基础应按独立基础与模板接触面计算，其高度从垫层上表面算至基础上表面。

独立基础模板＝基础周长×基础高

现浇独立基础与柱的划分：上一个高度为相邻下一个高度2倍以内者为基础，套用基础模板项目，2倍以上者为柱身，套用相应柱的模板项目。

2) 独立基础垫层：

独立基础垫层模板＝垫层周长×垫层高

(三) 满堂基础

1) 无梁式满堂基础：

无梁式满堂基础模板＝基础周长×基础高

无梁式满堂基础有扩大或角锥形柱墩时，应并入无梁式满堂基础计算。

2) 有梁式满堂基础：

有梁式满堂基础模板＝基础周长×基础高＋梁高×2×梁长

①梁高指满堂基础的顶面至梁顶面的高度。

②梁长的计算同框架结构。

③有梁式满堂基础梁高超过1.2m时，底板按无梁式满堂基础模板项目计算，梁按混凝

土墙模板项目计算。

3）箱式满堂基础模板应分别按无梁式满堂基础、柱、墙、梁、板的有关规定计算。

【例 3-18】 根据图 3-35 所示独立基础，计算独立基础及垫层模板工程量。

【解】

混凝土垫层模板：$1.6\times4\times0.1=0.64(m^2)$

独立基础模板：$1.4\times4\times0.25=1.4(m^2)$

五、其他模板

（一）楼梯

1）现浇钢筋混凝土楼梯，按混凝土与模板接触面的面积以“m^2”计算。

2）楼梯与楼板的划分以楼梯梁的外边缘为界，该楼梯梁包括在楼梯内。

（二）雨篷、阳台

1）现浇钢筋混凝土悬挑板（雨篷、阳台）按混凝土与模板接触面的面积以“m^2”计算。

2）如伸出墙外超过 1.50m 时，梁、板分别计算，套用相应项目。

（三）挑檐天沟

1）挑檐天沟按混凝土与模板接触面的面积以“m^2”计算。

2）挑檐天沟壁高度在 40cm 以内时，套用挑檐项目。

3）挑檐天沟壁高度超过 40cm 时，按全高套用栏板项目计算。

4）混凝土飘窗板、空调板执行挑檐项目，单体在 $0.05m^3$ 以内时执行零星构件项目。

（四）台阶、散水

混凝土台阶按图示台阶尺寸（包括踏步及最上一层踏步沿 300mm）计算，台阶端头模板并入台阶工程量内，梯带另行计算。

散水、坡道模板按垫层模板套用。明沟垫层按垫层模板套用，立壁套用直形墙模板项目并乘以系数 0.40。

（五）零星构件

零星构件适用于现浇混凝土扶手、柱式栏杆及其他未列项目且单件体积在 $0.05m^3$ 以内的小型构件，其工程量按混凝土与模板接触面的面积以“m^2”计算。

（六）预制钢筋混凝土构件

预制钢筋混凝土构件模板工程量，均按图示尺寸混凝土与模板（包括地膜、胎膜）的接触面以“m^2”计算。

【例 3-19】 根据图 3-37 所示楼梯，计算整体楼梯模板面积。

【解】

1）平台板底模板：$(1.3-0.12)\times(2.95-0.24)=1.18\times2.71=3.198(m^2)$

2）楼梯梁 TL-1 模板：$2\times(0.2+0.35\times2-0.1-0.114)\times(2.95-0.24)=2\times0.686\times2.71=3.718(m^2)$

其中，0.114m 是踏步板与 TL-1 的接触高度，假设为 h。

则：$$\frac{0.27}{\sqrt{0.27^2+0.15^2}}=\frac{0.13}{h}$$

$0.874=\frac{0.13}{h}$，$h=0.13\times0.874=0.114(\mathrm{m})$

3）楼梯斜板底模板：$2\times(1.4-0.12)\times\sqrt{3.24^2+1.8^2}$
$=2\times1.28\times3.706=9.487(\mathrm{m}^2)$

楼梯斜板侧模板：$2\times0.13\times\sqrt{3.24^2+1.8^2}=2\times0.13\times3.706=0.964(\mathrm{m}^2)$

4）踏步侧模板：$2\times0.15\times0.27\times0.5\times12=0.486(\mathrm{m}^2)$

整体楼梯模板合计：$3.198+3.718+9.487+0.964+0.486=17.853(\mathrm{m}^2)$

第五节　钢 筋 工 程

一、梁、板、柱平法识图

钢筋的计算以建筑结构施工图平面整体设计方法（简称平法）11G101 系列图集为规范进行计算。“平法”是把结构构件的尺寸和钢筋等，按照平面整体表示方法制图规则，整体直接表达在各类构件的结构平面布置图上，再与标准构造详图相配合，即构成一套完整的结构施工图的方法。它改变了传统的将构件从结构平面布置图中索引出来，再逐个绘制配筋详图的繁琐方法，是对我国目前混凝土结构施工图设计表示方法的重大改革。

钢筋的计算规则以 11G101 系列平法构造为依据。11G101 系列平法于 2011 年 9 月 1 日正式实施，包括 11G101-1《混凝土结构施工图平面整体表示方法制图规则和构造详图（现浇混凝土框架、剪力墙、梁、板）》，11G101-2《混凝土结构施工图平面整体表示方法制图规则和构造详图（现浇混凝土板式楼梯）》，11G101-3《混凝土结构施工图平面整体表示方法制图规则和构造详图（独立基础、条形基础、筏形基础及桩基承台）》。

11G101 系列图集的制图规则，既是设计者完成柱、墙、梁、板平法施工图的依据，也是施工、监理人员准确理解和实施平法施工图的依据。

（一）柱平法识图

柱平法施工图可在柱平面布置图上采用列表注写方式或截面注写方式表达。

1. 柱类型及编号

柱编号由类型代号和序号组成，应符合表 3-14 的规定。

表 3-14　柱编号方法

柱类型	代号	序号	柱类型	代号	序号
框架柱	KZ	××	梁上柱	LZ	××
框支柱	KZZ	××	剪力墙上柱	QZ	××

2. 柱配筋的平法标注

（1）截面注写方式　截面注写方式是在柱平面布置图的柱截面上，分别在同一编号的柱中选择一个截面，以直接注写截面尺寸和配筋具体数值的方式来表达柱平法施工图，如图 3-43 所示。

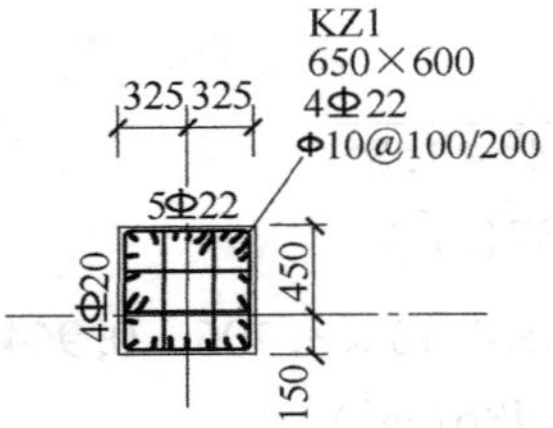

标注说明：
KZ1 — 柱编号；
650×600 — 柱断面尺寸；
角筋 — 4Φ22；
b边筋 — 每侧5Φ22；
h边筋 — 每侧4Φ20；
Φ10@100/200 —(4×4)肢箍，箍筋为直径10mm的Ⅰ级钢筋，加密区间距100mm，非加密区间距200m。

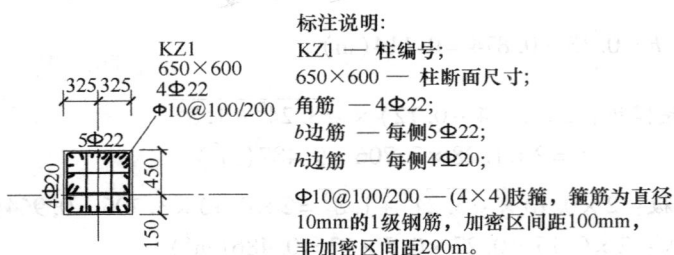

图 3-43 柱配筋的平法标注

设计图中柱箍筋类型（图 3-44）以及箍筋复合方式（图 3-45）应在图中表达，并在其上标注对应的 *b*、*h* 边（图 3-46）。

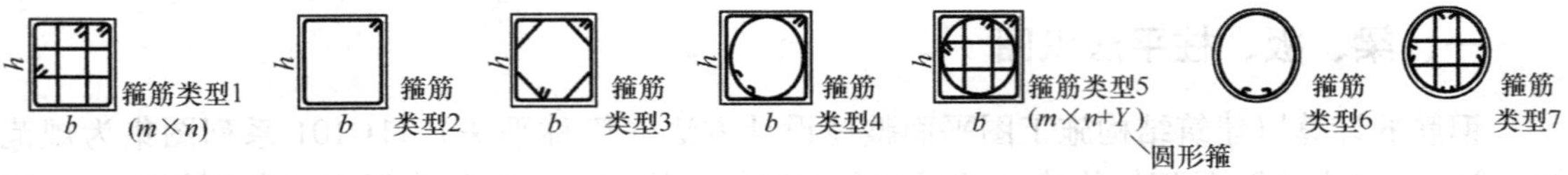

图 3-44 柱箍筋类型

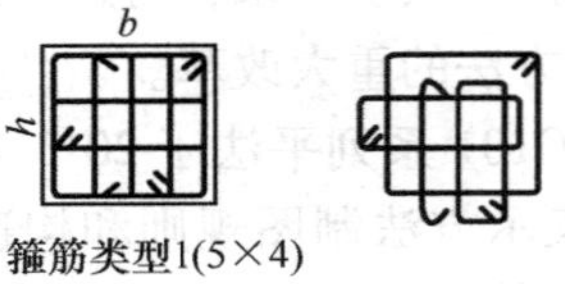

图 3-45 箍筋复合方式

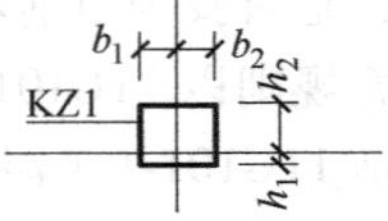

图 3-46 柱 *b*、*h* 边表示方法

（2）列表注写方式 在柱表中注写柱编号、柱段起止结构标高、几何尺寸、配筋及箍筋类型，见表 3-15。

表 3-15 柱 表

柱号	标高	b×h（圆柱直径 D）	b_1	b_2	h_1	h_2	全部纵筋	角筋	b 边一侧中部筋	h 边一侧中部筋	箍筋类型号	箍筋
KZ1	-0.030～19.470	750×700	375	375	150	550	24Φ25				1(5×4)	Φ10@100/200
	19.470～37.470	650×600	325	325	150	450		4Φ22	5Φ22	4Φ20	1(4×4)	Φ10@100/200
	37.470～59.070	550×500	275	275	150	350		4Φ22	5Φ22	4Φ20	1(4×4)	Φ8@100/200

（二）梁平法识图

梁平法施工图是在梁平面布置图上采用平面注写方式表达。

1. 梁编号

梁编号由梁类型代号、序号、跨数及有无悬挑代号组成，并符合表 3-16 的规定。

2. 梁配筋的平面标注方式

梁配筋的平面标注包括集中标注和原位标注（图 3-47），集中标注表达梁的通用数值，原位标注表达梁的特殊数值。当集中标注中的某项数值不适用于梁的某部位时，则将该数值原位标注，施工时原位标注取值优先。

表3-16 梁 编 号

梁类型	代号	序号	跨数及是否带有悬挑
楼层框架梁	KL	××	(××),(××A)或(××B)
屋面框架梁	WKL	××	(××),(××A)或(××B)
框支梁	KZL	××	(××),(××A)或(××B)
非框架梁	L	××	(××),(××A)或(××B)
悬挑梁	XL	××	(××),(××A)或(××B)

注：(××A) 为一端有悬挑，(××B) 为两端有悬挑，悬挑不计入跨数，例如 KL7 (5A) 表示7号框架梁，5跨，一端有悬挑。

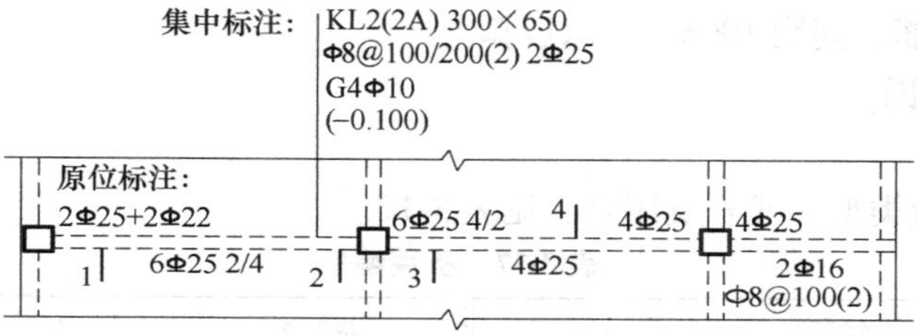

图3-47 梁平法标注

梁四个截面采用传统表示方法（图3-48），用于对比平面标注方式，其表达同样的内容。

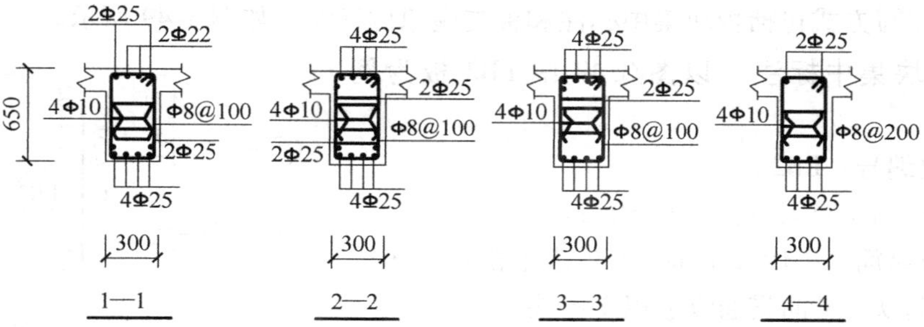

图3-48 梁各截面配筋图

3. 集中标注

梁集中标注如图3-47所示，前五项为必注值，第六项为选注值。

1）梁编号：KL2（2A）表达KL2，两跨，一端悬挑。

2）梁截面尺寸：300×650。

3）梁箍筋：Φ8@100/200(2) 表达箍筋为直径8mm的Ⅰ级钢筋，加密区间距100mm，非加密区间距200m，双肢箍。

4）梁上部通长筋：2Φ25 表达2根直径为25mm的Ⅱ级钢筋。

5）梁侧面纵向筋：G4Φ10 表达梁两个侧面配置构造筋，每侧2根直径10mm的Ⅰ级钢筋。

6）梁顶面标高高差：-0.100 表达梁顶面标高相对于结构层楼面标高的高差值，即比该楼层结构标高低 0.1m。

4. 原位标注

1）梁支座上部纵筋：该部位含通长筋在内的所有纵筋。第一跨左支座上部筋 2Φ25+2Φ22，表达梁上部 2 根直径 25mm 的Ⅱ级通常长钢筋、2 根直径为 22mm 的Ⅱ级支座筋。第一跨右支座与第二跨左支座相同时，可仅在支座的一边标注。第二跨左支座处上部筋 6Φ25 4/2，表达梁上部 6 根直径 25mm 的Ⅱ级钢筋，排成两排，上一排 4 根，其中 2 根通长筋，2 根支座筋，下一排 2 根支座筋。

2）梁下部纵筋：第一跨下部 6Φ25 2/4，表达梁下部 6 根直径 25mm 的Ⅱ级钢筋，排成两排，上一排 2 根，下一排 4 根。

3）集中标注不适用于某跨时，用原位标注。悬挑跨Φ8@100（2），表达悬挑跨箍筋为直径 8mm 的Ⅰ级钢筋，间距 100mm，双肢箍。

（三）板平法识图

1. 板块编号

板块编号包括板类型、代号及序号，见表 3-17。

表 3-17　板块编号

板类型	代号	序号	板类型	代号	序号
楼面板	LB	××	悬挑板	XB	××
屋面板	WB	××			

2. 板平法标注

板平面注写方式包括板块集中标注和板支座原位标注，如图 3-49 所示。

（1）板块集中标注　以图 3-49 中 LB2 板为例说明。

1）板块编号：LB2。

2）板厚：$h=150$，即板厚 150mm。

3）贯通纵筋：B 代表下部，T 代表上部；X 向贯通纵筋以 X 打头，Y 向贯通纵筋以 Y 打头。

B：XΦ10@150，YΦ8@150，表达下部 X 向贯通纵筋Φ10@150；Y 向贯通纵筋Φ8@150。

（2）板支座原位标注　板支座原位标注表达板支座上部非贯通纵筋的配筋及伸出长度。

LB2 板中，①Φ8@150，表达②轴板边支座上部非贯通纵筋Φ8@150，自支座中线向跨内伸出长度 1000mm。②Φ10@100，表达③轴板中间支座上部非贯通纵筋Φ10@100，自支座中线向支座两侧对称伸出长度 1800mm，只在一侧标注即可。⑧Φ8@100，表达 B、C 轴跨板上部非贯通纵筋，跨 LB3 板分别自 B、C 轴的支座中线向下、上各伸出长度 1000mm。

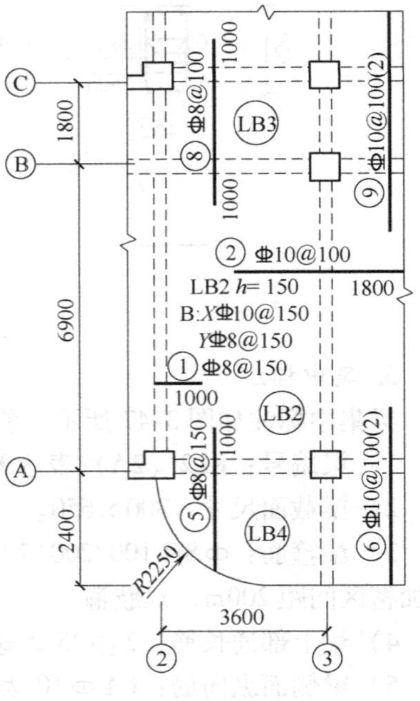

图 3-49　板平法标注

二、钢筋基础知识

（一）钢筋工程量计算步骤

1）确定构件混凝土的强度等级和抗震级别（按设计图纸）。

2）确定钢筋的保护层厚度（按设计图纸或规范）。

3）计算钢筋的锚固长度、抗震锚固长度、搭接长度、抗震搭接长度（按设计图纸或规范）。

4）计算钢筋的长度、根数和重量。

5）按不同直径和钢筋种类分别汇总现浇构件钢筋总量。

（二）钢筋计算一般规则

1）钢筋锚固长度及搭接长度，设计图纸有规定的按设计规定计算，设计图纸未作规定的按规范规定计算。

①受拉钢筋基本锚固长度：根据11G101-1，受拉钢筋基本锚固长度见表3-18。

表3-18　受拉钢筋基本锚固长度

受拉钢筋基本锚固长度 l_{ab}、l_{abE}										
钢筋种类	抗震等级	混凝土强度等级								
		C20	C25	C30	C35	C40	C45	C50	C55	>C60
HPB300	一、二级（l_{abE}）	45d	39d	35d	32d	29d	28d	26d	25d	24d
	三级（l_{abE}）	41d	36d	32d	29d	26d	25d	24d	23d	22d
	四级（l_{abE}） 非抗震（l_{ab}）	39d	34d	30d	28d	25d	24d	23d	22d	21d
HRB335 HRBF335	一、二级（l_{abE}）	44d	38d	33d	31d	29d	26d	25d	24d	24d
	三级（l_{abE}）	40d	35d	31d	28d	26d	24d	23d	22d	22d
	四级（l_{abE}） 非抗震（l_{ab}）	38d	33d	29d	27d	25d	23d	22d	21d	21d
HPB400 HRBF400 RRB400	一、二级（l_{abE}）	—	46d	40d	37d	33d	32d	31d	30d	29d
	三级（l_{abE}）	—	42d	37d	34d	30d	29d	28d	27d	26d
	四级（l_{abE}） 非抗震（l_{ab}）	—	40d	35d	32d	29d	28d	27d	26d	25d
HPB500 HRBF500	一、二级（l_{abE}）	—	55d	49d	45d	41d	39d	37d	36d	35d
	三级（l_{abE}）	—	50d	45d	41d	38d	36d	34d	33d	32d
	四级（l_{abE}） 非抗震（l_{ab}）	—	48d	43d	39d	36d	34d	32d	31d	30d

②受拉钢筋锚固长度：受拉钢筋锚固长度根据表3-19所列公式计算。

③非抗震受拉钢筋锚固长度修正系数：非抗震受拉锚固长度计算公式中的修正系数见表3-20。

表 3-19 受拉钢筋锚固长度 l_a、抗震锚固长度 l_{aE}

非抗震	抗震
$l_a = \zeta_a l_{ab}$	$l_{aE} = \zeta_{aE} l_a$

注：1. l_a 不应小于 200mm。

2. 锚固长度修正系数 ζ_a 按表 3-20 取用，当多于一项时，可按连乘计算，但不应小于 0.6。

3. ζ_{aE} 为抗震锚固长度修正系数，一、二级抗震等级取 1.15，三级抗震等级取 1.05，四级抗震等级取 1.00。

表 3-20 受拉钢筋锚固长度修正系数 ζ_a

锚 固 条 件		ζ_a	
带肋钢筋的公称直径大于 25		1.10	—
环氧树脂涂层带肋钢筋		1.25	
施工过程中易受扰动的钢筋		1.10	
锚固区保护层厚度	$3d$	0.80	中间时按内插值，d 为锚固钢筋直径
	$5d$	0.70	

2）钢筋接头：

①钢筋接头设计图纸已规定的按设计图纸计算。

②设计图纸未作规定的，焊接或绑扎的混凝土水平通长钢筋搭接，直径 10mm 以内者，按每 12m 一个接头，直径 10mm 以上至 25mm 以下按每 10m 一个接头；直径 25mm 以上按每 9m 一个接头计算，搭接长度按规范及设计规定计算。

③焊接或绑扎的混凝土竖向通长钢筋（墙、柱的竖向钢筋）也按以上规定计算，但层高小于规定接头间距的竖向钢筋接头，按每自然层一个计算。

3）钢筋是按绑扎和焊接综合考虑编制的，实际施工不同时，仍按项目规定计算；若设计规定钢筋采用气压力焊、电渣压力焊、冷挤压钢筋、锥螺纹钢筋接头、直螺纹钢筋接头者按设计规定套用相应项目，同时不再计算钢筋的搭接量。直径 16mm 以内接头每个接头扣除电焊条 0.11 元，扣除人工费和机械费 0.60 元；直径 22mm 以内接头每个接头扣除电焊条 0.50 元，扣除人工费和机械费 1.40 元；直径 22mm 以外接头每个接头扣除电焊条 0.70 元，扣除人工费和机械费 1.95 元。

4）钢筋搭接接头面积百分率规定。钢筋绑扎搭接接头连接区段的长度为 $1.3l_l$（l_l 为搭接长度），同一连接区段内（图 3-50），纵向受拉钢筋搭接接头面积百分率应符合设计要求；当设计无具体要求时，应符合下列规定：对梁类、板类及墙类构件，不宜大于 25%；对柱类构件，不宜大于 50%；当工程中确有必要增大接头面积百分率时，对梁类构件，不应大于 50%，对其他构件可根据实际情况放宽。

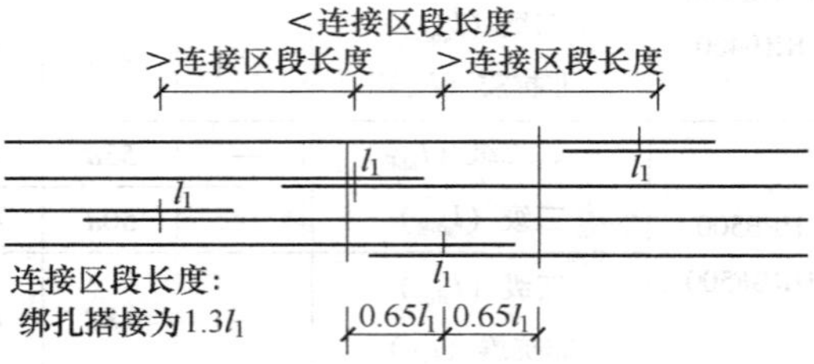

图 3-50 同一连接区段内纵向受拉钢筋绑扎搭接接头示意图

5）钢筋搭接长度：钢筋搭接长度与锚固长度关系见表 3-21。

表 3-21　纵向受拉钢筋绑扎搭接长度

纵向受拉钢筋绑扎搭接长度 l_l、l_{lE}			
抗震		非抗震	
$l_{lE}=\zeta_l l_{aE}$		$l_l=\zeta_l l_a$	
纵向受拉钢筋搭接长度修正系数 ζ_l			
纵向钢筋搭接接头面积百分率（%）	≤25	50	100
ζ_l	1.2	1.4	1.6

注：1. 当直径不同的钢筋搭接时，l_l、l_{lE} 按直径较小的钢筋计算。

2. 任何情况下不应小于 300mm。

3. ζ_l 为纵向受拉钢筋搭接长度修正系数，当纵向钢筋搭接接头百分率为表的中间值时，可按内插取值。

钢筋搭接长度按规范及设计规定计算，根据表 3-21 中所列公式，得出：

①纵向受拉钢筋搭接接头面积百分率≤25% 时，搭接长度 = $1.2\times l_{aE}$（或 l_a）。

②纵向受拉钢筋搭接接头面积百分率≤50% 时，搭接长度 = $1.4\times l_{aE}$（或 l_a）。

6）混凝土保护层：

①混凝土保护层最小厚度。混凝土保护层厚度示意图如图 3-51 所示，最小厚度见表 3-22。

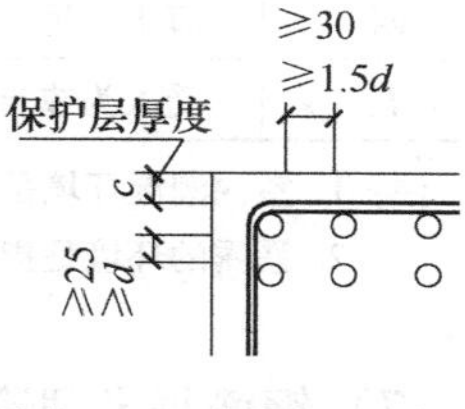

图 3-51　保护层厚度

表 3-22　混凝土保护层的最小厚度　（单位：mm）

环境类别	板、墙	梁、柱	环境类别	板、墙	梁、柱
一	15	20	三 a	30	40
二 a	20	25	三 b	40	50
二 b	25	35			

注：1. 表中混凝土保护层厚度指最外层钢筋最外边缘至混凝土表面的距离，适用于设计使用年限为 50 年的混凝土结构。

2. 构件中受力钢筋的保护层厚度不应小于钢筋公称直径。

3. 混凝土强度等级不大于 C25 时，表中保护层厚度数值应增加 5mm。

4. 基础底面钢筋的保护层厚度，有混凝土垫层时应从垫层顶面算起，且不应小于 40mm。

②混凝土结构的环境类别。混凝土保护层中的环境类别见表 3-23。

表 3-23　混凝土结构的环境类别

环境类别	条　件
一	室内干燥环境； 无侵蚀性静水浸没环境
二 a	室内潮湿环境； 非严寒和非寒冷地区的露天环境； 非严寒和非寒冷地区与无侵蚀性的水或土壤直接接触的环境； 严寒和寒冷地区的冰冻线以下与无侵蚀性的水或土壤直接接触的环境

（续）

环境类别	条件
二b	干湿交替环境； 水位频繁变动环境； 严寒和寒冷地区的露天环境； 严寒和寒冷地区冰冻线以上与无侵蚀性的水或土壤直接接触的环境
三a	严寒和寒冷地区冬季水位变动区环境； 受除冰盐影响环境； 海风环境
三b	盐渍土环境； 受除冰盐作用环境； 海岸环境
四	海水环境
五	受人为或自然的侵蚀性物质影响的环境

注：1. 室内潮湿环境是指构件表面经常处于结露或湿润状态的环境。
2. 暴露的环境是指混凝土结构表面所处的环境。

7）钢筋每米理论重量 $=0.00617d^2$（kg/m），其中 d 为钢筋直径，单位 mm。

8）常用钢筋理论重量见表 3-24。

表 3-24　常用钢筋理论重量表

直径/mm	重量/(kg/m)	直径/mm	重量/(kg/m)	直径/mm	重量/(kg/m)
4	0.099	10	0.617	18	2.000
6	0.222	12	0.888	20	2.470
6.5	0.260	14	1.210	22	2.980
8	0.395	16	1.580	25	3.850

9）钢筋工程量按设计图示尺寸并考虑搭接量、措施筋和预留量计算，铁件工程量按设计图示尺寸计算。

10）钢筋图纸计算工程量 = 钢筋长度 × 钢筋理论重量。

11）钢筋根数 $=\dfrac{\text{配筋范围长度}}{\text{钢筋间距}}+1$

12）当 HPB300 为光圆钢筋，端部应做 180°弯钩，其平直段长度为 $3d$。一个 180°弯钩增加值为 $6.25d$（图 3-52）。

在图 3-52 中，d 为钢筋直径，弯心直径 $D=2.5d$，平直段长度 $l_P=3d$，弯钩增加值 $l_Z=6.25d$。

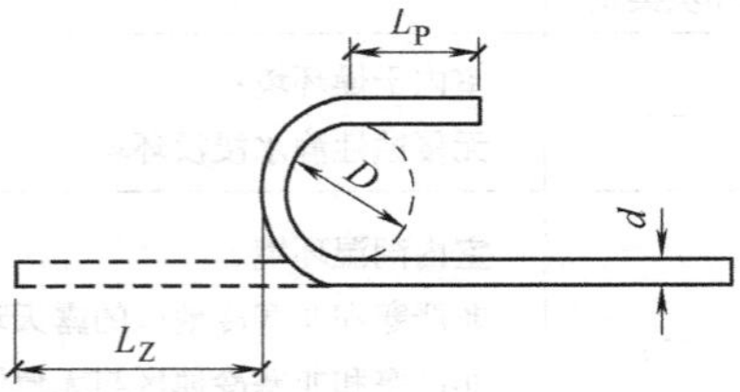

图 3-52　180°弯钩增加值

13）箍筋末端弯钩要求：

①对一般结构，不应小于 90°；对有抗震等要求的结构，应为 135°。

②箍筋弯后平直部分长度：对一般结构，不宜小于

箍筋直径的 5 倍；对有抗震等要求的结构，不应小于箍筋直径的 10 倍（图 3-53）。

14）箍筋弯 135°时的一个弯钩增加值为 11.9d（图 3-54）。

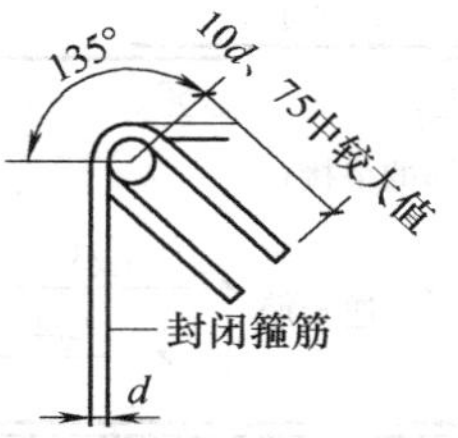

图 3-53　梁、柱箍筋弯钩示意图

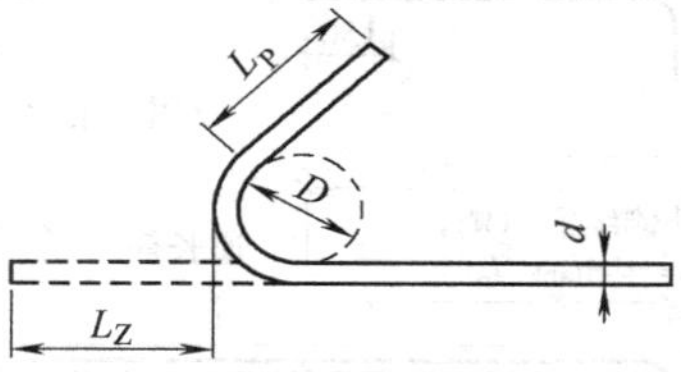

图 3-54　箍筋弯 135°增加值

在图 3-54 中，d 为钢筋直径，弯心直径 $D=2.5d$，平直段长度 $L_P=10d$，弯钩增加值 $L_Z=11.9d$。

15）箍筋（双肢箍）计算公式。箍筋示意图如图 3-55 所示。

$$箍筋长度=[(a-2c)+(b-2c)]\times2+11.9d\times2-3\times2d(2d 为 90°量度差)$$
$$=[(a-2c)+(b-2c)]\times2+23.8d-6d$$
$$=[(a-2c)+(b-2c)]\times2+17.8d$$
$$=(a+b)\times2-8c+17.8d \tag{3-8}$$

式中　a、b——构件边长；

c——构件保护层厚度，即最外层钢筋外边缘至混凝土表面的距离；

d——箍筋直径。

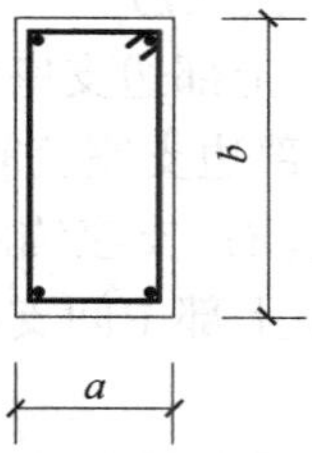

图 3-55　箍筋示意图

16）固定钢筋的施工措施钢筋，设计图纸有规定的按设计规定计算；设计图纸未规定的可参考下列数据；结算时按经批准的施工组织设计计算，并入钢筋工程量。

满堂基础：4.0kg/m³；板、楼梯：2.0kg/m³；阳台、雨篷、挑檐：3.0kg/m³。

17）混凝土内植筋区别不同的钢筋规格按“根”计算。

18）成型钢筋场外运输仅适用于 25km 以内加工厂制作的成型钢筋运输，按实际发生的运输量计算。运距超过 25km 时，由承发包双方协商确定全部运输费用。成型钢筋包括非预应力钢筋、预应力钢筋及铁件。

三、梁、板、柱钢筋计算

（一）框架梁钢筋计算

根据图 3-56 所示的抗震楼层框架梁纵向钢筋构造，钢筋的计算公式如下：

1. 上部通长筋

1）上部通长筋弯锚。当支座宽度 $h_c<l_{aE}$时，采用弯锚形式，公式如下：

$$上部通长筋=总净跨长+左支座锚固+右支座锚固+搭接长度\times搭接个数$$
$$左(右)支座锚固=支座宽-保护层+15d$$
$$搭接长度=1.2\times l_{aE}$$

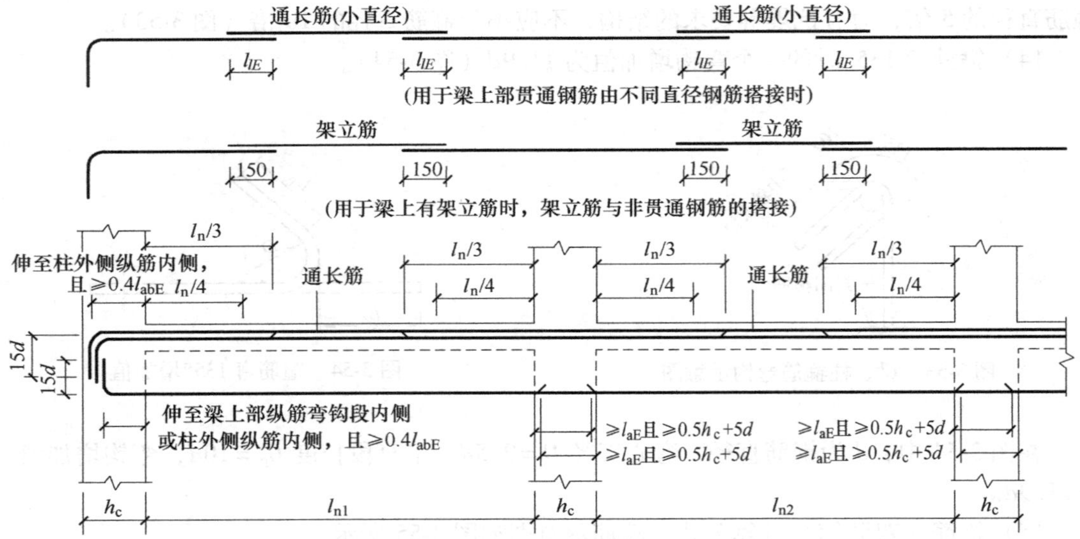

图 3-56 抗震楼层框架梁纵向钢筋构造

2）上部通长筋直锚。当支座宽度 $h_c \geqslant \max\{l_{aE}, 0.5h_c+5d\}$ 时，通长筋如图 3-57 所示，采用直锚形式，左（右）支座锚固 $=l_{aE}$。

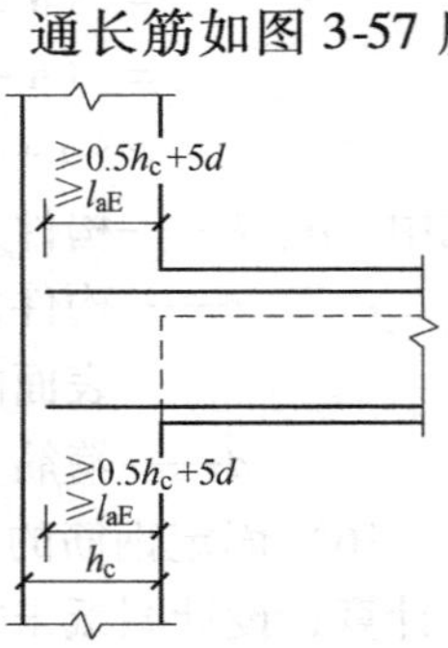

图 3-57 抗震楼层框架梁端支座直锚

2. 支座筋

1）上部边支座负筋(第一排) = 1/3 净跨长 + 左(右)支座锚固

上部边支座负筋(第二排) = 1/4 净跨长 + 左(右)支座锚固

左(右)支座锚固 = 支座宽 − 保护层 + 15d

2）上部中间支座负筋(第一排) = 1/3 净跨长(取大值) ×2 + 支座宽

上部中间支座负筋(第二排) = 1/4 净跨长(取大值) ×2 + 支座宽

支座宽为柱的宽，净跨长为相邻两跨净长的较大值。

3. 侧面构造筋

梁侧面的构造筋和拉筋如图 3-58 所示。

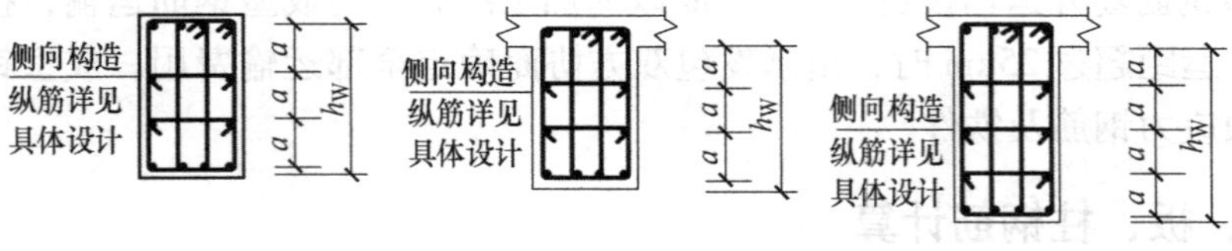

图 3-58 梁侧面纵向构造筋和拉筋

1）当 $h_W \geqslant 450$mm 时，在梁的两个侧面应沿高度配置纵向构造钢筋；纵向构造钢筋间距 $a \leqslant 200$mm。

2）当梁侧面配有直径不小于构造纵筋的受扭纵筋时，受扭钢筋可以代替构造钢筋。

3）梁侧面构造纵筋的搭接与锚固长度可取 15d，梁侧面受扭纵筋的搭接长度为 l_{lE} 或 l_l，其锚固长度为 l_{aE} 或 l_a，锚固方式同框架梁下部纵筋。

4）当梁宽≤350mm 时，拉筋直径为 6mm；梁宽 > 350mm 时，拉筋直径为 8mm，拉筋间距为非加密区箍筋间距的2倍。当设有多排拉筋时，上下两排拉筋竖向错开设置。

构造筋＝净跨长＋左支座锚固＋右支座锚固＋搭接长度×搭接个数

其中，左、右支座锚固＝15d，搭接长度＝15d。

4. 侧面受扭筋

受扭筋＝净跨长＋左支座锚固＋右支座锚固＋搭接长度×搭接个数

其中，左、右支座锚固＝支座宽－保护层＋15d，搭接长度＝1.2×l_{aE}（或l_a）。

5. 下部通长筋

下部通长筋计算公式同上部通长筋。

6. 下部筋

1）边跨下部筋＝本跨净跨长＋边支座锚固＋中间支座锚固＋搭接长度×搭接个数

其中：边支座锚固＝支座宽－保护层＋15d

中间支座锚固＝l_{aE}（或l_a）且≥0.5h_c＋5d

搭接长度＝1.2×l_{aE}（或l_a）

2）中间跨下部筋＝本跨净跨长＋中间支座锚固×2＋搭接长度×搭接个数

7. 箍筋根数

抗震框架梁箍筋加密区范围如图3-59所示，每跨梁的箍筋根数公式如下：

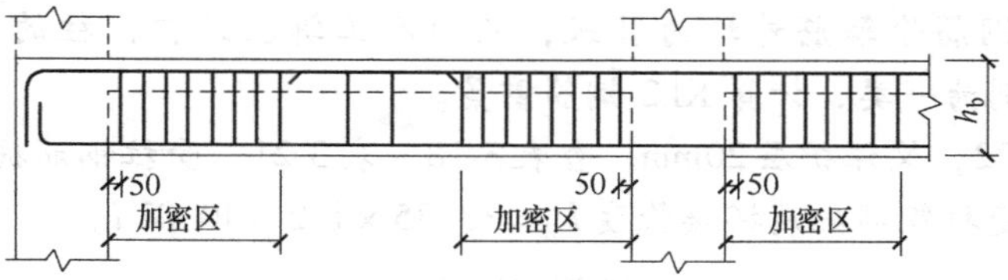

图3-59 抗震框架梁箍筋加密区范围

$$一个加密区根数=\frac{加密区长度-50}{加密区间距}+1$$

$$非加密区根数=\frac{净跨长-加密区长度\times 2}{非加密区间距}-1$$

箍筋总根数＝一个加密区根数×2＋非加密区根数

抗震等级一级，加密区长度＝max｛2h_b，500｝；抗震等级二～四级，加密区长度＝max｛1.5h_b，500｝。

8. 吊筋和附加箍筋

主次梁相交，在主梁上布置吊筋或附加箍筋，如图3-60所示。

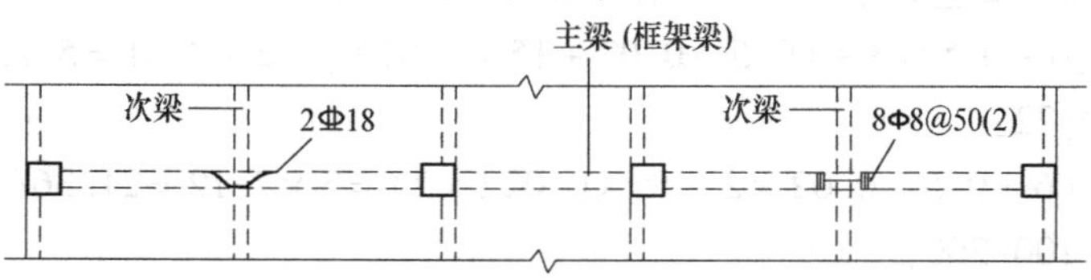

图3-60 吊筋和附加箍筋位置示意图

附加箍筋一般在次梁两侧布置，直径同箍筋。

吊筋构造（图3-61）规格与直径由设计标注。

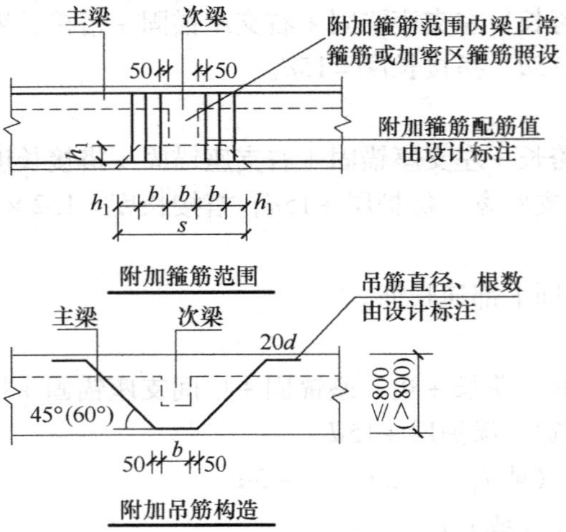

图3-61 吊筋和附加箍筋构造

【例3-20】 框架梁KL2（1）如图3-62所示，混凝土强度等级为C30，二级抗震设计，钢筋定尺为10m，钢筋除箍筋外均为Ⅱ级，采用人工绑扎连接，柱的断面均为500mm×500mm，若环境类别为一类，计算KL2钢筋重量。

【解】 查表3-22，梁保护层20mm。查表3-18～表3-21，受拉钢筋抗震锚固长度 $l_{aE}=33\times1.15=33.35d$，受拉钢筋抗震搭接长度 $l_{lE}=33.35\times1.2=40.02d$。

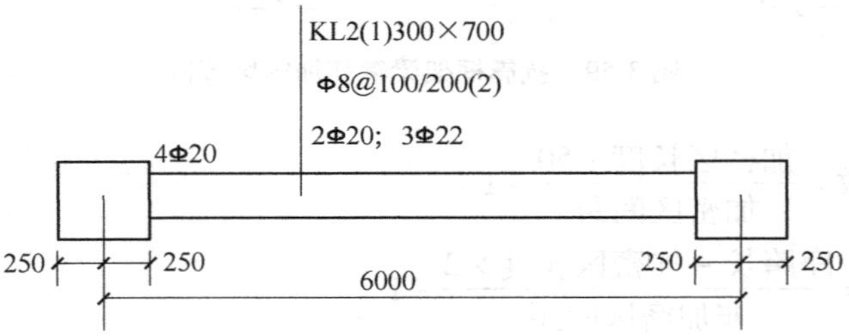

图3-62 框架梁KL2平法施工图

1）上部通长筋2⌀20：

$$2\times(6+0.5-0.02\times2+15\times0.02\times2)=2\times7.06=14.12(\text{m})$$

2）上部左支座筋2⌀20：

$$2\times[(6-0.5)/3+(0.5-0.02+15\times0.02)]=2\times2.61=5.23(\text{m})$$

3）下部筋3⌀22：

$$3\times(6+0.5-0.02\times2+15\times0.022\times2)=3\times7.12=21.36(\text{m})$$

4）箍筋Φ8@100/200：

单根下料长度 $=(300-20\times2)\times2+(700-20\times2)\times2+17.8\times8=1982.4(\text{mm})$

加密区根数 $1.5\times700=1050(\text{mm})$，$(1050-50)/100+1=11$（根）

非加密区根数 $6000-500-1050\times2=3400(\text{mm})$，$3400/200-1=16$（根）

箍筋共 11×2+16=38(根)

38×1.982=75.32(m)

5）KL2 钢筋小计：

Φ20	14.12+5.23=19.35(m)	19.35×2.47=47.79(kg)
Φ22	21.36m	21.36×2.98=63.65(kg)
Φ8	75.32m	75.32×0.395=29.75(kg)

（二）现浇板钢筋计算

根据 11G101-1，有梁楼盖楼面板配筋构造如图 3-63 所示，板钢筋在端部支座的锚固构造如图 3-64 所示，板钢筋计算公式如下：

1. 板底受力筋长度

1）一级钢筋：板底受力筋 = 净跨长 + 伸进直段长度×2+6.25d×2

二、三级钢筋：板底受力筋 = 净跨长 + 伸进直段长度×2

伸进直段长度≥5d 且至少到梁（墙）中心线，如图 3-65、图 3-66 所示。

2）板底受力筋根数：为便于施工，板底受力筋的起步筋距梁（墙）边 50mm，如图 3-66 所示。

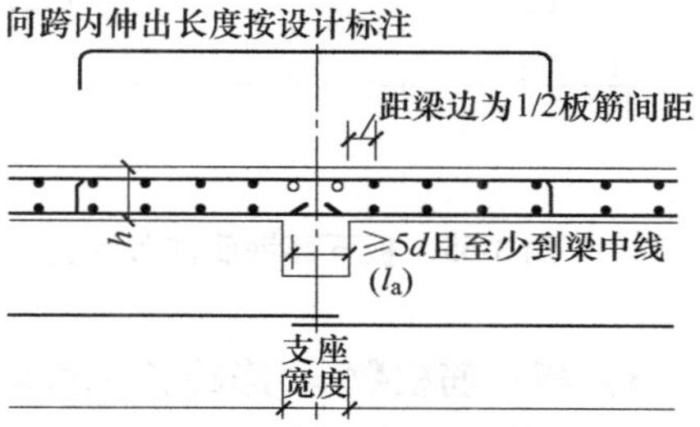

图 3-63　有梁楼盖楼面板钢筋构造

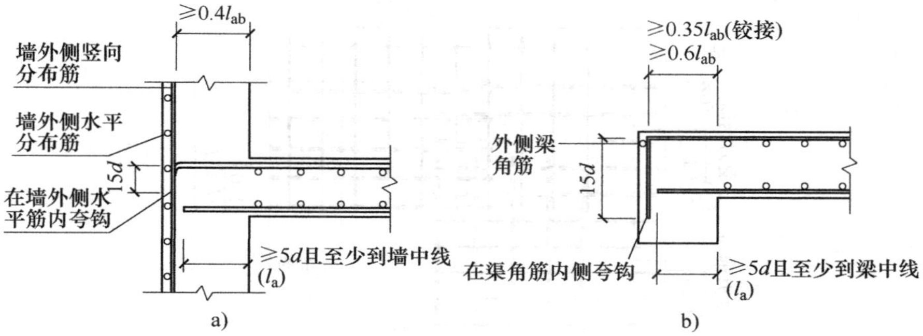

图 3-64　板钢筋在端部支座的锚固构造

a）端部支座为钢筋混凝土墙体　b）端部支座为梁

板底受力筋根数 =（净跨长 −50×2）÷ 板筋间距 +1

净跨长为梁（墙）净长。

2. 板面负筋长度

1）端部支座板负筋 = 锚入边跨长度 + 向跨内伸出长度 + 板内弯折长度

其中：锚入边跨长度（弯锚）= 水平伸至梁或墙外边侧 − 保护层 +15d

锚入边跨长度（直锚，直段长度≥l_a）= l_a

板内弯折长度 = 板厚 −2×保护层厚度

向跨内伸出长度按设计标注尺寸计算。

2）中间支座板负筋 = 向跨内伸出长度 + 板内弯折长度×2

其中：向跨内伸出长度 = 中间支座（梁或墙）两侧伸出的水平长度 + 支座宽

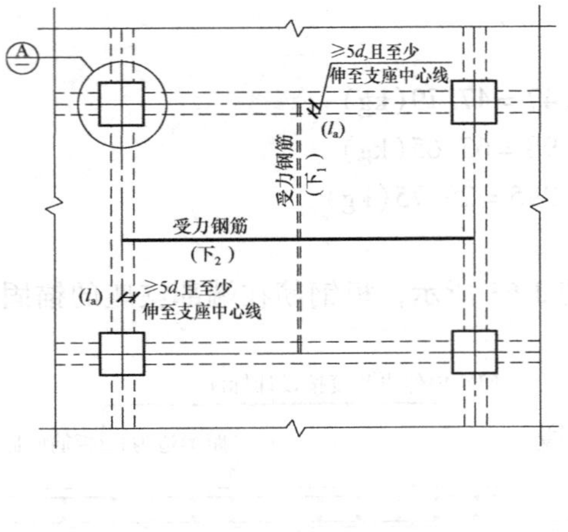

图 3-65　板下部钢筋排布构造

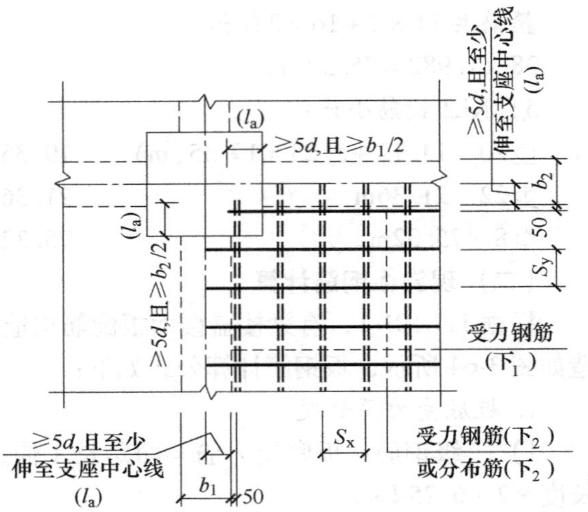

图 3-66　节点 A 钢筋排布构造

3）板负筋根数 =（净跨长 −50 ×2）÷板筋间距 +1

3. 负筋下的分布筋

板面负筋及分布筋的排布构造如图 3-67 所示。

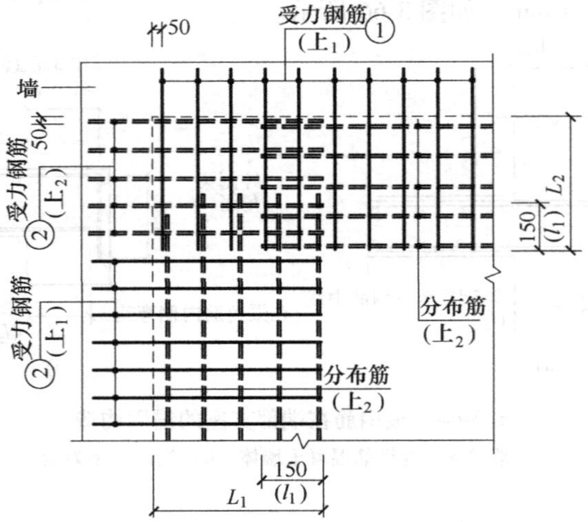

图 3-67　负筋与分布筋搭接排布构造

1）分布筋长度 = 净跨长 − 负筋向跨内伸出净长 ×2 + 搭接长度 ×2 +6.25d ×2

其中，搭接长度指与同向负筋的搭接，取值 150mm。

负筋向跨内伸出净长，指负筋从支座内侧边向跨内伸出长度。

2）分布筋根数 =（负筋向跨内伸出净长 −50）÷分布筋间距 +1

【例 3-21】　图 3-49 所示板平法施工图中，梁的尺寸为 300mm ×500mm，板厚 150mm，混凝土强度等级为 C25。分布筋为Φ6.5@200，环境类别为一类，计算 A ~ B 轴/2 ~3 轴的板 LB2 的钢筋工程量。

【解】 受拉钢筋锚固长度 $l_a = l_{ab} = 40d$，板保护层为 15mm，梁保护层为 20mm。

1）板底筋 X ⌀10@150：

单长：3.6（m）

根数：(6.9 − 0.3 − 0.05 × 2)/0.15 + 1 = 44.3 = 45(根)　（向上取整 +1）

3.6 × 45 = 162(m)

2）板底筋 Y ⌀8@150：

单长：6.9(m)

根数：(3.6 − 0.3 − 0.05 × 2)/0.15 + 1 = 22.3 = 23(根)　（向上取整 +1）

6.9 × 23 = 158.7(m)

3）①⌀8@150，②轴板端支座上部负筋，自支座中线向跨内延伸 1000mm。

$l_a = l_{ab} = 40d = 320$mm > 梁宽 300mm，弯锚。

单长：1 + 0.15 − 0.02 + 15 × 0.008 + (0.15 − 0.015 × 2) = 1.37(m)

根数：(6.9 − 0.3 − 0.05 × 2)/0.15 + 1 = 44.3 = 45(根)　（向上取整 +1）

1.37 × 45 = 61.65(m)

4）②⌀10@100，③轴板中间支座上部负筋，自支座中线向两侧跨内延伸 1800mm。

单长：1.8 × 2 + (0.15 − 0.015 × 2) × 2 = 3.84(m)

根数：(6.9 − 0.3 − 0.05 × 2)/0.1 + 1 = 66(根)　（向上取整 +1）

3.84 × 66 = 253.44(m)

5）⑧⌀8@100，B 轴跨板中间支座上部负筋。

单长：1.8 + 1.0 × 2 + (0.15 − 0.015 × 2) × 2 = 4.04(m)

根数：(3.6 − 0.3 − 0.05 × 2)/0.1 + 1 = 33(根)　（向上取整 +1）

4.04 × 33 = 133.32(m)

6）分布筋 φ6.5@200（①⌀8@150 负筋下的分布筋，其他略）。

单长：6.9 − 1.0 × 2 + 0.15 × 2 + 6.25 × 2 × 0.0065 = 5.28(m)

根数：(1 − 0.15 − 0.05)/0.2 + 1 = 5(根)　（四舍五入）

5.28 × 5 = 26.4(m)

7）LB2 钢筋重量小计：

φ6.5　26.4 × 0.26 = 6.86(kg)

⌀8　(158.7 + 61.65 + 133.32) × 0.395 = 139.7(kg)

⌀10　(162 + 253.44) × 0.617 = 256.33(kg)

（三）框架柱钢筋计算

抗震 KZ 边柱、角柱、中柱柱顶纵向钢筋构造如图 3-68、图 3-69 所示，计算公式如下：

1. 角柱与边柱外侧纵筋

柱外侧纵筋 = 柱高 − 梁高 + $1.5l_{abE}$ + 柱插筋在基础锚固 + 搭接长度 × 搭接个数

其中，搭接长度 = $1.4 \times l_{aE}$。

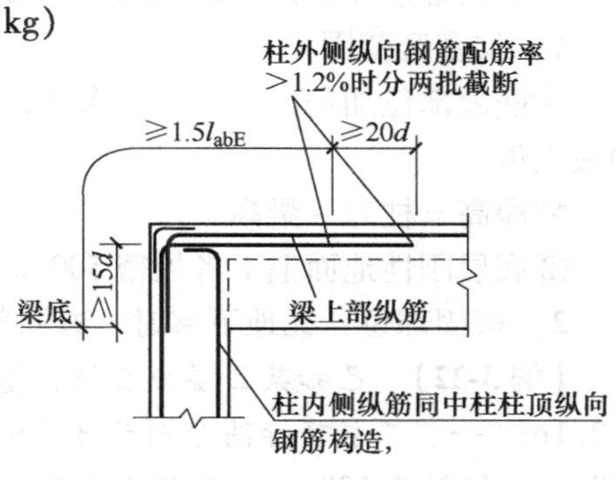

图 3-68　抗震 KZ 边柱和角柱柱顶纵向钢筋构造

柱插筋在基础锚固如图 3-70 所示。柱插筋应伸至基础底部并支在钢筋网片上，并在基础高度范围内设置不大于500mm且不少于两道箍筋。

2. 角柱、边柱内侧纵筋及中柱纵筋

柱纵筋(顶部弯锚) = 柱高 - 保护层 + $12d$ + 柱插筋在基础锚固 + 搭接长度 × 搭接个数

柱纵筋(顶部直锚) = 柱高 - 梁高 + l_{aE} + 柱插筋在基础锚固 + 搭接长度 × 搭接个数

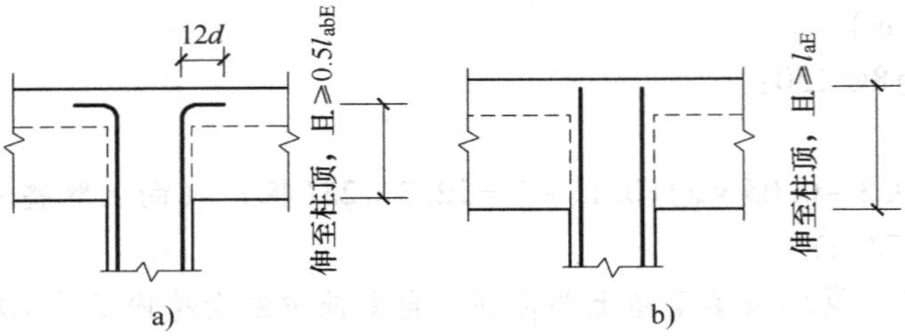

图3-69　抗震KZ中柱柱顶纵向钢筋构造

a）弯锚（当直锚长度 < l_{aE}时）　b）直锚（当直锚长度 ≥ l_{aE}时）

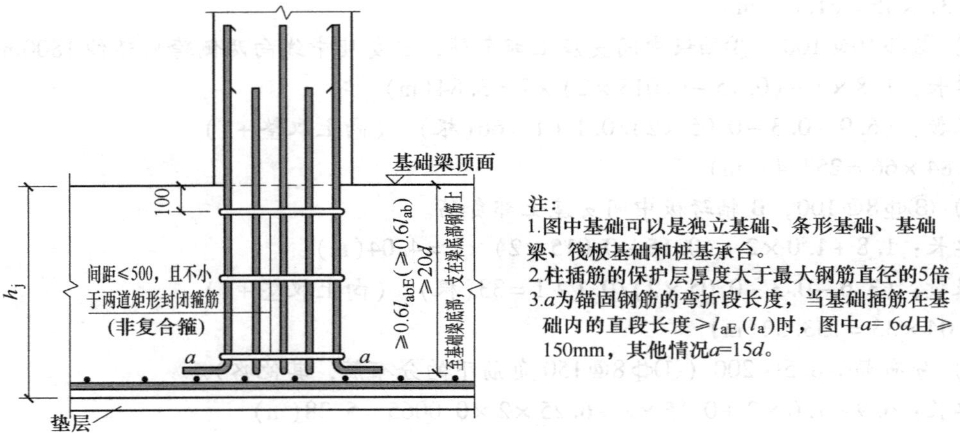

图3-70　柱插筋在基础中排布构造

3. 箍筋加密区

抗震柱箍筋加密区范围如图3-71所示。

1）加密区范围：

①嵌固部位加密区为1/3柱净高，其余加密区均为1/6柱净高、500mm、柱截面长边中的最大值。

柱净高 = 柱高 - 梁高

②底层刚性地面上下各加密500mm。

2）嵌固部位：无地下室时，嵌固部位为基础顶面；有地下室时，嵌固部位为±0.000。

【例3-22】 已知某2层办公楼，基础为独立基础，基础高为1500mm，基础顶面标高为-2.1m，一、二层顶标高分别为3.6m、7.2m。抗震等级为三级，各层的梁均为300mm×600mm，板厚为120mm，混凝土均为C30。计算边柱KZ1的钢筋工程量（图3-72）。假设钢筋连接采用绑扎连接，环境类别为二a。

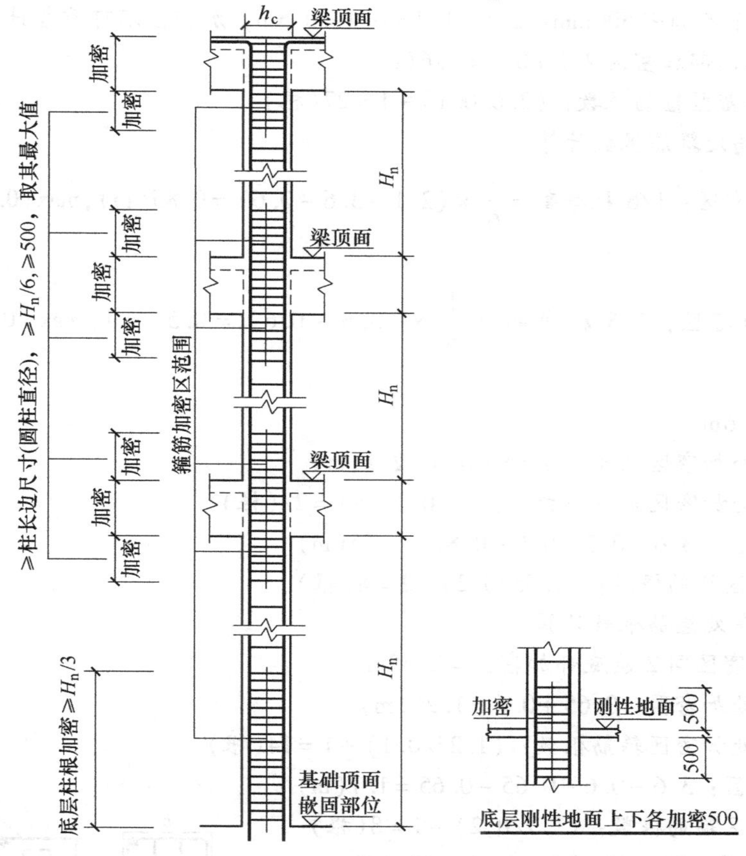

图 3-71　抗震 KZ 箍筋加密区范围

【解】　查表得：基础保护层为40mm，环境类别为二a，柱保护层为25mm。

$l_{abE}=31d$，$l_{aE}=29d\times1.05=30.45d$，$l_{lE}=1.4\times30.45d=42.63d$

1）柱外侧纵筋：根据柱插筋在基础中锚固构造（图3-70），得柱插筋的水平弯折为150mm，柱插筋保护层为5×22=110（mm）。

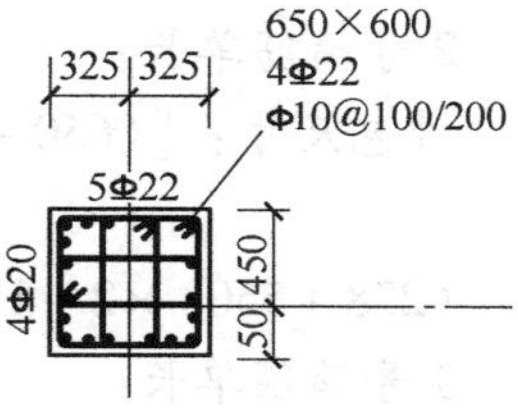

图 3-72　KZ1 配筋图

7 Φ22　$7\times(7.2+2.1+1.5-0.11+0.15-0.6+1.5\times31d+2\times42.63d)$

$=7\times13.139=91.973(\text{m})$

2）柱内侧纵筋：

7 Φ22　$7\times(7.2+2.1+1.5-0.11+0.15-0.025+12d+2\times42.63d)=7\times12.955=90.685(\text{m})$

8 Φ20　$8\times(7.2+2.1+1.5-0.11+0.15-0.025+12d+2\times42.63d)=8\times12.76=102.082(\text{m})$

3）箍筋Φ10@100/200：

①基础顶部加密区根数计算

基础顶部为嵌固区：1/3 柱净高$=\dfrac{1}{3}\times(2.1+3.6-0.6)=1.7(\text{m})$

±0.000 上下各加密 500mm：2.1 − 1.7 = 0.4 < 0.5m，加密区不可重复计算。

因此，基础顶部加密区 2.1 + 0.5 = 2.6(m)

基础顶部加密区箍筋根数：(2.6/0.1) + 1 = 27(根)

②3.6m 标高处箍筋根数计算

1 层顶部加密区：1/6 柱净高 $= \frac{1}{6} \times (2.1 + 3.6 - 0.6) = 0.85(\text{m}), \max\{0.85, 0.65, 0.5\} = 0.85(\text{m})$

2 层底部加密区：1/6 柱净高 $= \frac{1}{6} \times (3.6 - 0.6) = 0.5(\text{m}), \max\{0.5, 0.65, 0.5\} = 0.65(\text{m})$

梁高加密 0.6m

3.6m 标高处加密区 0.85 + 0.65 + 0.6 = 2.1(m)

3.6m 标高处加密区箍筋根数：(2.1/0.1) + 1 = 22(根)

1 层非加密区：3.6 − 0.5 − 0.6 − 0.85 = 1.65(m)

1 层非加密区箍筋根数：(1.65/0.2) − 1 = 8(根)

③7.2m 标高处箍筋根数计算

2 层顶部加密区同 2 层底部加密区 = 0.65m。

7.2m 标高处加密区　0.65 + 0.6 = 1.25(m)

7.2m 标高处加密区箍筋根数：(1.25/0.1) + 1 = 14(根)

2 层非加密区：3.6 − 0.6 − 0.65 − 0.65 = 1.7(m)

2 层非加密区箍筋根数：(1.7/0.2) − 1 = 8(根)

箍筋根数共计：27 + 22 + 14 + 8 + 8 = 79（根）

④箍筋单长计算

箍筋肢数为 4 × 4，示意图如图 3-73 所示。

1 号箍筋单长：(650 + 600) × 2 − 8 × 25 + 17.8 × 10 = 2478(mm)

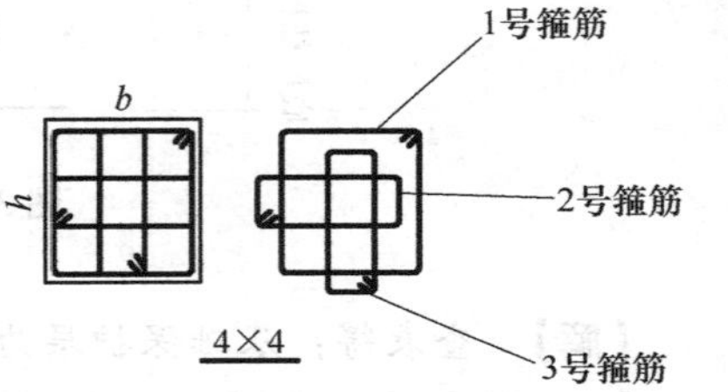

图 3-73　箍筋肢数示意图

2 号箍筋单长：

外包尺寸：[(650 − 25 × 2 − 10 × 2 − 22)/6] × 2 + 22 + 10 × 2 = 228(mm)

600 − 25 × 2 = 550(mm)

$(228 + 550) \times 2 + 11.9d \times 2 - 6d = 1556 + 17.8 \times 10 = 1734(\text{mm})$

3 号箍筋单长：

外包尺寸：[(600 − 25 × 2 − 10 × 2 − 22)/5] × 1 + 20 + 10 × 2 = 142(mm)

650 − 25 × 2 = 600(mm)

$(142 + 600) \times 2 + 11.9d \times 2 - 6d = 1484 + 17.8 \times 10 = 1662(\text{mm})$

箍筋（4 × 4）单长：2478 + 1734 + 1662 = 5874(mm)

箍筋（4 × 4）总长度：79 × 5.874 = 464.05(m)

⑤基础内箍筋Φ10@100 计算

基础箍筋为非复合箍筋，即双肢箍，根数为(1.5 − 0.1 − 0.11)/0.5 = 3(根)

基础箍筋长度：3 × 2.478 = 7.434（m）

KZ1 钢筋重量小计：ф10　(464.05 + 7.434) × 0.617 = 498.74 × 0.617 = 307.72(kg)

Φ20　102.082 × 2.47 = 252.14(kg)

Φ22　(91.973 + 90.685) × 2.98 = 182.658 × 2.98 = 544.32(kg)

将例题 3-20 ~ 3-22 的钢筋汇总，并编制钢筋汇总表，见表 3-25。

表 3-25　构件钢筋重量汇总表　（单位：kg）

序号	构件	ф6.5	ф8	ф10	Φ20	Φ22	小计
1	梁 KL2		29.75		47.79	63.65	141.19
2	板 LB2	6.86	139.7	256.33			402.89
3	柱 KZ1			307.72	252.14	544.32	1104.18
4	小计	6.86	169.45	564.05	299.93	607.97	1648.26
5	合计	740.36			299.93	607.97	

将上述梁、板、柱钢筋工程量套定额，见表 3-26。

表 3-26　单位工程预算表

序号	定额编号	项目名称	单位	数量	单价	合价	其中	
							人工费/元	机械费/元
1	A4-330	现浇构件钢筋直径 10mm 以内	t	0.740	5299.97	3921.98	591.9	41.23
2	A4-331	现浇构件钢筋直径 20mm 以内	t	0.300	5357.47	1607.24	145.08	43.76
3	A4-332	现浇构件钢筋直径 20mm 以外	t	0.608	5109.22	3106.41	201.84	63.46
		合计				8625.63	938.82	148.45

第六节　砌 筑 工 程

本节按砖混结构和框架结构分别讲述砌筑工程工程量计算规则。

一、砖混结构砌体

（一）墙体计算规则

1）墙体应区分不同墙厚和砌筑砂浆种类按图示尺寸以 m^3 计算。

$$墙体体积 = 墙长 \times 墙高 \times 墙厚 - 应扣除体积$$

①墙体长度：外墙长度按外墙中心线长度“$L_{中}$”计算，内墙长度按内墙净长度“$L_{净}$”计算。

②墙体高度：

a）墙的下部位置的确定——墙体与基础的划分（±0.000 为分界线）。

b）墙的上部位置的确定——算至楼板顶，即内外墙体高度通常从 ±0.000 算至楼板顶。

c）内外山墙墙身高度按其平均高度计算。

③墙体的厚度：计算墙体工程量时，标准砖以 240mm × 115mm × 53mm 为准，标准砖墙厚度应按表 3-27 计算。

表 3-27　标准砖墙计算厚度

砖数(厚度)	$\frac{1}{4}$	$\frac{1}{2}$	$\frac{3}{4}$	1	$1\frac{1}{2}$	2	$2\frac{1}{2}$	3
计算厚度/mm	53	115	180	240	365	490	615	740

④应扣除体积。

a）应扣除体积：门窗洞口、过人洞、嵌入墙身的钢筋混凝土柱（如构造柱）、梁（过梁、圈梁等）、板头、砖过梁、暖气包壁龛的体积。

b）不扣除体积：梁头、梁垫、木砖、砖墙内的加固钢筋、铁件、钢管、每个在 $0.3m^2$ 以内孔洞等所占体积。

c）不增加体积：凸出墙面的窗台虎头砖、压顶线、山墙泛水、门窗套、三皮砖以内的挑檐和腰线等体积。

2）女儿墙体积分不同墙厚按相应项目计算，女儿墙高度自顶板面算至图示高度。

3）零星砌体：零星砌体是指砖砌的厕所蹲台、小便槽、污水池、水槽腿、煤箱、垃圾箱、阳台栏板、花台、花池、房上烟囱、毛石墙的门窗口立边、三皮砖以上的挑檐、腰线、锅台、炉灶等砌体。零星砌体工程量按实砌体积以"m^3"计算。

4）钢筋砖过梁按图示尺寸以"m^3"计算，如设计无规定时按门窗洞口宽度两端共加500mm、高度按440mm 计算。

5）按设计规定需要镶嵌砖砌体部分，已包括在相应项目内，不另计算。

6）附墙烟囱、附墙通风道、垃圾道按其外形体积计算，并入所依附的墙身体积内，不扣除每一孔洞的体积，但孔洞内的抹灰工料亦不增加。当每一孔洞横断面面积超过 $0.15m^2$ 时，应扣除孔洞所占体积，孔洞内抹灰应另行计算。

附墙烟囱如带有缸瓦管、出灰门，垃圾道带有垃圾道门、垃圾斗、通风百叶窗、铁箅子以及钢筋混凝土盖板等，均应另行计算。

7）定额中标准砖尺寸为240mm×115mm×53mm。

8）定额中多孔砖、空心砖、砌块按常用规格编制，如规格不同时，可按实际换算。

9）定额中砂浆按常用强度等级列出，设计不同时可以换算。

10）砌墙项目中已包括先立门窗框的调直用工以及腰线、窗台线、挑檐线等一般出线用工。

【例 3-23】 根据例题 3-9 中某一层建筑物的平面图（图 3-23），计算砖墙工程量。已知墙身砌筑砂浆为 M7.5 混合砂浆，MU10 多孔砖。混凝土均为预拌 C20 混凝土，门窗洞口处设置预制过梁，同墙宽，高均为 120mm，长度为洞口宽加 500mm。

【解】

1）外墙构造柱 GZ 工程量 $3.327m^3$。

2）过梁 GL 工程量：

①外 37GL　370mm×120mm

预制 GL　　M1　$(1.5+0.5)\times0.37\times0.12=0.089(m^3)$

现浇 QL 兼 GL　　C1　$3\times(1.8+0.5)\times0.37\times0.2=0.511(m^3)$

现浇 QL 兼 GL　　C2　$2\times(1.5+0.5)\times0.37\times0.2=0.296(m^3)$

外 37GL 小计：0.089 +0.511 +0.296 =0.896(m^3)，其中现浇 QL 兼 GL0.511 +0.296 = 0.807(m^3)，预制过梁 0.089m^3。

②预制内 24GL　240mm ×120mm

M2　(0.9 +0.5) ×0.24 ×0.12 ×2 =0.081 (m^3)

内 24GL 小计：0.081m^3

GL 工程量小计：0.896 +0.081 =0.977(m^3)，其中现浇 GL 工程量 0.807m^3，预制 GL 工程量 0.089 +0.081 =0.17(m^3)。

3) 圈梁 QL 工程量：

①外 37QL　1.404m^3

②内 24QL　0.495m^3

4) 砌筑工程量：

①外 37 墙工程量　32.32 ×3 ×0.365 =35.39(m^3)

减门窗　M-1　1.5 ×2.4 =3.6(m^2)

C-2　2 ×1.5 ×1.8 =5.4(m^2)

C-1　3 ×1.8 ×1.8 =9.72(m^2)

18.72 ×0.365 =6.833(m^3)

减　外圈梁 QL　1.404m^3

减　外过梁 GL　0.896m^3

减外构造柱 GZ　3.327m^3

外 37 墙工程量小计：35.39 −6.833 −1.404 −0.896 −3.327 =22.93(m^3)

②内 24 墙工程量　10.32 ×3 ×0.24 =7.43(m^3)

减门窗　M2　0.9 ×2 ×0.24 ×2 =0.864(m^3)

减内圈梁 QL　0.495m^3

减内过梁 GL　0.081m^3

内 24 墙工程量小计：7.43 −0.864 −0.495 −0.081 =5.99(m^3)

内外砖墙工程量合计：22.93 +5.99 =28.92(m^3)

（二）砖基础计算规则

1. 基础与墙身的划分

1）基础与墙身使用同一种材料时，以设计室内地面为界，以下为基础，以上为墙（柱）身，图 3-74 所示为砖基础示意图。

2）基础与墙身采用不同材料时，当材料分界线与室内设计地面高度 h 在 ±300mm 以内者，以不同材料分界处为界；h 超过 ±300mm 时以设计室内地面为界。

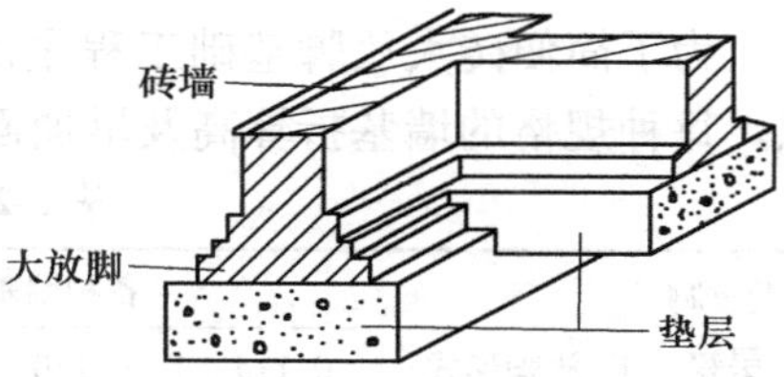

图 3-74　砖基础示意图

3）砖石围墙以设计室外地坪为分界线，以下为基础，以上为墙身。

4）砖柱不分柱身和柱基，其工程量合并后，按砖柱定额计算。

2. 砖基础计算规则

1）砖基础不分墙厚和高度，按图示尺寸以“m^3”计算，计算公式为：

砖基础体积 = 基础墙长 × 基础墙高 × 墙厚 − 应扣除体积

①基础墙长：外墙墙基按外墙的中心线 $L_{中}$ 计算；内墙墙基按内墙的净长线 $L_{内}$ 计算。

②基础墙高：从基础顶面至基础与墙体分界线处（通常为 ±0.000）。

③基础墙厚：同墙体规定。

④应扣除体积：

a）应扣除体积：单个面积在 0.3m^2 以上孔洞、嵌入基础内的钢筋混凝土柱、梁等体积。

b）不扣除体积：基础大放脚 T 形接头处的重叠部分，嵌入基础内的钢筋、铁件、管道、基础防潮层、单个面积在 0.3m^2 以内孔洞、砖平碹所占体积。

c）应增加体积：附墙垛基础宽出部分体积应并入基础工程量内。

2）砖砌地下室内、外墙身及基础。

①砖砌地下室内、外墙身及基础，应扣除门窗洞口、0.3m^2 以上的孔洞、嵌入墙身的钢筋混凝土柱、梁、过梁、圈梁和板头等体积，但不扣除梁头、梁垫以及砖墙内加固的钢筋、铁件等所占体积。

②内、外墙与基础的工程量合并计算。

③墙身外面防潮的贴砖应另列项目计算。

3）砖砌围墙分不同厚度以"m^3"计算，按相应项目计算。砖垛和砖墙压顶等并入墙身内计算。

4）暖气沟及其他砖砌沟道不分基础和沟身，其工程量合并计算，按砖砌沟道计算。

3. *砖基础大放脚计算*

常用砖基础一般为定型的阶梯形式，每个台阶以固定尺寸向外层层叠放出去，俗称大放脚基础。根据大放脚的断面形式分为等高式大放脚和间隔式大放脚，如图 3-75 所示。

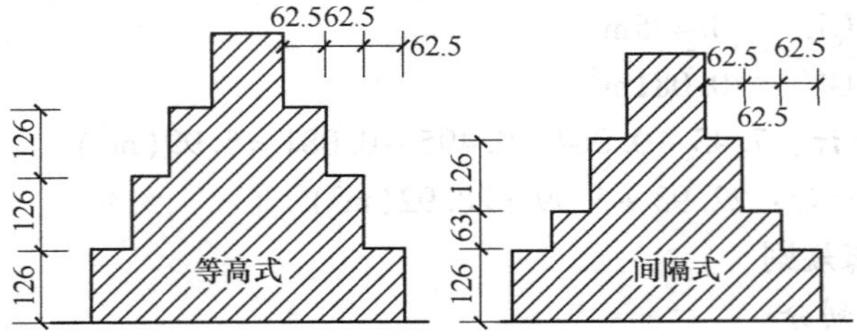

图 3-75 等高式和间隔式大放脚示意图

为了简便砖大放脚基础工程量的计算，可将大放脚部分的面积折成相等墙基断面的面积。每种规格的墙基折算高及增加面积见表 3-28。

表 3-28 砖基础大放脚折算高度表

大放脚层数	各种墙基厚度的折算高度/m							大放脚面积	
	放脚形式	0.115	0.180	0.240	0.365	0.490	0.615	*na*	m^2
一	等高式	0.137	0.087	0.066	0.043	0.032	0.026	4*a*	0.01575
	间隔式	0.137	0.087	0.066	0.043	0.032	0.026	4*a*	0.01575
二	等高式	0.411	0.262	0.197	0.129	0.096	0.077	12*a*	0.04725
	间隔式	0.342	0.219	0.164	0.108	0.080	0.064	10*a*	0.03938

（续）

大放脚层数	各种墙基厚度的折算高度/m							大放脚面积	
	放脚形式	0.115	0.180	0.240	0.365	0.490	0.615	na	m^2
三	等高式	0.882	0.525	0.394	0.259	0.193	0.154	$24a$	0.09450
	间隔式	0.685	0.437	0.328	0.216	0.161	0.128	$20a$	0.07875
四	等高式	1.370	0.875	0.656	0.432	0.320	0.256	$40a$	0.15750
	间隔式	1.096	0.700	0.525	0.345	0.257	0.205	$32a$	0.12600
五	等高式	2.054	1.312	0.984	0.647	0.482	0.384	$60a$	0.23625
	间隔式	1.643	1.050	0.787	0.518	0.386	0.307	$48a$	0.18900
六	等高式	2.876	1.837	1.378	0.906	0.675	0.538	$84a$	0.33075
	间隔式	2.260	1.444	1.083	0.712	0.530	0.423	$66a$	0.25988
七	等高式	3.835	2.450	1.837	1.208	0.900	0.717	$112a$	0.44100
	间隔式	3.013	1.925	1.444	0.949	0.707	0.563	$88a$	0.34650

注：1. $a = 0.0625 \times 0.063 = 0.0039375(m^2)$。

2. 折算高 $= n \times a$/墙基厚。

1）增加面积法：

基础体积 =（墙厚 × 设计基础高度 + 大放脚增加断面面积）× 基础长度 − 应扣除的体积

2）折加高度法：

基础体积 = 墙厚 ×（设计基础高度 + 折加高度）× 基础长度 − 应扣除的体积

折加高度 = 大放脚增加断面面积/基础墙宽度

3）对折法：在计算折算面积时，把两边大放脚扣成一个矩形，然后计算矩形面积。

等高式，层数为奇、偶数时，上扣、侧扣均可。不等高式，层数为偶数时，上扣严密（图 3-76）；层数为奇数时，侧扣严密。

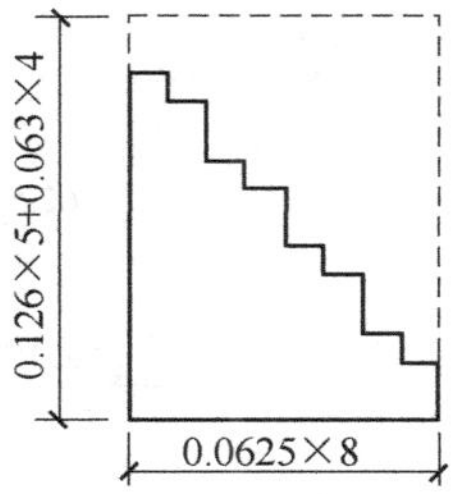

图 3-76 大放脚上扣图

【例 3-24】 计算图 3-77 所示砖基础工程量。外墙 370，内墙 240，实心标准砖 MU10，砌筑砂浆为 M5 水泥砂浆。

【解】

1）外墙基础长：$(10.2 + 0.065 \times 2 + 12 + 0.065 \times 2) \times 2 = 44.92(m)$

2）内墙基础长：$(10.2 - 0.24) \times 2 + (4.8 - 0.24) \times 2 + (5.1 - 0.24) = 33.90(m)$

3）外 37 基础工程量

折加高度法：$44.92 \times 0.365 \times (2.1 - 0.2 - 0.24 + 0.259) = 31.464(m^3)$

折算面积法：$44.92 \times 0.365 \times (2.1 - 0.2 - 0.24) + 44.92 \times 0.0945$

$= 27.217 + 4.245 = 31.462(m^3)$

对折法：$44.92 \times 0.365 \times (2.1 - 0.2 - 0.24) + 44.92 \times (0.0625 \times 4 \times 0.126 \times 3)$

$= 27.217 + 44.92 \times 0.0945 = 31.462(m^3)$

4）内 24 基础工程量

折加高度法：$33.9 \times 0.24 \times (2.1 - 0.2 - 0.24 + 0.394) = 16.71(m^3)$

折算面积法：$33.9 \times 0.24 \times (2.1 - 0.2 - 0.24) + 33.9 \times 0.0945$

$= 13.506 + 3.204 = 16.71(m^3)$

对折法：$33.9 \times 0.24 \times (2.1 - 0.2 - 0.24) + 33.9 \times (0.0625 \times 4 \times 0.126 \times 3)$

$= 13.506 + 33.9 \times 0.0945 = 16.71(m^3)$

5）内外墙砖基础合计：$31.462 + 16.71 = 48.172(m^3)$

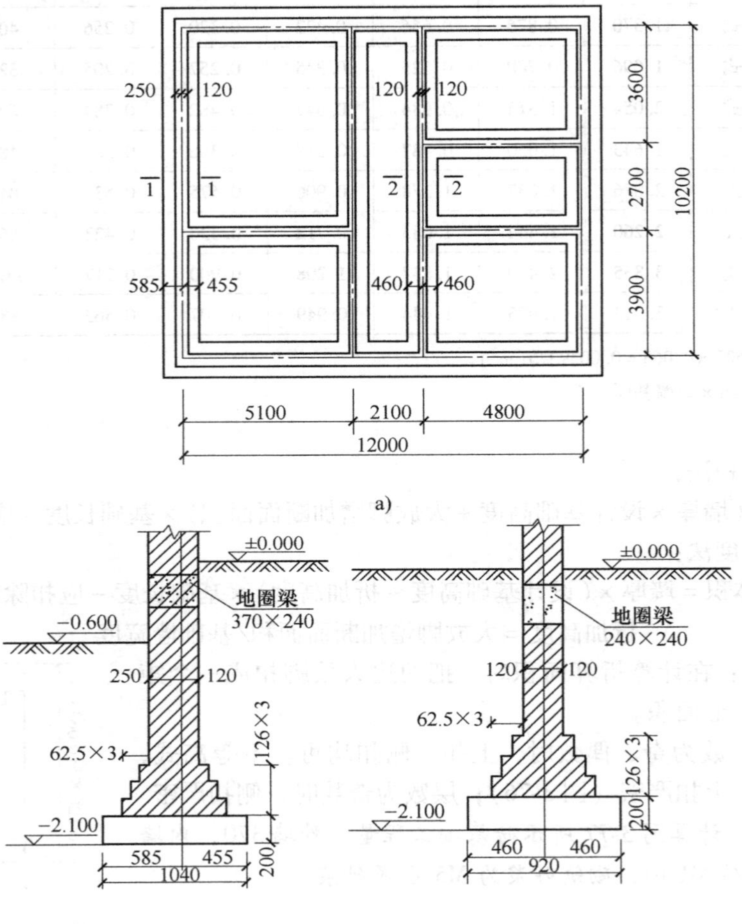

图 3-77　某工程砖基础平面及剖面图

a）基础平面图　b）1—1 外墙基础剖面图　c）2—2 内墙基础剖面图

（三）砌筑砂浆的换算

定额中砌筑砂浆按常用强度等级列出，设计不同时可以换算。

1）定额计价换算公式：

砂浆换算后的定额基价 = 换算前的定额基价 + 定额砂浆用量 ×（换入砂浆单价 - 换出砂浆单价）

2）材料用量换算公式：

砂浆换算后的材料用量 = 换算前材料用量 + 定额砂浆消耗量 ×（换入砂浆材料单方用量

-换出砂浆材料单方用量）

【例3-25】 某工程砖基础，采用M10.0水泥砂浆砌筑，计算其预算基价和主要材料用量。

【解】

1）查定额A3-1砖基础，定额采用M5.0水泥砂浆，基价为2918.52元/10m^3，砂浆用量为2.36m^3/10m^3。

2）查附录，附录—配合比，砌筑砂浆配合比。

M10.0水泥砂浆的单价：ZF1-0371中砂，148.23元/m^3

M5.0水泥砂浆的单价：ZF1-0367中砂，126.63元/m^3

3）砂浆换算后的定额基价。

换算后（M10.0水泥砂浆）定额的基价为：

$$2918.52+2.36\times(148.23-126.63)=2969.50(\text{元}/10\text{m}^3)$$

4）换算后主要材料用量。

M10.0水泥砂浆的材料用量：32.5水泥0.274t/m^3，中砂1.603t/m^3，水0.3m^3/m^3。

M5.0水泥砂浆的材料用量：ZF1-0367中砂，32.5水泥0.214t/m^3，中砂1.603t/m^3，水0.3m^3/m^3。

换算后主要材料用量为：

32.5水泥　$0.505+2.36\times(0.274-0.214)=0.647(\text{t})$

中砂　$3.783+2.36\times(1.603-1.603)=3.783(\text{t})$

水　$1.76+2.36\times(0.3-0.3)=1.76(\text{m}^3)$

二、框架结构砌体

（一）一般计算规则

1）框架间砌墙，以框架间的净空面积乘以墙厚按相应项目计算。框架外表面镶贴砖部分并入框架间墙的工程量内计算。

2）加气混凝土砌块墙、硅酸盐砌块墙、粉煤灰砌块墙、陶粒空心砌块墙、炉渣砌块墙、小型空心砌块墙按图示尺寸以“m^3”计算。按设计规定需要镶嵌砖砌体部分，已包括在相应项目内，不另计算。

3）多孔砖、空心砖墙按外形体积以“m^3”计算。扣除门窗洞口、钢筋混凝土过梁、圈梁所占的体积。

4）填充墙按外形体积以“m^3”计算。扣除门窗洞口、钢筋混凝土过梁、圈梁所占体积。其实砌部分已包括在项目内，不再另行计算。

5）空花墙按空花部分外形体积以“m^3”计算，不扣除空花部分。实砌部分以“m^3”计算，按相应项目计算。

6）空心砌块结构上铺钢丝网抹水泥砂浆按实抹面积计算。

（二）砌体工程量计算

框架间砌体工程量计算公式如下：

$$\text{墙体体积}=\text{墙长}\times\text{墙高}\times\text{墙厚}-\text{应扣除体积}$$

墙体长度从柱侧算起，即框架柱间净长。

墙体高度：内外墙体高度通常从 ±0.000 算至梁底。

墙体的厚度：以设计图示尺寸计算。

应扣除体积同砖混结构计算规则。

【例 3-26】 某单层框架结构建筑物施工图如图 3-78 所示，层高 3.6m，框架柱 Z1 尺寸 400mm × 400mm，砌体为 M7.5 混合砂浆的多孔砖，预制过梁同墙宽，厚 120mm，长度为洞口宽加 500mm。KL1 ~ KL5 尺寸均为 250mm × 500mm，L1 尺寸为 250mm × 450mm，L2 尺寸为 200mm × 300mm。门窗表见表 3-29。计算内外墙砌体工程量并套定额。

【解】

1）外 24 墙砌体 M7.5 混合砂浆

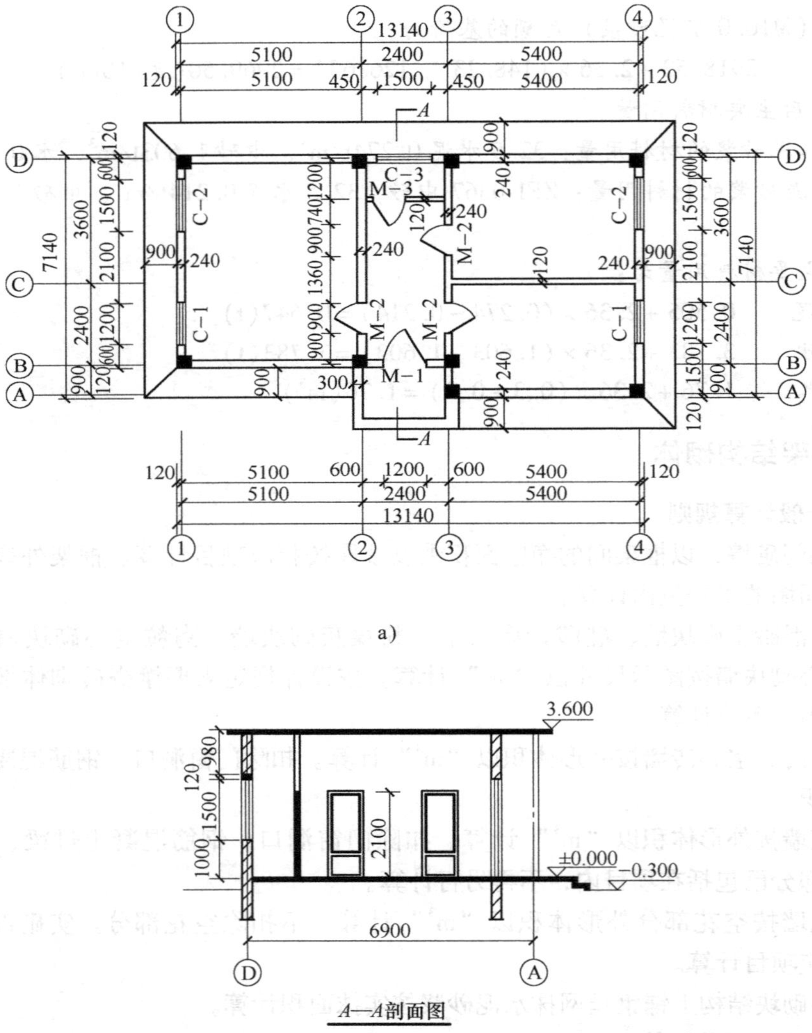

a)

b)

图 3-78 某单层框架结构建筑物施工图

a）一层平面图 b）*A—A* 剖面图

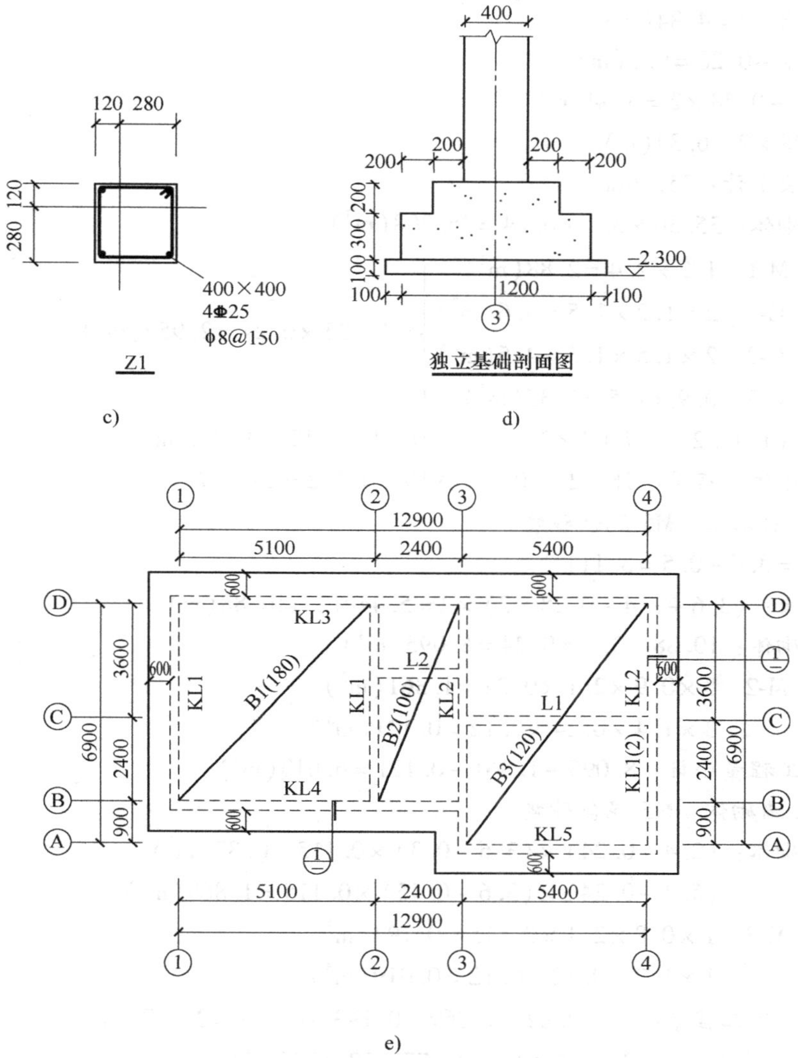

图 3-78　某单层框架结构建筑物施工图（续）

c）柱 Z1 定位图　d）独立基础剖面图　e）屋面结构平面图

表 3-29　门窗表

门窗编码	名　　称	洞口尺寸/mm×mm	门窗编码	名　　称	洞口尺寸/mm×mm
C-1	铝合金推拉窗	1200×1500	M-1	平开胶合板门	1200×2400
C-2	铝合金推拉窗	1500×1500	M-2	平开胶合板门	900×2100
C-3	铝合金推拉窗	900×1500	M-3	平开胶合板门	800×2100

墙高：$3.6-0.5=3.1$（m）

外 24 墙长：$(12.9-0.28\times2-0.4\times2)=11.54$(m)

$5.1+2.4-0.28-0.4-0.12=6.7$(m)

5.4 − 0.28 × 2 = 4.84(m)

0.9 − 0.12 − 0.28 = 0.5(m)

3.6 + 2.4 − 0.28 × 2 = 5.44(m)

6.9 − 0.28 × 2 = 6.34(m)

外24墙长小计：35.36m

外24墙砌体：35.36 × 3.1 × 0.24 = 26.308(m^3)

减门窗：M-1　1.2 × 2.4 = 2.88(m^2)
C-1　2 × 1.2 × 1.5 = 3.6(m^2)
C-2　2 × 1.5 × 1.5 = 4.5(m^2)
C-3　0.9 × 1.5 = 1.35(m^2)
} = 12.33 × 0.24 = 2.959(m^3)

减过梁：(1.7 + 2 × 1.7 + 2 × 2 + 1.4) × 0.24 × 0.12 = 0.302(m^3)

外24墙砌体工程量小计：26.308 − 2.959 − 0.302 = 23.047 (m^3)

2）内24墙砌体　M5混合砂浆

墙高：H = 3.6 − 0.5 = 3.1(m)

内24墙长：(3.6 + 2.4 − 0.28 × 2) × 2 = 5.44 × 2 = 10.88(m)

内24墙砌体：10.88 × 3.1 × 0.24 = 8.095(m^3)

减门窗：M-2　3 × 0.9 × 2.1 × 0.24 = 1.361(m^3)

减过梁：　3 × 1.4 × 0.24 × 0.12 = 0.121(m^3)

内24墙工程量小计：8.095 − 1.361 − 0.121 = 6.613(m^3)

3）内12墙砌体　M5混合砂浆

内12墙砌体：(2.4 − 0.24) × (3.6 − 0.3) × 0.115 = 0.82(m^3)
(5.4 − 0.24) × (3.6 − 0.45) × 0.115 = 1.869(m^3)

减门窗：M-3　1 × 0.8 × 2.1 × 0.115 = 0.193(m^3)

减过梁：　1 × 1.3 × 0.12 × 0.12 = 0.019(m^3)

内12墙砌体工程量小计：0.82 + 1.869 − 0.193 − 0.019 = 2.477(m^3)

内外墙砌体合计：23.047 + 6.613 + 2.477 = 32.137(m^3)

单位工程预算表见表3-30。

表3-30　单位工程预算表

序号	定额编号	项目名称	单位	数量	单价	合价	其中	
							人工费/元	机械费/元
1	A3-7换	外墙　多孔砖墙　1砖 水泥石灰砂浆　M7.5	$10m^3$	2.305	2351.03	5418.42	1691.19	76.29
2	A3-7换	内墙　多孔砖墙　1砖 水泥石灰砂浆　M7.5	$10m^3$	0.661	2351.03	1554.74	485.26	21.89
3	A3-6换	内墙　多孔砖墙　1/2砖 水泥石灰砂浆　M7.5	$10m^3$	0.248	2476.57	613.45	215.94	6.41
		合计				7586.61	2392.39	104.59

注：表中基价的换算2313.66 + 1.89 × (157.20 − 137.43) = 2351.03；2446.91 + 1.50 × (157.20 − 137.43) = 2476.57。

第七节 建筑工程措施项目

措施项目除了第四节的模板工程外，还有本节的脚手架工程、垂直运输、超高费及其他措施项目。

一、脚手架工程

本节的脚手架工程适用于主体结构工程的脚手架，不含装饰装修工程施工脚手架，包括内外墙砌筑脚手架、依附斜道、基础脚手架、电梯井脚手架、地下室和卫生间等墙面防水所需脚手架等。

（一）一般计算规则

1）定额的脚手架管、扣件、底座、爬升装置及架体是按租赁及合理的施工方法、合理的工期编制的。租赁材料往返运输所需要的人工和机械台班已包括在相应项目内。

2）墙体高度超过1.2m时应计算脚手架费用。

3）多层（跨）建筑物高度不同，或同一建筑物各面墙的高度不同，应分别计算工程量。

4）混凝土构件模板已综合考虑了模板支撑和脚手架操作系统，不另行计算。

（二）外墙脚手架

1）外墙脚手架单、双排条件：

①砖混结构外墙高度在15m以内时，按单排脚手架计算。

②砖混结构外墙高度在15m以内，但符合下列条件之一者按双排脚手架计算：

a）外墙门窗洞口面积超过整个建筑物外墙面积40%以上者。

b）毛石外墙、空心砖外墙、填充外墙。

c）外墙裙以上的外墙面抹灰面积占整个建筑物外墙面积（包括门窗洞口面积在内）25%以上者。

③砖混结构外墙高度在15m以上及其他结构的建筑物，按双排脚手架或型钢悬挑脚手架、附着式升降脚手架计算。

2）单、双排外墙脚手架工程量按外墙外围长度（含外墙保温）乘以外墙高度以“m^2”计算。

3）定额的建筑物脚手架是按建筑物外墙高度和脚手架类型分别编制的。建筑物外墙高度：以设计室外地坪作为计算起点，高度按以下规定计算：

①平屋顶带挑檐的，算至挑檐栏板结构顶标高。

②平屋顶带女儿墙的，算至女儿墙顶。

③坡屋面或其他曲面屋顶算至墙中心线与屋面板交点的高度，山墙按山墙平均高度计算。

④屋顶装饰架与外墙同立面（含水平距外墙2m以内范围），并与外墙同时施工，算至装饰架顶标高。

上述多种情况同时存在时，按最大值计取。

4）突出墙外在24cm以内的墙垛、附墙烟囱等，其脚手架已包括在外墙脚手架内，不再另行计算；突出墙外超过24cm时，按图示尺寸展开计算，并入外墙脚手架工程量内。

5）型钢悬挑脚手架、附着式升降脚手架按其搭设范围墙体外围面积计算。

6）计算脚手架时，不扣除门、窗洞口及穿过建筑物的通道的空洞面积。

7）外脚手架项目已包括卸料平台。

（三）内墙及地下室内外墙脚手架

1）外墙按砌体中心线，内墙按砌体净长线乘以高度以"m^2"计算。

2）高度从室内地面或楼面算至板下或梁（不包括圈梁）下。

3）高度在3.6m以内时，按3.6m以内里脚手架计算；高度超过3.6m时，按相应高度的单排外脚手架项目乘以系数0.6计算。

（四）砖基础脚手架

砌筑高度超过1.2m时，按砖基础的长度乘以砖基础的砌筑高度以"m^2"计算。

（五）钢筋混凝土基础脚手架

满堂基础、独立基础、设备基础、构筑物基础，底面积在4m^2以上或施工高度在1.5m以上时，现浇带形基础宽度在2m以上时，按基础底面积套用《河北省装饰装修消耗量定额》中的满堂脚手架基本层项目乘以系数0.5。

（六）电梯井脚手架

电梯井脚手架为电梯井内壁混凝土施工用脚手架，区别不同高度，按单孔以"座"计算。

（七）地下室、卫生间等墙面防水处理所需脚手架

1）内墙面防水，按《河北省装饰装修消耗量定额》中的相应项目计算，防水高度在3.6m以内时，按墙面简易脚手架计算；防水高度超过3.6m时，套用相应高度的内墙面装饰脚手架乘以系数0.4。

2）地下室外墙面防水，套用相应高度的外墙双排脚手架项目乘以系数0.2。

（八）依附斜道

1）建筑物最高檐高在20m以内计算依附斜道，依附斜道的搭设高度按建筑物最高檐高计算。

2）依附斜道按建筑物外围长度每150m为一座计算，余数每超过60m增加一座，60m以内不计。

3）独立斜道套用依附斜道定额项目乘以系数1.80。

（九）常规外脚手架施工方法

1）建筑物高度在20m以内时采用单排或双排脚手架，并且搭设依附斜道。

2）建筑物高度在20m以上、50m以内时采用双排脚手架或悬挑脚手架结合双排脚手架。

3）建筑物高度在50m以上、100m以内时采用悬挑脚手架结合双排脚手架，一般1~3层采用双排脚手架，其余各层采用悬挑脚手架。

依据《建筑施工扣件式钢管脚手架安全技术规范》，一次悬挑脚手架高度不宜超过20m。如20层（60m）的楼房，常规方法是2层以下为双排脚手架，其余18层（54m，悬挑3次）为悬挑脚手架。

【例3-27】 *砖混结构办公楼，3层，1、2层层高4.2m，3层层高3.6m，室外地坪*

-0.6m，女儿墙高1.2m。试列出砌筑脚手架及依附斜道的定额。

【解】 檐高4.2+4.2+3.6+0.6+1.2=13.8（m）

1）外墙脚手架双排，A11-6。

2）依附斜道，A11-33。

3）内墙脚手架：1、2层，内墙高度超过3.6m，套外墙脚手架单排，A11-1×0.6；3层，内墙高度在3.6m以内，套3.6m以内里脚手架，A11-20。

二、建筑工程垂直运输

（一）垂直运输内容及计算规则

1）垂直运输项目工作内容包括单位工程在合理工期内完成本定额项目所需的垂直运输机械台班，不包括机械的场外往返运输、一次安拆及路基铺垫和轨道铺拆等的费用。

2）建筑物垂直运输费区分不同建筑物的结构类型及檐高（层数）按建筑面积以“m^2”计算。建筑物以±0.000m为界分别计算建筑面积套用相应项目。建筑面积按《建筑工程建筑面积计算规范》规定计算，其中设备管道夹层垂直运输按定额的有关规定计算。

3）本项目划分是以建筑物的檐高及层数两个指标同时界定的，凡檐高达到上限而层数未达到时，以檐高为准；如层数达到上限而檐高未达到时，以层数为准。

4）同一建筑物上下结构不同时按结构分界面分别计算建筑面积套用相应项目，檐高均以该建筑物的最高檐高为准；同一建筑水平方向的结构和高度不同时，以垂直分界面分别计算建筑面积套用相应项目。

5）建筑物檐高以设计室外地坪标高作为计算点，建筑物檐高按下列方法计算，突出屋面的电梯间、水箱间、亭台楼阁等均不计入檐高内。

①平屋顶带挑檐的，算至挑檐板结构下皮标高。

②平屋顶带女儿墙的，算至屋顶结构板上皮标高。

③坡屋面或其他曲面屋顶均算至墙（非山墙）的中心线与屋面板交点高度。

④上述多种情况同时存在时，按最大值计取。

（二）垂直运输的定额套用

1）带地下室的建筑物以±0.000为界分别套用±0.000以下及以上的相应项目。

2）无地下室的建筑物套用±0.000以上相应项目。当基础深度（基础底标高至±0.000）超过3.6m时，基础的垂直运输费按±0.000处外围（含外墙保温板）水平投影面积套用±0.000以下一层子目乘以系数0.70。

3）檐高3.6m以内的单层建筑不计算垂直运输机械费。

4）设备管道夹层按其外围（含外墙保温板）水平投影面积乘以系数0.50，并入建筑物垂直运输工程量内，设备管道夹层不计算层数。

5）接层工程的垂直运输费按接层的建筑面积套用相应项目乘以系数1.50，高度按接层后的檐高计算。

6）本章是按混凝土全部泵送编制的。不全部使用泵送混凝土的工程，其垂直运输机械费按以下方法增加：按非泵送混凝土数量占现浇混凝土总量的百分比乘以7%，再乘以按项目计算的整个工程的垂直运输费。

7）结构类型适用范围见表3-31。

表 3-31 结构类型适用范围

现浇框架结构适用范围	其他结构适用范围
现浇框架、框剪、剪力墙结构	除砖混结构、现浇结构、框剪、剪力墙、滑模结构及预制排架结构以外的结构类型

8）采用卷扬机、施工电梯、塔式起重机施工已包括构件安装，因建筑物造型所限，构件安装不能就位必须使用其他起重机械安装时，应另行计算，不扣除项目垂直运输台班量。

三、建筑物超高费

（一）适用范围

1）建筑物超高费适用于建筑物檐高 20m 以上的工程。

2）超高建筑增加费综合了由于超高施工人工、其他机械（扣除垂直机械、吊装机械、各类构件的水平运输机械以外的机械）降效以及加压水泵等费用。垂直运输、吊装机械的超高降效已综合在相应的章节中。

（二）计算规则

1）建筑物自设计室外地坪至檐高超过 20m 的建筑面积（以下简称超高建筑面积）计算超高增加费，其增加费均按与建筑物相应的檐高标准计算。

2）超高建筑面积按《建筑工程建筑面积计算规范》的规定计算。

3）建筑物檐高规定同垂直运输计算规则中的第 5）条。

4）同一建筑物檐高不同时，按不同檐高分别计算超高费。同一屋面的前后檐高不同时，以高檐为准。

（三）定额套用

1）20m 所对应楼层的建筑面积并入建筑物超高费工程量，20m 所对应的楼层按下列规定套用定额：

①20m 以上到本层顶板高度在本层层高 50% 以内时，按相应超高项目乘以系数 0.50 套用定额。

②20m 以上到本层顶板高度在本层层高 50% 以上时，按相应超高项目套用定额。

2）建筑物 20m 以上部分的层高超过 3.6m 时每增高 1m（包括 1m 以内），按相应超高项目提高 25%。

3）超过 20m 以上的设备管道夹层按其外围（含外墙保温板）水平投影面积乘以系数 0.50 并入建筑物超高费工程量内，并按第 1)条规定套用定额。

【例 3-28】 某现浇框架结构建筑物如图 3-79 所示，平面尺寸包括外墙保温，分为 12m ×26m、24m ×36m、18m ×32m 三部分，立面尺寸为室外地坪至女儿墙高度，女儿墙高度为 1.5m，室外地坪为 −0.6m。12m ×26m 部分共 4 层，1 层层高 3.9m；24m ×36m 部分共 16 层，8 层为设备层，层高 2.4m，9 层层高为 4.5m；18m ×32m 部分共 7 层，7 层层高为 3.9m；其余层高均为 3m。假设搭设双排外墙脚手架，计算脚手架、垂直运输、超高费并套相应定额。

【解】

1）脚手架：依据定额规定，多层（跨）建筑物高度不同，或同一建筑物各面墙的高度不同，应分别计算工程量，高度变化处双排脚手架在高度低的建筑物屋面搭设。

外墙高度15m：$15\times(26+12\times2+8)=870(m^2)$

外墙高度24m：$24\times(32+18\times2)=1632(m^2)$

外墙高度51m：$51\times(18+4+24\times2)=3570(m^2)$

高低变化，外墙高度$51-15+1.5=37.5(m)$：$37.5\times(26-8)=675(m^2)$

高低变化，外墙高度$51-24+1.5=28.5(m)$：$28.5\times32=912(m^2)$

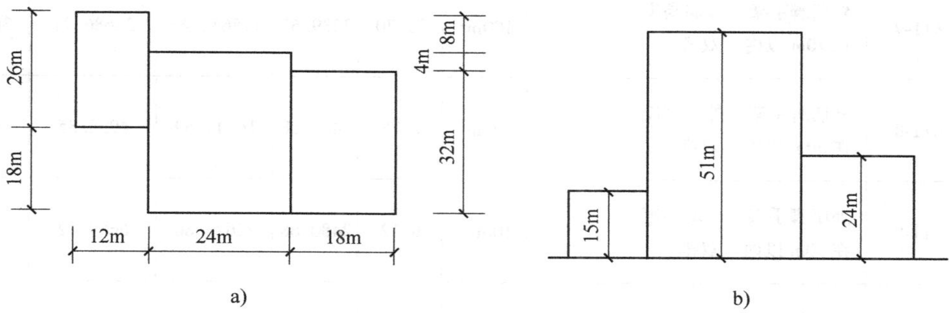

图3-79　某框架结构建筑物

a）平面图　b）立面图

2）垂直运输：

檐高$15-1.5=13.5(m)$，垂直运输面积$12\times26\times4=1248(m^2)$

檐高$24-1.5=22.5(m)$，垂直运输面积$18\times32\times7=4032(m^2)$

檐高$51-1.5=49.5(m)$，垂直运输面积$24\times36\times15.5=13392(m^2)$

3）超高费：

①超高面积18m×32m部分，檐高$24-1.5=22.5(m)$

7层部分超高，超过20m的高度为2.5m，超过7层层高的50%，按相应超高项目套用定额，即超高面积为$18\times32=576(m^2)$

②超高面积24m×36m部分，檐高$51-1.5=49.5(m)$

7层部分超高，超过20m的高度为1.6m，超过7层层高的50%，超高面积为$24\times36=864(m^2)$

8层为设备层，超高面积为$24\times36\times0.5=432(m^2)$

9层层高为4.5m，超高面积为$24\times36\times1.25=1080(m^2)$

10～16层超高面积为$24\times36\times17=14688(m^2)$

超高面积小计：$864+432+1080+14688=17064(m^2)$

将脚手架、垂直运输、超高项目分别套定额，见表3-32。

表3-32　单位工程预算表

序号	定额编号	项目名称	单位	数量	单价	合价	其中	
							人工费/元	机械费/元
1	A11-6	外墙脚手架　外墙高度在15m以内　双排	$100m^2$	8.70	1740.29	15140.52	3982.86	704.09

（续）

序号	定额编号	项目名称	单位	数量	单价	合价	其中	
							人工费/元	机械费/元
2	A11-7	外墙脚手架 外墙高度在24m以内 双排	$100m^2$	16.32	1857.22	30309.83	7911.94	1243.09
3	A11-9	外墙脚手架 外墙高度在70m以内 双排	$100m^2$	35.70	3239.62	115654.43	32686.92	3059.13
4	A11-8	外墙脚手架 外墙高度在50m以内 双排	$100m^2$	6.75	2480.68	16744.59	4928.85	546.28
5	A11-8	外墙脚手架 外墙高度在50m以内 双排	$100m^2$	9.12	2480.68	22623.80	6659.42	738.08
6	A13-7	建筑物垂直运输 ±0.000m以上，20m(6层)以内 现浇框架	$100m^2$	12.48	2489.33	31066.84		31066.84
7	A13-16	建筑物垂直运输 现浇框架结构 30m以内(7～10层)	$100m^2$	40.32	3116.68	125664.54	9795.34	115869.20
8	A13-18	建筑物垂直运输 现浇框架结构 50m以内(14～16层)	$100m^2$	133.92	3901.56	522496.92	42787.44	479709.48
9	A14-1	建筑物超高费 檐高(30m以内)	$100m^2$	5.76	1235.13	7114.35	4578.51	2535.84
10	A14-3	建筑物超高费 檐高(50m以内)	$100m^2$	170.64	2657.67	453504.81	351525.23	101979.58
		合计				1340320.63	464856.51	737451.61

四、大型机械安拆、场外运输

定额中未列大型机械安拆及场外运输项目，应用时按照合理施工方法或施工组织设计套用2012年《河北省建设工程施工机械台班单价》。

表3-33中列出了常用的大型机械安拆及场外运输项目。

表3-33 常用的大型机械安拆及场外运输项目

序号	定额编号	项目名称	单位	基价	其中		
					人工费/元	材料费/元	机械费/元
		安装、拆卸费用					
1	1006	安装、拆卸费用 自升式塔式起重机	台次	13681.98	4800	360.20	8521.78
2	1008	安装、拆卸费用 施工电梯 高度75m以内	台次	9170.86	3240	65.20	5865.66

（续）

序号	定额编号	项目名称	单位	基价	其中		
					人工费/元	材料费/元	机械费/元
3	1009	安装、拆卸费用　施工电梯　高度 100m 以内	台次	10895.45	4320	65.20	6510.25
4	1010	安装、拆卸费用　施工电梯　高度 200m 以内	台次	13291.44	5400	80.40	7811.04
5	1012	安装、拆卸费用　混凝土搅拌站	台次	14069.98	5400		8669.98
		场外运输费用					
6	2001	场外运输费用　履带式挖掘机　$1m^3$ 以内	台次	4920.08	720	495.50	3704.58
7	2002	场外运输费用　履带式挖掘机　$1m^3$ 以外	台次	5463.69	720	538.00	4205.69
8	2003	场外运输费用　履带式推土机　90kW 以内	台次	4093.74	360	289.70	3444.04
9	2004	场外运输费用　履带式推土机　90kW 以外	台次	5343.51	360	604.70	4378.81
10	2005	场外运输费用　履带式起重机　30t 以内	台次	7596.34	720	515.50	6360.84
11	2006	场外运输费用　履带式起重机　提升质量（50t 以内）	台次	11166.09	720	515.50	9930.59
12	2007	场外运输费用　履带式起重机　提升质量（50t 以外）	台次	12712.43	720	515.50	11476.93
13	2022	场外运输费用　自升式塔式起重机　起重力矩（2000kN·m）	台次	29872.72	2400	463.60	27009.12
14	2023	场外运输费用　施工电梯　高度 75m 以内	台次	9807.04	600	71.50	9135.54
15	2024	场外运输费用　施工电梯　高度 100m 以内	台次	11880.71	840	92.50	10948.21
16	2025	场外运输费用　施工电梯　高度 200m 以内	台次	17234.17	1200	131.25	15902.92
17	2026	场外运输费用　混凝土搅拌站	台次	10737.10	1560	52.50	9124.60

五、其他措施项目

（一）可竞争措施项目

可竞争措施项目包括脚手架、模板、垂直运输、超高费、支挡土板、打拔钢板桩、降水工程及其他可竞争措施项目。

1. 其他十一项措施费

其他十一项措施费按一般土建工程和桩基础工程划分，分别包括冬季施工增加费，雨季施工增加费，夜间施工增加费，生产工具用具使用费，检验试验配合费，工程定位复测、场地清理费，成品保护费，二次搬运费，临时停水停电费，土建工程施工与生产同时进行增加费及在有害身体健康的环境中施工降效增加费，具体内容如下：

1）冬季施工增加费，指当地规定的取暖期间施工所增加的工序、劳动功效降低、保温、加热的材料、人工和设施费用，不包括暖棚搭设、外加剂和冬期施工需要提高混凝土和砂浆强度所增加的费用，发生时另计。

2）雨季施工增加费，指冬季以外的时间施工所增加的工序、劳动功效降低、防雨的材料、人工和设施费用。

3）夜间施工增加费，指合理工期内因施工工序需要必须连续施工而进行的夜间施工发生的费用，包括照明设施的安拆、劳动工效降低、夜餐补助等费用。不包括建设单位要求赶工而采用夜班作业施工所发生的费用。

4）生产工具用具使用费，指施工生产所需不属于固定资产的生产工具及检验用具等的购置、摊销和维修费，以及支付给工人的自备工具补贴费。

5）检验试验配合费，指配合工程质量检测机构取样、检测所发生的费用。

6）工程定位复测、场地清理费，包括工程定位复测及将建筑物正常施工中造成的全部垃圾清理至建筑物50m以外（不包括外运）的费用。

7）成品保护费，指为保护工程成品完好的措施费。

8）二次搬运费，指确因施工场地狭小，或由于现场施工情况复杂，工程所需材料、成品、半成品堆放点距建筑物（构筑物）近边在150m以外至500m范围以内时，不能就位堆放时而发生的二次搬运费。

9）临时停水停电费，指施工现场临时停水停电每周累计8小时以内的人工、机械、停窝工损失补偿费用。

10）土建工程施工与生产同时进行增加费，是指改扩建工程在生产车间或装置内施工，因生产操作或生产条件限制（如不准动火）干扰了施工正常进行而降效的增加费用；不包括为保证安全生产和施工所采取措施的费用。

11）在有害身体健康的环境中施工降效增加费，是指在民法通则有关规定允许的前提下，改扩建工程，由于车间或装置范围内有害气体或高分贝的噪声超过国家标准以致影响身体健康而降效的增加费用；不包括劳保条例规定应享受的工种保健费。

2. 其他十一项措施项目计算规则

1）以上十一项费用按建设工程项目的实体和可竞争措施项目（十一项费用除外）中人工费和机械费之和乘以相应系数计算。

2）夜间施工增加费，生产工具用具使用费，检验试验配合费，工程定位复测、场地清理费，成品保护费，二次搬运费，临时停水停电费是全年摊销测算的。

3）冬（雨）季施工增加费，施工期不足冬（雨）季规定天数50%的按50%计取；施工期超过冬（雨）季规定天数50%的按全部计取。各地冬（雨）季规定天数根据当地政府规定的取暖期规定，未明确规定的可按下列规定：

冬季规定天数：秦皇岛、张家口为151天；石家庄、邢台、邯郸、衡水、沧州、保定、廊坊、唐山、承德为121天。

雨季规定天数：秦皇岛、张家口为214天；石家庄、邢台、邯郸、衡水、沧州、保定、廊坊、唐山、承德为244天。

4）定额按一般土建工程（一般土建、土石方）与桩基础工程项目以不同的费率划分。

（二）不可竞争措施项目

1. 安全生产、文明施工费费用组成

安全生产、文明施工费指为完成工程项目施工，发生于该工程施工前和施工过程中安全生产、环境保护、临时设施、文明施工的非工程实体的措施项目费用。已包括安全网、防护架、建筑物垂直封闭及临时防护栏杆等所发生的费用。临时设施费是指承包人为进行工程施工所必需的生活和生产用的临时建筑物、构筑物和其他临时设施的搭设、维修、拆除、摊销费用。临时设施包括临时宿舍、文化福利及公用事业房屋与构筑物、仓库、办公室、加工厂以及规定范围内道路、水、电、管线等临时设施和小型临时设施。具体内容如下：

1）安全施工费。

①完善、改造和维护安全防护设施设备费用（不含“三同时”要求初期投入的安全设施），包括施工现场临时用电系统、洞口、临边、机械设备、高处作业防护、交叉作业防护、防火、防爆、防尘、防毒、防雷、防台风、防地质灾害、地下工程有害气体监测、通风、临时安全防护等设施设备费用。

②配备、维护、保养应急救援器材、设备费用和应急演练费用。

③开展重大危险源和事故隐患评估、监控和整改费用。

④安全生产检查、评价（不包括新建、改建、扩建项目安全评价）、咨询和标准化建设费用。

⑤配备和更新现场作业人员安全防护用品费用。

⑥安全生产宣传、教育、培训费用。

⑦安全生产适用的新技术、新标准、新工艺、新装备的推广应用费用。

⑧安全设施及特种设备检测检验费用。

⑨其他与安全生产直接相关的费用。

2）文明施工与环境保护费。

①“七牌两图”、公示牌、宣传栏、车辆冲洗、“一卡通”设置的费用。

②现场围挡的墙面美化（包括内外粉刷、刷白、标语等）、压顶装饰费用；现场厕所便槽刷白、贴面砖，水泥砂浆地面或地砖费用，建筑物内临时便溺设施费用；其他施工现场临时设施的装饰装修、美化措施费用。

③现场生活卫生设施费用；符合卫生要求的饮水设备、淋浴、消毒等设施费用；生活用洁净燃料费用；防煤气中毒、防蚊虫叮咬等措施费用。

④施工现场操作场地的硬化费用。

⑤现场污染源的控制、生活垃圾清理外运、场地排水排污措施的费用；市政工程防扬尘洒水费用。

⑥现场绿化费用、治安综合治理费用。

⑦现场配备医药保健器材、物品费用和急救人员培训费用。

⑧用于现场工人的防暑降温费，电风扇、空调等设备及用电费用。

⑨现场施工机械设备防噪声、防扰民措施费用。

⑩其他文明施工措施费用。

3）临时设施费。

①施工现场采用彩色、定型钢板，砖、混凝土砌块等围挡的安装、砌筑、维修、拆除费或摊销费。

②施工现场临时建筑物、构筑物的搭设、维修、拆除或摊销的费用。如临时宿舍、办公室、食堂、厨房、厕所、诊疗所、临时文化福利用房、临时仓库、加工场、搅拌台、临时简易水塔、水池等。

③施工现场临时设施的搭设、维修、拆除或摊销的费用，如临时供水管道、临时供电管线、小型临时设施等。

④施工现场规定范围内临时简易道路铺设，临时排水沟、排水设施安装、砌筑、维修、拆除的费用。

⑤其他临时设施搭设、维修、拆除或摊销的费用。

2. 安全生产、文明施工费的计取

1）安全生产、文明施工费根据河北省住房和城乡建设厅2015年7月2号印发的《关于调整安全生产、文明施工费的通知》冀建市［2015］11号，安全生产、文明施工费计取方式调整为固定费率。固定费率见表3-34。

表3-34 安全生产、文明施工费固定费率

序号	计价依据		计费基数	费率	
				建筑面积 10000m² 以上	建筑面积 10000m² 以下
1	2012年《全国统一建筑工程基础定额河北省消耗量定额》	一般土建工程	工程总造价（不包括安全生产、文明施工费和税金）	4.53%	4.98%
		桩基础工程		3.57%	3.93%
2	2012年《全国统一建筑装饰装修工程消耗量定额河北省消耗量定额》			3.73%	4.11%

2）安全生产、文明施工费的以直接费（含人工、材料、机械调整，不含安全生产、文明施工费）、企业管理费、利润、规费、价款调整之和作为计取基数。

思考与练习题

1. 什么是平整场地？
2. 如何区别挖沟槽、挖基坑及挖土方？
3. 如何计算回填土工程量？
4. 预制桩的桩长是否包括桩尖？
5. 如何计算钻孔灌注桩混凝土工程量？
6. 框架柱与构造柱混凝土计算有何不同？
7. 框架梁与板的分界线在什么位置？
8. 栏板高度超高多少时挑檐套栏板的定额？
9. 带形基础混凝土搭接接头工程量如何计算？
10. 如何计算整体楼梯混凝土和模板？
11. 如何计算预制构件的制作、安装、运输及模板工程量？
12. 如何计算双肢箍筋外包长度？
13. 如何判断框架梁和框架柱的加密区长度？

14. 如何计算板负筋下的分布筋长度及根数？
15. 砌筑工程基础与墙身如何划分？
16. 框架结构与砖混结构墙体工程量的计算有何不同？
17. 如何确定外墙脚手架的檐高？
18. 如何计算建筑工程垂直运输和超高费？
19. 建筑工程其他十一项措施项目包括哪些内容？计算基数是什么？
20. 如何确定安全生产、文明施工费基本费率？

第四章

装饰装修工程计量与计价

知识目标：

- 掌握楼地面工程面层、找平层、地面防水、踢脚板工程量的计算。
- 掌握内墙抹灰与天棚工程内墙一般抹灰、块料面层、天棚抹灰工程量的计算。
- 掌握屋面工程屋面防水、找坡及屋面保温工程量的计算。
- 掌握外墙抹灰工程外墙抹灰、腰线工程量的计算。
- 掌握散水、台阶工程工程量的计算。
- 掌握门窗工程木门窗、铝合金、塑钢门窗等工程量的计算。
- 掌握措施项目内外墙脚手架、垂直运输、超高工程量的计算。
- 掌握其他十一项措施项目工程量的计算。

能力目标：

- 能正确识读建筑、结构施工图纸。
- 会应用各分部分项计算规则计算工程量。
- 会依据定额掌握常用项目定额子目的套用。
- 能依据建筑构造图集 05J 进行装修项目的计算。

第一节　楼地面工程

建筑工程楼地面的构造做法层次从上至下依次为：面层、结合层、防水层、找平层、保温层、垫层等。本节关于楼地面工程量的计算内容，依据河北省定额并进行整合，以 05J1 建筑构造做法图集为线索，按照楼地面构造层次分别讲述其内容：整体面层、块料面层、找平层、垫层、防水层、保温层、踢脚。

一、整体面层、找平层、垫层

(一) 整体面层、找平层

整体面层、找平层按主墙间净面积计算工程量。

1) 应扣除凸出地面的构筑物、设备基础及室内铁道等所占的面积(不需做面层的地沟盖板所占的面积也应扣除)。

2) 不扣除柱、垛、间壁墙、附墙烟囱及0.3m^2 以内孔洞所占的面积。

3) 不增加门洞、暖气包槽、壁龛的开口部分所占的面积。

(二) 垫层

1) 基础垫层:按垫层面积乘以厚度以“m^3”计算。垫层项目如用于基础垫层时,人工、机械乘以1.20(不含满堂基础)。

2) 地面垫层:垫层按设计规定厚度乘以楼地面面积以“m^3”计算。楼地面面积指室内主墙间净面积。

3) 地板采暖房间垫层,按不同材料套用相应定额,人工乘以系数1.80,材料乘以系数0.98。

(三) 定额相关项目

1) 楼地面块料面层、整体面层(现浇水磨石楼地面除外)均未包括找平层,如设计要求时,另行计算。

2) 阶梯教室整体面层地面,按展开面积计算,套用相应的地面面层项目,人工乘以系数1.08。

3) 地面刷素水泥浆按“B.2 墙柱面”相应项目计算。

4) 砂浆、石子浆的厚度、强度等级,混凝土的强度等级,设计与定额取定不同时,可以进行换算。

二、块料面层

(一) 计算规则

块料面层按图示尺寸以净面积计算。

1) 不扣除0.1m^2 以内孔洞所占的面积。

2) 门洞、暖气包槽和壁龛的开口部分的面积并入相应的面层工程量。

3) 块料面层拼花部分按实贴面积计算。

(二) 定额相关项目

1) 块料楼地面面层均不包括酸洗、打蜡,发生时可按相应项目计算。

2) 块料楼地面面层酸洗、打蜡工程量,按实际酸洗、打蜡面积计算。

3) 石材楼地面刷养护液按底面面积加四个侧面面积,以“m^2”计算。

4) 楼地面块料零星项目适用于楼梯侧面、台阶侧面、小便池、蹲台、池槽以及每个平面面积在1m^2 以内定额未列项目的工程。零星项目按实铺面积计算。

5) 块料面层现场切割为弧形、异形、拼花及斜铺时,按相应项目人工乘以系数1.50,块料损耗率按实际调整。

6) 同一铺贴面采用不同种类、材质的材料时,应分别按相应项目计算。

7）大理石、花岗岩楼地面拼花是按成品考虑的，镶拼面积小于 0.015m^2 的石材，执行点缀定额项目。点缀按个计算，计算铺贴地面面积时，不扣除点缀所占面积。

8）楼地面块料面层水泥浆结合层厚度每增减 1mm，每 100m^2 增减相应人工 0.276 工日，砂浆 0.102m^3，水 0.012m^3，灰浆搅拌机（200L）0.012 台班。

9）平铺陶瓷地砖，如设计有波打线，周长≤2400mm 时，其损耗率调整为 2.5%；周长 >2400mm 时，其损耗率调整为 4%。波打线执行零星项目。

波打线（又称为花边或边线等）主要用在地面周边或者过道玄关等地方，一般为块料楼（地）面沿墙边四周所做的装饰线，楼地面做法中加入与整体地面颜色不同的线条可增加设计效果。

三、地面防水、防潮层及保温层

（一）计算规则

1）建筑物地面防水、防潮层，按主墙间净空面积计算。

①扣除凸出地面的构筑物、设备基础等所占的面积。

②不扣除柱、垛、间壁墙、烟囱及 0.3m^2 以内孔洞所占的面积。

③与墙面连接处高度在 500mm 以内者按展开面积计算，并入平面工程量内，超过 500mm 时，按立面防水层计算。

2）建筑物墙基防水、防潮层，外墙长度按中心线，内墙按净长线乘以墙的宽度以“m^2”计算。

3）楼地面干铺聚苯板、挤塑板保温按实铺面积以“m^2”计算，套用“A.8 防腐、隔热、保温工程”相应项目。

（二）定额相关项目

1）墙、地面防水、防潮项目适用于楼地面、墙基、墙身、室内浴厕以及 ±0.000 以下的防水、防潮工程，套用“A.9 屋面及防水工程”相应项目。

2）卷材防水、防潮项目不包括附加层的消耗量。附加层按设计或施工规范规定计算。设计无规定时，按以下规范要求：

①板缝采用卷材作增强层应采用空铺的方法，可采用 200 ~ 300mm 宽卷材单边点粘在板端处，然后铺贴大面积防水层。

②地下室底面与墙面内外交角处、两个立面转角处，均应设增强层，对防水附加层的宽度要求为 300 ~ 500mm。

3）地下防水按墙、地面防水相应项目基价乘以系数 1.10 计算。

四、踢脚板

（一）计算规则

1）踢脚板按不同用料及做法以“m^2”计算。

2）整体面层踢脚板不扣除门洞口及空圈处的长度，但侧壁部分亦不增加，垛、柱的踢脚板工程量合并计算。

3）块料面层踢脚板按实贴面积计算，扣除门洞口及空圈处的长度，但侧壁部分及垛、柱的踢脚板工程量合并计算。

4）成品踢脚线按实贴延长米计算。

（二）定额相关项目

整体面层、块料面层的楼地面项目和楼梯面层（除水泥砂浆及水磨石楼梯外），均不包括踢脚线工料。

【例4-1】 某建筑物一层平面图如图4-1所示，所有门及洞口高度均为2400mm。层高3m，现浇板厚100mm，内、外墙厚均为240mm。室外地坪为-0.3m。其大理石地面构造做法为：20厚黑色大理石板（800×800），素水泥浆，30厚1:4干硬性水泥砂浆粘结层，100厚C15素混凝土（预拌），100厚3:7灰土，素土夯实。大理石踢脚（$h=150$）构造做法为：10厚大理石踢脚，20厚1:2.5水泥砂浆，素水泥浆。计算建筑物地面及踢脚工程量并套定额。（门框宽度按60mm计算）

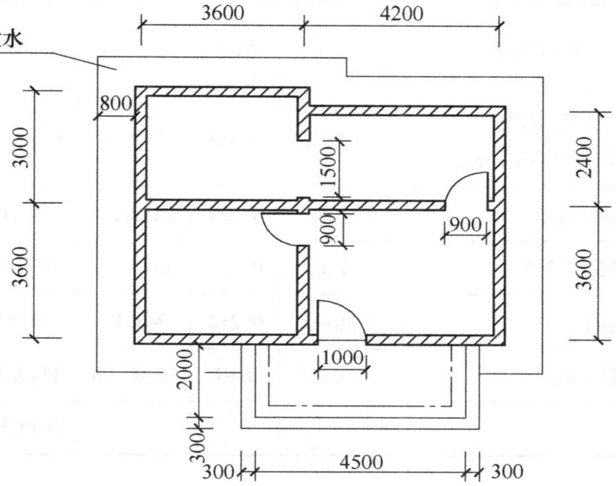

图4-1　某建筑物一层平面图

【解】 大理石地面面积=房间净面积+门洞口及暖气槽开口部分的面积

1）计算室内地面净面积：

$(3.6-0.24)\times(3+3.6-0.24-0.24)+(4.2-0.24)\times(2.4+3.6-0.24-0.24)$

$=3.36\times6.12+3.96\times5.52$

$=42.42(m^2)$

2）20厚大理石板，素水泥面，30厚1:4干硬性水泥砂浆粘结层。

门洞口开口面积$=1.5\times0.24+0.9\times0.24\times2+1\times0.24=1.032(m^2)$

20厚大理石板小计：$42.42+1.032=43.45(m^2)$

3）100厚C15素混凝土垫层：

$42.42\times0.1=4.242(m^3)$

4）100厚3:7灰土夯实：

$42.42\times0.1=4.242(m^3)$

5）素土夯实（即房心回填土）：

房心回填土厚度$=300-250=50(mm)$

房心回填土体积：$42.42\times0.05=2.12(m^3)$

6）踢脚面积=(房间净周长－门洞口宽度+门洞口及暖气槽侧壁)×踢脚高

净长=(3.6－0.24+3－0.24)×2+(3.6－0.24)×2×2+(4.2－0.24+2.4－0.24)×2+(4.2－0.24+3.6－0.24)×2

=12.24+13.44+12.24+14.64=52.56(m)

减门洞宽：(1.5×2+0.9×4+1)=7.6(m)

增洞口侧壁长（外门侧壁计算一半）：(0.24－0.06)×4+0.24×2+(0.24－0.06)×2×0.5=1.38(m)

踢脚面积：(52.56－7.6+1.38)×0.15=6.951(m^2)

单位工程预算表见表4-1。

表4-1　单位工程预算表

序号	定额编号	项目名称	单位	数量	单价/元	合价/元	其中	
							人工费/元	机械费/元
1	B1-70	大理石楼地面(水泥砂浆)周长3200mm以内　单色	100m^2	0.435	15148.85	6582.18	965.37	48.25
2	B1-25	垫层　预拌混凝土	10m^3	0.424	2812.36	1193.00	177.65	5.85
3	B1-2	垫层　灰土　3:7	10m^3	0.424	1115.37	473.14	147.54	13.16
4	B1-1	垫层　素土	10m^3	0.212	243.12	51.54	42.85	6.58
5	B1-202	大理石踢脚线	100m^2	0.07	16100.08	1119.12	219.78	7.00
6		合计				9418.98	1553.19	80.84

第二节　内墙与天棚抹灰工程

一、内墙抹灰

（一）计算规则

1）内墙面一般抹灰：内墙抹灰面积按主墙间净长乘以内墙抹灰高度计算。

①主墙间净长按主墙间结构面净长计算。

②内墙抹灰高度：

a）无墙裙的，其高度按室内地面或楼面至天棚或板底面之间的距离计算。

b）有墙裙的，其高度按墙裙顶至天棚或板底面之间的距离计算。

c）天棚吊顶的，其高度按吊顶下表面另加10cm计算。

③应扣除项目：

a）应扣除门窗洞口及大于0.3m^2的孔洞所占的面积。

b）不扣除踢脚板、挂镜线、0.3m^2以内的孔洞、墙与构件交接处的面积、间壁墙所占的面积。

c）不增加门窗洞口侧壁、顶面抹灰工程量。

d）应增加垛的侧面抹灰工程量。

e）嵌入墙内的过梁、圈梁、构造柱抹灰不另列项目，并入相应墙面抹灰工程量内计算。

2）独立梁、独立柱的抹灰，应另列项目按展开面积计算，柱与梁或梁与梁的接头面积，不予扣除。定额中梁面、柱面抹灰项目，是指独立梁、独立柱。

3）抹灰项目中的界面处理涂刷，抹灰面油漆、涂料，喷（刷）可利用相应的抹灰工程量计算。抹灰面油漆、涂料，喷（刷）按“B.5 油漆、涂料、裱糊工程”项目套用。

4）抹灰分格、嵌缝按相应抹灰面积计算。

5）钉钢丝（板）网，按实钉面积以“m^2”计算。

6）墙面毛化处理按毛化墙面面积计算，扣除洞口、空圈，不扣除 0.3m^2 以内孔洞面积。

7）混凝土基面打磨按混凝土墙面面积计算，扣除洞口、空圈，不扣除 0.3m^2 以内孔洞面积。

8）大模板墙面穿墙螺栓堵眼按混凝土墙面单面面积计算，扣除洞口、空圈，不扣除 0.3m^2 以内孔洞面积。

9）内墙保温砂浆抹灰面积计算规则同内墙普通抹灰计算，套用“A.8 防腐、隔热、保温工程”相应项目。

（二）内墙裙抹灰

1）内墙裙抹灰面积按墙裙长度乘以墙裙高度计算。

2）应扣除门窗洞口、0.3m^2 以上孔洞所占的面积。

3）不增加洞口侧壁及顶面面积。

4）垛的侧壁面积并入墙裙内计算。

（三）镶贴块料面层

1）镶贴块料面层的工程量，按设计图示尺寸以实贴面积计算。

2）墙面贴块料，饰面高度在 300mm 以内，按踢脚板项目计算。

3）镶贴瓷砖、面砖块料，如需割角的，以实际切割长度按延长米计算。

（四）定额相关抹灰项目说明

1）定额项目中的抹灰砂浆种类、配合比、厚度是根据现行规范、标准设计图集及河北省一般采用的施工做法综合确定的，如设计的砂浆种类、配合比与项目取定不同时，可根据“抹灰砂浆厚度取定表”及“抹灰砂浆厚度调整表”进行调整。

2）定额项目砂浆种类、饰面材料与设计不同时，可按设计调整，人工、机械消耗量不变。

3）定额已经综合考虑了内外墙抹灰用工，无论内外墙面抹灰均执行相应墙面抹灰定额子目。

4）水泥砂浆找平层项目适用于水泥砂浆打底抹灰，实际抹灰厚度及砂浆种类与项目不同时，可以调整。

5）项目中已包括了砌体及钢板（丝）网等抹灰基层嵌缝所需的工料。

6）石灰砂浆、混合砂浆墙柱面抹灰项目内均已包括了水泥砂浆护角线的工料，工程计价时不另增加。

7）抹灰及镶贴块料面层项目中，均不包括基层面涂刷素水泥浆或界面处理剂。设计有要求时，应另列项目计算。抹 TG 胶砂浆项目内已包括刷 TG 胶浆一道，不再另计。

8）块料面层设计规定的砂浆结合层配合比和厚度，如与项目不同时，砂浆配合比和用量可调整，其他不变。

9）室内镶贴块料面层不论缝宽度如何，均按相应的块料面层项目计算。

10）室内镶贴块料面层设计要求使用嵌缝剂勾缝时，取消相应项目中白水泥用量，增加嵌缝剂 30kg/100m²。

11）圆弧形、锯齿形（每个平面在 6m² 以内）等不规则墙面抹灰、镶贴块料面层、隔断、间壁墙按相应项目人工乘以系数 1.15，材料乘以 1.05。

12）除已列有柱（梁）面层项目外，未列项目的柱（梁）面层执行墙面相应项目，人工、机械乘以系数 1.05。

二、天棚抹灰

（一）天棚一般抹灰

1）天棚抹灰面积按主墙间的净空面积计算，不扣除间壁墙、垛、柱、附墙烟囱、附墙通风道、检查孔、管道及灰线等所占的面积。

2）带钢筋混凝土梁天棚，梁两侧抹灰面积并入天棚抹灰工程量内。

3）阳台、雨蓬、挑檐下抹灰，按天棚抹灰计算规则计算。

4）带密肋的小梁及井字梁的天棚抹灰，以展开面积计算。按混凝土天棚抹灰项目计算，每 100m² 增加 4.14 工日。井字梁天棚是指每个井字内面积在 5m² 以内者。

5）檐口天棚的石灰砂浆抹灰，并入相应项目工程量内计算。

6）抹灰项目中的界面处理涂刷，抹灰面油漆、涂料，喷（刷）可利用相应的抹灰工程量计算。抹灰面油漆、涂料，喷（刷）按“B.5 油漆、涂料、裱糊工程”项目套用。

7）天棚抹灰项目中已包括小圆角（天棚灰线）的工料，如有凹凸线者，另按突出的线条道数以装饰线计算。装饰线是指突出抹灰面所起的线脚，每突出一个棱角为一道灰线，檐口滴水槽作为突出抹灰面线脚。

8）定额项目内已包括了天棚基层面浇水湿润工料，不包括基层面涂刷素水泥浆或界面处理剂。设计有要求时，按“B.2 墙柱面工程”相应项目套用。

（二）天棚吊顶

1）各种吊顶天棚龙骨按主墙间净空面积计算，不扣除间壁墙、检查孔、附墙烟囱、垛、柱和管道等所占的面积。

2）天棚基层按展开面积计算。

3）天棚装饰面层按主墙间实钉（胶）面积计算，不扣除间壁墙、检查孔、附墙烟囱、垛、柱和管道等所占的面积，但应扣除 0.3m² 以上孔洞、独立柱、灯槽及与天棚相连的窗帘盒所占的面积。

4）定额项目中龙骨、基层、面层合并列项的项目，工程量计算规则同第 1）条。

5）天棚面层在同一标高者为平面天棚，天棚面层不在同一标高者为跌级天棚，跌级天棚其基层、面层按相应项目人工乘以系数 1.1。

6）轻钢龙骨、铝合金龙骨项目中为双层结构（即中、小龙骨紧贴大龙骨底面吊挂），如为单层结构（大、中龙骨底面在同一水平上）时，人工乘以系数 0.85。

7）龙骨、基层、面层的防火处理按“B.5 油漆、涂料、裱糊工程”相应项目套用。

三、楼梯间抹灰

（一）楼梯找平及面层

1）楼梯面层以楼梯水平投影面积计算（包括踏步和中间休息平台）。楼梯与楼面的分界以楼梯梁外边缘为界，无楼梯梁时，算至最上一层踏步边沿加300mm。不扣除宽度小于500mm 的楼梯井面积，楼梯井宽度超过500mm 时应予扣除。

2）楼梯找平层按水平投影面积乘以系数1.37。

3）楼梯基层板按水平投影面积套用相应地面基层板项目乘以系数1.37。

（二）楼梯踢脚线

楼梯（除水泥砂浆及水磨石楼梯外）不包括踢脚板工料。楼梯踢脚线按相应踢脚线项目乘以系数1.15 计算。

（三）楼梯侧面及底面抹灰

1）楼梯均不包括侧面及板底抹灰，板底抹灰执行“B.3 天棚工程”相应项目，侧面抹灰按“B.2 墙柱面工程”相应项目计算。

2）楼梯底面抹灰，并入相应的天棚抹灰工程量内计算。楼梯（包括休息平台）底面积的工程量按其水平投影面积计算，平板式乘以系数1.3，踏步式乘以系数1.8。

（四）楼梯墙面

楼梯间墙面计算同内墙面抹灰计算规则。

【例4-2】 图4-1 中，如内墙面抹灰为混合砂浆，基层为标准砖，15 厚1:1:6 水泥石灰砂浆，5 厚1:0.5:3 水泥石灰砂浆，内墙涂料二遍饰面。天棚抹灰为混合砂浆，基层为混凝土现浇板，7 厚1:1:4 水泥石灰砂浆，5 厚1:0.5:3 水泥石灰砂浆，天棚涂料二遍饰面。计算内墙及顶棚工程量。

【解】

内墙抹灰：

1）内墙抹灰面积＝净周长×抹灰高度(不扣除踢脚板高度)－门窗洞口面积

其中，抹灰高度＝净高＝层高－板厚

有吊顶的抹灰高度＝净高－吊顶高＋100mm

门窗洞口面积：$0.9\times2.4\times4+1\times2.4+1.5\times2.4\times2=18.24(m^2)$

房间净周长52.56m，净高2.9m

内墙抹灰面积：$52.56\times2.9-18.24=134.18(m^2)$

2）内墙涂料：$134.18m^2$

3）内墙混合砂浆：15 厚1:1:6 水泥石灰砂浆，5 厚1:0.5:3 水泥石灰砂浆，$134.18m^2$

天棚抹灰：

4）天棚抹灰面积＝净面积＋梁侧面积

室内净面积：$42.42m^2$

5）内墙涂料饰面：$42.42m^2$

6）天棚混合砂浆：7 厚1:1:4 水泥石灰砂浆，5 厚1:0.5:3 水泥石灰砂浆，$42.42m^2$

第三节　外墙抹灰工程

一、外墙抹灰

（一）外墙面、墙裙一般抹灰

1）外墙面、墙裙（高度在1.5m以下）抹灰面积按“m^2”计算。

①外墙抹灰的长度为外墙外边线的长度。

②外墙抹灰的高度以室外设计地坪为起点，若有墙裙以墙裙顶面为起点。

2）应扣除门窗洞口、空圈、腰线、挑檐、门窗套、遮阳板所占的面积和0.3m^2以上孔洞所占的面积。

3）附墙柱的侧壁应展开计算，并入相应的墙面抹灰工程量内。

4）门窗洞口及孔洞侧壁面积已综合考虑在项目内，不另计算。

5）女儿墙顶及内侧，以展开面积按墙面抹灰相应项目计算，突出墙面的女儿墙压顶，其压顶部分应以展开面积，按普通腰线项目计算。

6）墙面勾缝按墙面投影面积计算，应扣除墙裙和墙面抹灰所占的面积，不扣除门窗洞口及门窗套、腰线等所占的面积，但垛和门窗洞口侧壁的勾缝面积亦不增加。

7）内外窗台板抹灰工程量，如设计图纸无规定时，按窗外围宽度共加20cm乘以展开宽度计算，外窗台与腰线连接时并入相应腰线内计算。

（二）外墙镶贴块料面层

1）镶贴块料面层的工程量，按设计图示尺寸以实贴面积计算。

2）镶贴块料零星项目适用于挑檐、天沟、腰线、窗台线、门窗套、压顶、栏板、扶手、遮阳板、雨篷及面积小于1m^2的镶贴面。

3）外墙离缝镶贴面砖按缝宽分别套用相应项目，如灰缝与项目取定不同时，其块料及灰缝材料用量可以调整，其他不变。

（三）外墙保温

1）聚苯板、挤塑板、自调温相变材料、胶粉聚苯颗粒墙体保温均以设计保温面积以“m^2”计算，应扣除门窗洞口、防火隔离带和0.3m^2以上的孔洞面积，门窗洞口和0.3m^2以上的洞口侧壁面积展开计算。套用“A.8防腐、隔热、保温工程”相应项目。

2）玻纤网格布与钢丝网铺贴、界面处理、抗裂砂浆按实铺面积以“m^2”为计量单位计算，应扣除门窗孔洞和0.3m^2以上的孔洞所占的面积。套用“A.8防腐、隔热、保温工程”相应项目。

3）玻纤网格布、钢丝网铺设已包含门窗洞口增强部分和侧壁部分，不另计算。套用“A.8防腐、隔热、保温工程”相应项目。

4）在腰线上做保温（包括空调板、阳台板等材料），其对应的保温项目、界面砂浆项目、抗裂砂浆项目，执行墙体相应的保温项目，其中人工乘以系数1.50，材料、机械乘以系数1.10。

二、腰线抹灰

（一）计算规则

1）腰线的工程量按展开宽度乘以长度以“m^2”计算（展开宽度以图示结构尺寸为准，不增加抹灰厚度）。

2）普通腰线是指突出墙面一至二道棱角线；复杂腰线是指突出墙面三至四道棱角线（每突出墙面一个阳角为一道棱角线）。

（二）腰线类型

1）按普通腰线计算的构件：天沟、泛水、楼梯或阳台栏板、内外窗台板、空调板、压顶、楼梯侧面和挡水沿、厕所蹲台、水槽腿、锅台、独立的窗间墙及窗下墙、讲台侧面、烟囱帽、烟囱根、烟囱眼、垃圾箱、通风口、上人孔、碗柜、吊柜隔板及小型设备基座等项目的抹灰。

2）按复杂腰线计算的构件：楼梯或阳台栏杆、扶手、池槽、小便池、假梁头、柱帽及柱脚、方（圆）窨井圈、花饰等项目的抹灰。

3）挑檐、砖出檐、门窗套、遮阳板、花台、花池、宣传栏、雨篷、阳台等的抹灰，凡突出墙面一至二道棱角线的，按普通腰线计算；凡突出墙面三至四道棱角线的，按复杂腰线计算。

【例4-3】 根据图4-1，计算外墙面砖工程量（阳角处面砖需割角45°）。外墙面砖工程做法为：10厚外墙面砖（100×100）5mm缝，1∶1水泥砂浆勾缝，5厚1∶1水泥砂浆加水重20%建筑胶，刷素水泥浆一遍，15厚1∶3水泥砂浆。设台阶高度为300mm。

【解】

外墙面砖面积＝外墙外周长×抹灰高度(扣除墙裙高度)－门窗洞口面积＋门窗洞口侧壁面积

抹灰高度＝室外地坪至板顶

1）外墙外边线：

$(3.6+4.2+0.24)\times2+(3.6+3+0.24)+(3.6+2.4+0.24)+(3-2.4)=29.76(m)$

2）外墙抹灰：$29.76\times(3+0.3)=98.21(m^2)$

减门窗洞口面积（外门）：$1\times2.4=2.4(m^2)$

增加外门侧壁：$(1+2.4\times2)\times(0.12-0.03)=0.522(m^2)$

减台阶所占面积：$(4.5+0.6)\times0.3=1.53(m^2)$

外墙面砖面积小计：$98.21-2.4+0.522-1.53=94.802(m^2)$

3）外墙面砖割角长度：$5\times(3+0.3)\times2+(1+2.4\times2)\times2=44.6(m)$

第四节 屋面工程

一、屋面防水

（一）卷材与防水涂料屋面

1）卷材屋面坡度在15°以下者为平屋面，超过15°按卷材屋面人工增加表增加人工（见

“A. 7. 2. 4 屋面防水工程”）。

2）卷材与防水涂料屋面按图示尺寸的水平投影面积以“m^2”计算。平屋面女儿墙、天沟和天窗等处的弯起部分和天窗出檐部分重叠的面积应按图示尺寸，并入相应屋面工程量内计算。如图纸无规定时，伸缩缝、女儿墙的弯起部分可按250mm计算，天窗弯起部分可按500mm计算。

3）卷材防水、防潮项目不包括附加层的消耗量。附加层按设计或施工规范规定计算。设计无规定时，按以下规范要求：屋面平面与立面交角处、檐口与天沟交接处、天沟转角处、两个立面转角处等，在交角处铺贴一层100～150mm宽卷材条予以加强。

4）卷材及防水涂料屋面，均已包括基层表面刷冷底子油或处理剂一遍。油毡收头的材料包括在其他材料费内。

（二）屋面排水

1）屋面雨水管区别不同直径、材质按图示尺寸以延长米计算，雨水口、水斗、弯头按个计算。

2）钢管底节每个按2m长考虑。

二、屋面基层

（一）屋面保温

1）屋面保温按定额“A8 防腐、保温、隔热工程”相关子目套用。

2）保温隔热层应区别不同保温隔热材料，均按设计实铺厚度以“m^3”计算，另有规定者除外。

3）聚苯板、挤塑板、硬泡聚氨酯、自调温相变保温材料保温按设计面积以“m^2”计算。

4）水泥砂浆找平层掺聚丙烯、锦纶-6纤维按设计面积以“m^2”为单位计算。

5）架空隔热层混凝土板保温按设计面积以“m^2”为计量单位计算。

6）聚合物抗裂砂浆区分不同厚度按设计面积以“m^2”为计量单位计算。

7）各部位聚苯板、挤塑板保温项目中保温板材厚度不同时，按以下方法调整：

①厚度在150mm以内时，材料单价调整，其他不变。

②厚度在150mm以上时，材料单价调整，人工、机械乘以系数1. 20。

8）屋面坡度15°以内的执行定额项目，15°以上的按相应项目人工乘以系数1. 27。

（二）屋面找平与找坡层

1）屋面水泥砂浆找平层按“B. 1 楼地面工程”的相应项目计算。

2）屋面找坡层：屋面找坡层平均厚度如图4-2所示，计算公式如下：

$$\text{屋面找坡层平均厚度} = \text{坡宽}(L) \times \text{坡度系数}(i) \times 1/2 + \text{最薄处的厚度}$$

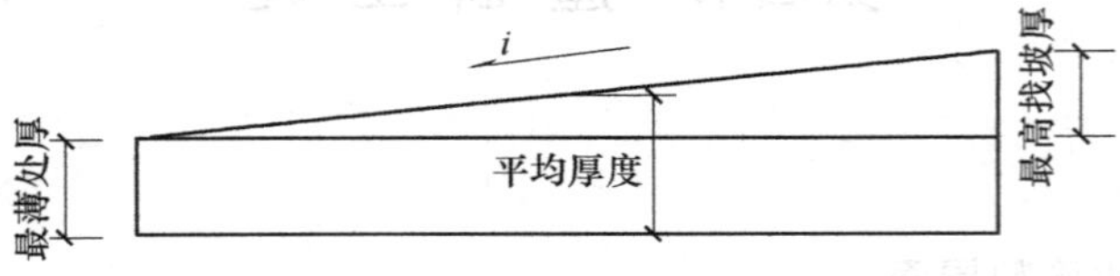

图4-2　屋面找坡层平均厚度示意图

其中，坡宽（L）为沿屋面坡度屋面宽度的一半；坡度系数（i）为屋面设计坡度系数；最薄处的厚度为屋面找坡层最低处的厚度。

【例4-4】 根据已知屋面工程做法计算屋面各构造层次工程量，标注定额编号，并填表4-2。已知屋长20m，宽10m。沿屋面宽度双向找2%坡；屋面有500mm高女儿墙。

已知屋面工程做法为：

保护层：涂料一遍。

防水层：SBS改性沥青防水卷材一层，冷贴，立面与平面交角处贴附加层一层（100mm）。

找平层：20厚1:3水泥砂浆。

保温层：100厚聚苯乙烯泡沫塑料板粘贴。

找坡层：现浇1:6水泥炉渣找2%坡，最薄处厚30mm。

找平层：20厚1:3水泥砂浆。

结构层：现浇楼板。

【解】

表4-2　工程量计算表

序号	定额编号	项目名称	计算列式	计量单位	数量
1	B1-27	1:3水泥砂浆找平层	20×10	m^2	200
2	A8-230	1:6水泥炉渣找2%坡	找坡层平均厚度： (5000×2%)×0.5+30=80(mm) 找坡层体积： 20×10×0.08=16	m^3	16
3	A8-211	100厚聚苯乙烯泡沫塑料板	20×10	m^2	200
4	B1-29	1:3水泥砂浆找平层	(20+10)×2×0.25+200	m^2	215
5	A7-50	SBS改性沥青防水卷材	(20+10)×2×(0.25+0.1)+200	m^2	221
6	A7-60	涂料保护层	(20+10)×2×0.25+200	m^2	215

第五节　散水、台阶工程

明沟、散水、坡道、台阶等项目均为综合项目，包括挖土、填土、垫层、基层、沟壁及面层等工序，其模板套用“模板工程”相应项目。除混凝土台阶未包括面层抹面，其面层可按设计规定套用相应有关项目外，其余项目不予换算。散水、台阶垫层为3:7灰土，如设计垫层与项目不同时，可以换算。散水3:7灰土垫层厚度是按150mm编制的，如果设计厚度超过150mm，超过部分套用“B.1楼地面工程”灰土垫层项目。

一、台阶

（一）台阶基层

1）砖砌台阶：台阶基层（包括踏步及最上一层踏步沿300mm）按水平投影面积计算。砖砌台阶基层按“A.3砌筑工程”套用定额项目。

2）混凝土台阶：台阶基层（包括踏步及最上一层踏步沿 300mm）按水平投影面积计算。

混凝土台阶按“A.4 混凝土及钢筋混凝土工程”套用定额项目。

（二）台阶面层

1）台阶面层（包括踏步及最上一层踏步沿 300mm）按水平投影面积计算。

砖砌台阶和混凝土台阶基层均未包括面层抹灰。台阶面层包括水泥砂浆面层、水磨石面层、地砖面层、石材面层等，均按“B.1 楼地面工程”相应项目套用。

2）剁假石台阶面层以展开面积计算，套用“B.2 墙柱面工程”的剁假石普通腰线项目。

二、散水、坡道及明沟

（一）散水

1）散水按设计图示尺寸以“m^2”计算，应扣除穿过散水的踏步、花台面积。

砖砌散水、混凝土散水分别按“A.3 砌筑工程”及“A.4 混凝土及钢筋混凝土工程”相应项目列项。散水已包含基层、面层等全部工序。

2）散水计算公式为：

$$散水面积 = 外墙外边线 \times 散水宽 + 散水宽 \times 散水宽 \times 4 - 台阶等所占面积$$

（二）防滑坡道

防滑坡道按斜面积计算，坡道与台阶相连处，以台阶外围面积为界。与建筑物外门厅地面相连的混凝土斜坡道及块料面层按相应的地面项目人工乘以 1.1 系数计算。

防滑坡道按“A.4 混凝土及钢筋混凝土工程”列项，其中已包含基层、面层等全部工序。

（三）明沟

1）明沟按设计图示尺寸以延长米计算，但净空断面面积在 $0.2m^2$ 以上的沟道，应分别按相应项目计算。

砖砌明沟、混凝土明沟分别按“A.3 砌筑工程”及“A.4 混凝土及钢筋混凝土工程”相应项目列项。其中已包含基层、面层等全部工序。

2）沟箅子：沟箅子按设计图示尺寸以延长米计算。成品箅子宽度不同时人工不作调整；钢筋箅子设计与项目含量不同时，可按钢材用量调整项目含量。

沟箅子按“A.3 砌筑工程”相应项目列项。

【例 4-5】 根据图 4-1 计算台阶及散水工程量并套定额。台阶为 2 步台阶，高 300mm。散水宽度 800mm。混凝土假设为现浇混凝土。地砖（600×600）台阶工程做法：10 厚地砖，25 厚 1:4 干硬性水泥砂浆，素水泥浆结合层一遍，60 厚 C15 混凝土（预拌），300 厚 3:7 灰土，素土夯实。散水工程做法：60 厚 C15 混凝土（预拌），1:1 水泥砂浆随打随磨光，150 厚 3:7 灰土，素土夯实。

【解】

1）台阶地砖面层：可按中心线长乘以台阶宽度计算，即台阶面积 = 台阶中心线长 × 台阶宽度

$$(4.5+2\times2)\times(0.3+0.3)=5.1(m^2)$$

台阶混凝土基层：$(4.5+2\times2)\times(0.3+0.3)=5.1(m^2)$

2）地砖地面：$(4.5+0.6)\times(2+0.3)-5.1=6.63(m^2)$

60 厚 C15 混凝土：$6.63\times0.06=0.398(m^3)$

300 厚 3∶7 灰土：$6.63\times0.3=1.99(m^3)$

3）散水：

方法一

散水面积 = 外墙外边线 × 散水宽 + 散水宽 × 散水宽 ×4 − 台阶等所占面积

散水混凝土：$29.76\times0.8+0.8\times0.8\times4-(4.5+0.6)\times0.8=22.29(m^2)$

方法二

散水面积 = 中心线长 × 散水宽度

散水中心线长 = 外墙外边线 + 散水宽度的一半 ×8 − 台阶所占长度

中心线长：$29.76+0.4\times8-(4.5+0.3\times2)=27.86(m)$

散水混凝土：$27.86\times0.8=22.29(m^2)$

台阶及散水工程量套定额见表 4-3。

表 4-3　单位工程预算表

序号	定额编号	项目名称	单位	数量	单价/元	合价/元	其中	
							人工费/元	机械费/元
1	B1-373	陶瓷地砖台阶　水泥砂浆	$100m^2$	0.051	7969.01	406.42	161.94	6.09
2	A4-218	台阶　混凝土基层（预拌）	$100m^2$	0.051	9321.65	475.40	180.08	3.77
3	A4-214	散水　混凝土（预拌）	$100m^2$	0.223	7139.94	1591.49	691.03	8.16
4	B1-103	陶瓷地砖地面 600×600	$100m^2$	0.066	7415.48	491.65	127.16	5.99
5	B1-25	垫层　预拌混凝土	$10m^3$	0.040	2812.36	111.93	16.67	0.55
6	B1-2	垫层　灰土 3∶7	$10m^3$	0.199	1115.37	221.96	69.21	6.17
		合计				3298.85	1246.09	30.73

第六节　门窗工程

一、普通木门窗

普通木门窗定额中木材木种分类如下。

一类：红松、水桐木、樟子松。

二类：白松（云杉、冷杉）、杉木、杨木、柳木、椴木。

三类：青松、黄花松、秋子木、马尾松、东北榆木、柏木、苦楝木、梓木、黄菠萝、椿木、楠木、柚木、樟木。

四类：栎木（柞木）、檀木、色木、槐木、荔木、麻栗木（麻栎、青刚）、桦木、荷木、水曲柳、华北榆木、榉木、橡木、枫木、核桃木、樱桃木。

（一）木门窗制作、安装

1. 木门窗框的制作、安装

普通木门窗框及工业窗框，定额分制作和安装，以设计框长每 100m 为计算单位，分别按单、双裁口项目计算。

2. 木门窗扇的制作、安装

普通木门窗扇、工业窗扇分制作及安装，以100m^2扇面积为计算单位。

3. 木门窗的运输

各种木门窗框、扇制作安装项目，不包括从加工厂的成品堆放场至现场堆放场的场外运输。如实际发生时，按定额“A9 构件运输”相应项目套用。

木门窗的运输工程量按框外围面积计算。

4. 木门窗的油漆

木门窗的油漆定额按框外围面积乘以刷油系数以“m^2”计算，套用“B. 5 油漆、涂料、裱糊工程”部分项目。

刷油系数分不同刷油部位，按表4-4、表4-5计算。

1）按单层木窗项目计算工程量的系数（即多面涂刷按单面面积计算工程量）：

表4-4　木窗刷油系数

序号	项　　目	系数	计算方法
1	单层木窗或部分带框上安玻璃	1	
2	单层木窗带纱扇	1.4	
3	单层木窗部分带纱扇	1.28	
4	单层木窗部分带纱记部分带框上安玻璃	1.14	
5	木百叶窗	1.46	
6	双层木窗或部分带框上安玻璃（双裁口）	1.6	
7	双层框扇（单裁口）木窗	2	
8	双层框三层（二玻一纱）木窗	2.6	
9	单层木组合窗	0.83	
10	双层木组合窗	1.13	

2）按单层木门项目计算工程量的系数（即多面涂刷按单面面积计算工程量）：

表4-5　木门刷油系数

序号	项　　目	系数	计算方法
1	单层木板门或单层玻璃镶板门	1	
2	单层全玻璃门、玻璃间壁、檐窗	0.83	
3	单层半截玻璃门	0.95	
4	纱门扇及纱亮子	0.83	
5	半截百叶门	1.53	框外围面积
6	全百叶门	1.66	
7	厂库房大门	1.1	
8	特种门（包括冷藏门）	1	
9	双层（单裁口）木门	2	
10	双层（一玻一纱）木门	1.36	

5. 小五金

1）门窗扇安装项目中未包括装配单、双弹簧合页或地弹簧、暗插销、大型拉手、金属踢、推板及铁三角等用工。计算工程量时应另列项目按门窗扇五金安装相应项目计算。

2）门窗小五金，如与设计规定不同时，应以设计规定为准。B. 4 定额中列出了木门窗、铝合金门窗五金零件参考表。

（二）成品木门窗

1）普通成品木门窗需要安装时，按相应制安项目中安装子目计算，成品门窗价格按实计入，其他不变。

2）成品木门按“樘”计算。

3）成品防火门、防火窗以框外围面积计算。

4）成品门窗安装项目中，门窗附件已包含在成品门窗单价内。

二、金属门窗

（一）铝合金、塑钢门窗

1. 铝合金门窗制作、安装

1）铝合金门窗制作、安装工程量按门窗洞口面积以“m^2”计算。

2）扇制作、安装按纱扇外围面积计算。

2. 成品铝合金、塑钢门窗

成品铝合金、塑钢门窗按门窗洞口面积以“m^2”计算。

（二）成品钢门窗

1）钢门窗安装按框外围面积计算。

2）防盗门窗等按框外围面积以“m^2”计算。

3）防火卷帘门以框外围面积计算，按从地（楼）面算至端板顶点乘以设计宽度计算。

【例4-6】 某工程平面图如图4-3所示，门窗规格、尺寸详见表4-6，试列出该工程的门窗工程量及定额。

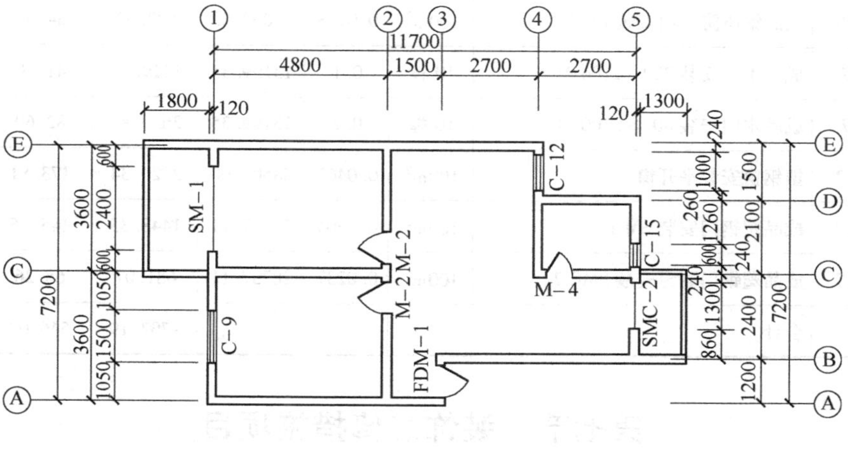

图4-3　某工程平面图

表4-6 门 窗 表

名 称	代号	洞口尺寸/(mm×mm)	备 注
成品钢质防盗门	FDM-1	800×2100	含锁、普通五金
成品实木门带套	M-2	800×2100	含锁、普通五金
	M-4	700×2100	
成品平开塑钢窗	C-9	1500×1500	夹胶玻璃(6+2.5+6)，型材为钢塑90系列，含锁、普通五金
	C-12	1000×1500	
	C-15	600×1500	
成品塑钢门带窗	SMC-2	门700×2100 窗600×1500	
成品塑钢门	SM-1	2400×2100	

【解】 定额工程量计算见表4-7。

表4-7 定额工程量计算表

序号	定额项目名称	计 算 式	工程量	单位
1	成品钢质防盗门	框外围：(0.8－0.02)×(2.1－0.01)＝1.6302	1.6302	m^2
2	成品实木门带套	800×2100 2樘，700×2100 1樘	3	樘
3	成品平开塑钢窗	1.5×1.5＋1×1.5＋0.6×1.5×1＝4.65	4.65	m^2
4	成品塑钢门带窗	0.7×2.1＋0.6×1.5＝2.37	2.37	m^2
5	成品塑钢门	2.4×2.1＝5.04	5.04	m^2

门窗套定额见表4-8。

表4-8 单位工程预算表

序号	定额编号	项目名称	单位	数量	单价/元	合价/元	其中	
							人工费/元	机械费/元
1	B4-130	成品钢质防盗门安装 FDM-1	$100m^2$	0.0163	55068.83	897.62	34.90	2.29
2	B4-97	成品木门安装 700×2100 M-4	10樘	0.1	13199.35	1319.94	41.30	3.27
3	B4-97	成品木门安装 800×2100 M-2	10樘	0.2	13199.35	2639.87	82.60	6.53
4	B4-262	塑钢窗安装平开窗	$100m^2$	0.0465	58502.00	2720.34	173.81	6.06
5	B4-127	成品塑钢门安装 SM-1	$100m^2$	0.0504	28737.11	1448.35	145.15	7.09
6	B4-127	成品塑钢门联窗安装 SMC-2	$100m^2$	0.0237	28737.11	681.07	68.26	3.33
		合计				9707.19	546.02	28.57

第七节 装饰装修措施项目

装饰装修措施项目包括脚手架、垂直运输、超高费及其他措施项目。

一、装饰装修脚手架

（一）适用范围

本节脚手架是以扣件式钢管脚手架、木脚手架为主编制的，适用于装饰装修工程。包括外墙面装饰脚手架、满堂脚手架、简易脚手架、内墙面装饰脚手架、活动脚手架、电动吊篮、型钢悬挑脚手架。

（二）一般计算规则

1）本节脚手管、扣件、底座、工具式活动脚手架、电动吊篮，均按租赁及合理的施工方法、合理工期编制的，租赁材料往返运输所需的人工、机械台班已包括在相应的项目内。

2）本节的租赁时间是按一般装修确定的，中级装修租赁材料、租赁机械消耗量乘以系数1.10，高级装修租赁材料、租赁机械消耗量乘以系数1.20。

一般装修、中级装修、高级装修的划分标准见表4-9。

表4-9　装修标准

项目	一　般	中　级	高　级
墙面	勾缝、水刷石、干粘石、一般涂料、抹灰、刮腻子	贴面砖、高级涂料、贴壁纸、镶贴石材、木墙裙	干挂石材、铝合金条板、锦缎软包、镶板墙面、幕墙、金属装饰板、造形木墙裙、木装饰板
天棚	一般涂料	高级涂料、吊顶、壁纸	造形吊顶、金属吊顶

（三）外墙面装饰脚手架

1）外墙面装饰脚手架，按外墙的外边线长度乘以外墙高度以“m^2”计算。同一建筑物各外墙的高度不同，应分别计算工程量。

2）外墙面装饰脚手架是按外墙装饰高度编制的。外墙装饰高度以设计室外地坪作为计算起点，装饰高度按以下规定计算：

①平屋顶带挑檐的，算至挑檐栏板结构顶标高。

②平屋顶带女儿墙的，算至女儿墙顶。

③坡屋面或其他曲面屋顶算至墙中心线与屋面板交点的高度，山墙按山墙平均高度计算。

④屋顶装饰架与外墙同立面（含水平距外墙2m以内范围），并与外墙同时施工，算至装饰架顶标高。

上述多种情况同时存在时，按最大值计取。

3）外墙面装饰利用主体工程脚手架时，按相应外墙面脚手架项目计算，其中人工乘以系数0.20，取消机械台班，其余不变。

4）外墙面脚手架、吊篮脚手架项目均是按包括外墙外保温板安装、保温抹灰、外墙装饰工作内容编制的，如果外墙外保温板安装不使用外墙面脚手架、吊篮脚手架，仅保温抹灰、外墙面装饰使用外墙面脚手架、吊篮脚手架，则按相应外墙面脚手架、吊篮脚手架项目乘以系数0.7计算，其余不变。

5）电动吊篮脚手架按外墙装饰面积计算，不扣除门窗洞口面积。

6）独立柱按柱周长增加3.6m乘柱高套用装饰装修脚手架相应高度的子目。

7）围墙勾缝、抹灰按墙面垂直投影面积计算，套用墙面简易脚手架；挡土墙勾缝、抹灰如不能利用砌筑脚手架时按墙面垂直投影面积计算，套用墙面简易脚手架。

（四）内墙（柱）面装饰脚手架

1）内墙（柱）面装饰装修高度超过1.2m，按内墙装饰装修相应脚手架计算。

2）内墙面按墙面垂直投影面积计算，不扣除门窗洞口面积。

3）柱面按柱的周长加3.6m乘以高度计算。

4）高度在3.6m以内时，按墙面简易脚手架计算，高度超过3.6m未计算满堂脚手架时，按相应高度的内墙面装饰脚手架计算。

（五）天棚装饰脚手架

1）天棚装饰脚手架，包括抹灰天棚、钉板天棚、吊顶天棚脚手架。天棚装饰脚手架工程量，按室内净面积以“m^2”计算。

2）天棚装饰工程，高度在3.6m以内时，按天棚简易脚手架计算。

3）满堂脚手架：

①天棚装饰工程，高度超过3.6m时，计算满堂脚手架；满堂脚手架按不同的高度套用。

②满堂脚手架高度指室内地坪或楼面至装饰天棚底面的高度。无吊顶天棚的算至楼板底，有吊顶天棚的算至天棚的面层，斜天棚按平均高度计算。

③计算满堂脚手架后，室内墙柱面装饰工程不再计算脚手架。

4）屋面板勾缝、喷浆、屋架刷油的脚手架按活动脚手架计算。

【例4-7】 砖混结构办公楼，共3层，1、2层层高4.2m，3层层高3.6m，室外地坪-0.6m，女儿墙高1.2m。外墙贴面砖，外墙装饰采用电动吊篮。试写出工程装饰脚手架套用的定额编号。

【解】 檐高 $4.2+4.2+3.6+0.6+1.2=13.8$（m）

1）天棚装饰脚手架：1、2层，满堂脚手架，B7-15，高度5.2m以内；

3层，天棚简易脚手架，B7-20，高度3.6m以内。

2）内墙装饰脚手架：1、2层，已套满堂脚手架定额，不再计算墙面脚手架；

3层，墙面简易脚手架，B7-21，高度3.6m以内。

3）外墙装饰脚手架：电动吊篮，B7-26，墙面贴砖，中级装修租赁材料、机械乘以系数1.1。

二、垂直运输与超高费

（一）通用规则

1）建筑物装饰装修工程垂直运输费用和超高增加费是以建筑物的檐高及层数两个指标同时界定的，凡檐高达到上限而层数未达到的以檐高为准；如层高达到上限而檐高未达到时以层数为准。

2）建筑物檐高以设计室外地坪标高作为计算点，建筑物檐高按下列方法计算，突出屋面的电梯间、水箱间、亭台楼阁等均不计入檐高内。

①平屋顶带挑檐的，算至挑檐板结构下皮标高。

②平屋顶带女儿墙的，算至屋顶结构板上皮标高。

③坡屋面或其他曲面屋顶均算至墙（非山墙）的中心线与屋面板交点的高度。

3）项目工作内容包括单位工程在合理工期内完成本定额项目所需的垂直运输机械台班，不包括机械场外往返运输、一次安拆等费用。

4）同一建筑物多种檐高时，建筑物檐高均应以该建筑物最高檐高为准。

5）单独分层承包的室内装饰装修工程，以施工的高楼层的层数为准。

（二）垂直运输费

1）装饰装修工程垂直运输工程量，区分建筑物的檐高或层数、±0.00m以下及以上，按装饰装修实体项目和脚手架的人工工日计算。±0.00m对应楼层地面的工程量并入±0.00m以上部分的工程量计算。

2）带地下室的建筑物以±0.00m为界分别套用±0.00m以下及以上的项目。无地下室的建筑物套用±0.00m以上相应项目。

3）檐口高度在3.60m以内的单层建筑物，不计算垂直运输机械费。檐口高度在3.60m以上的单层建筑物，按±0.00m以上相应项目乘以0.5系数。

4）单独的地下室建筑物套用±0.00m以下的相应项目。

5）层高小于2.2m的技术层不计算层数，其装饰装修工程量并入总工程量计算。

6）二次装饰装修工程利用电梯或通过楼梯人力进行垂直运输的按实计算。

（三）超高费

1）本项目适用于建筑物檐高20m以上或层数超过6层的装饰装修工程。

2）超高增加费综合了由于超高施工人工、垂直运输、其他机械降效等费用。

3）装饰装修工程超高增加费工程量，以建筑物的檐高超过20m或层数超过6层以上部分的装饰装修实体项目和脚手架的人工费与机械费之和为基数，按檐高高度或层数套用相应项目计算。

4）20m所对应楼层的工程量并入超高费工程量，20m所对应的楼层按下列规定套用定额：

①20m以上到本层顶板高度在本层层高50%以内时，按相应超高项目乘以系数0.50套用定额。

②20m以上到本层顶板高度在本层层高50%以上时，按相应超高项目套用定额。

三、其他措施项目

（一）可竞争措施项目

可竞争措施项目包括脚手架、垂直运输、超高费及其他可竞争措施项目。

1. 其他可竞争措施项目

1）生产工具用具使用费：施工生产所需不属于固定资产的生产工具及检验用具等的购置、摊销和维修费，以及支付给工人的自备工具的补贴费。

2）检验试验配合费：配合工程质量检测机构取样、检测所发生的费用。

3）冬季施工增加费：当地规定的取暖期间施工所增加的工序、劳动功效降低、保温、加热的材料、人工和实施费用。不包括暖棚搭设、外加剂和冬季施工需要提高混凝土和砂浆强度所增加的费用，发生时另计。

4）雨季施工增加费：冬季以外的时间施工所增加的工序、劳动功效降低、防雨的材料、人工和设施费用。

5）夜间施工增加费：合理工期内因施工工序需要必须连续施工而进行的夜间施工发生的费用，包括照明设施的安拆费、劳动降效、夜餐补助费和白天施工的照明费，不包括建设单位要求赶工而采用夜班作业施工所发生的费用。

6）二次搬运费：确因施工场地狭小，或由于现场施工情况复杂，工程所需材料、成品、半成品堆放点距建筑物（构筑物）近边在150m至500m范围内时，不能就位堆放时而发生的二次搬运费。不包括自建设单位仓库至工地仓库的搬运以及施工平面布置变化所发生的搬运费用。

7）临时停水停电费：施工现场临时停水停电每周累计8小时以内的人工、机械停窝工损失补偿费用。

8）成品保护费：为保护工程成品完好所采取的措施费用。

9）场地清理费：建筑物正常施工中造成的全部垃圾清理至建筑物外墙50m范围以内（不包括外运）的费用。

2. 其他九项措施项目计算规则

1）以上九项费用按建设工程项目的实体和可竞争措施费项目（九项费用除外）中人工费与机械费之和乘以相应系数计算。

2）生产工具用具使用费、检验试验配合费、夜间施工增加费、二次搬运费、临时停水停电费、成品保护费、场地清理费是全年摊销测算的。

3）冬（雨）季施工增加费，施工期不足冬（雨）季规定天数50%的按50%计取；施工期超过冬（雨）季规定天数50%的按全部计取。

（二）不可竞争措施项目

安全生产、文明施工费：为完成工程项目施工，发生于该工程施工前和施工过程中安全生产、环境保护、临时设施、文明施工的非工程实体的措施项目费用，已包括安全网、防护架、建筑物垂直封闭及临时防护栏杆等所发生的费用。

安全生产、文明施工费以直接费（含人工、材料、机械调整，不含安全生产、文明施工费）、企业管理费、利润、规费、价款调整之和作为计取基数。

安全生产、文明施工费固定费率见第三章表3-34。

思考与练习题

1. 楼地面工程整体面层和块料面层工程量计算有何区别？
2. 楼地面及屋面防水面积如何计算？
3. 天棚抹灰的计算是否包括梁侧面积？
4. 外墙抹灰的面积是否计算门窗洞口侧面面积？
5. 外墙腰线抹灰如何计算工程量？
6. 台阶基层及面层工程量如何计算？与地面的分界线在哪里？
7. 木门窗、铝合金门窗、塑钢门窗工程量的计算有何不同？
8. 装饰装修与建筑工程的垂直运输、超高费的计算是否相同？

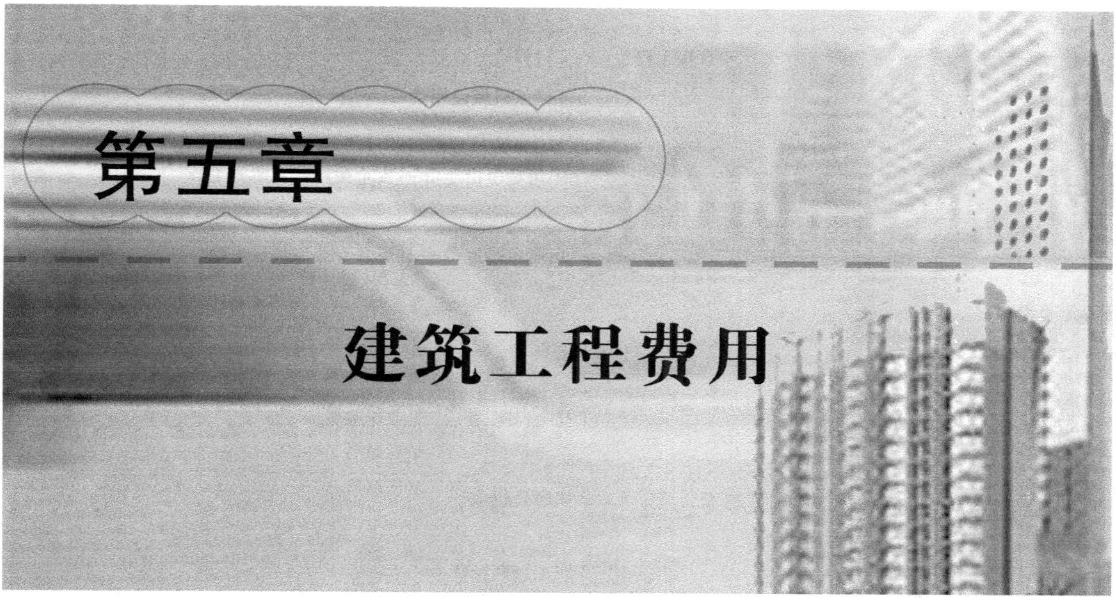

第五章

建筑工程费用

知识目标：

- 了解建设工程规费、优质优价计取的规定。
- 掌握河北省建筑、装饰装修工程费用组成。
- 掌握住建部《建筑安装工程费用项目组成》（建标［2013］44号）。
- 掌握河北省建筑工程计价程序。

能力目标：

- 能根据河北省建筑工程计价程序计算工程造价。

第一节　建筑工程费用项目组成

一、河北省建筑、装饰装修工程费用组成

《河北省建筑、安装、市政、装饰装修工程费用标准》是根据原建设部、财政部《关于印发〈建筑安装工程费用项目组成〉的通知》（建标［2003］206号），结合河北省实际情况，综合测算编制的。此标准与2012年《全国统一建筑工程基础定额河北省消耗量定额》、《全国统一建筑装饰装修工程消耗量定额河北省消耗量定额》配套使用，是编制施工图预算、最高限价、招标工程标底，投标报价、确定工程合同价、拨付工程价款、办理竣工结算、衡量投标报价合理性的依据和基础。

建筑、装饰装修工程费用由直接费、间接费、利润、税金四部分组成。建筑、装饰装修工程费用项目组成如图5-1所示。

（一）直接费

直接费由直接工程费和措施费组成。

- 建筑及装饰装修工程费
  - 直接费
    - 直接工程费
      - 1.人工费
      - 2.材料费
      - 3.施工机械使用费
    - 措 施 费
      - 不可竞争措施费—安全生产、文明施工费
      - 可竞争措施费—详见各专业消耗量定额
  - 间接费
    - 规 费
      - 1.社会保障费
        - 养老保险费
        - 医疗保险费
        - 失业保险费
        - 生育保险
        - 工伤保险
      - 2.住房公积金
      - 3.职工教育经费
    - 企业管理费
      - 1.管理人员工资
      - 2.办公费
      - 3.差旅交通费
      - 4.固定资产使用费
      - 5.工具用具使用费
      - 6.劳动保险费
      - 7.工会经费
      - 8.财产保险费
      - 9.财务费
      - 10.税金
      - 11.其他
  - 利 润
  - 税 金
    - 营业税
    - 城市维护建设税
    - 教育费附加

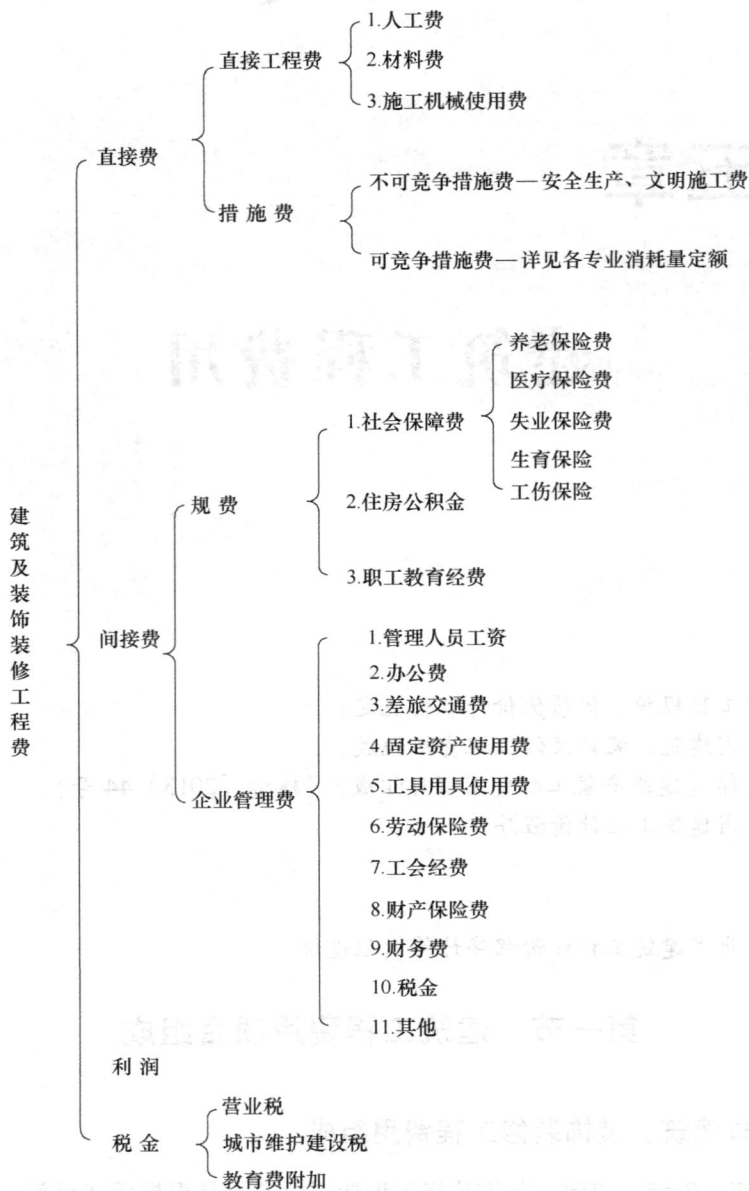

图 5-1　建筑、装饰装修工程费用项目组成

1. 直接工程费

直接工程费是指施工过程中耗费的构成工程实体的各项费用，包括人工费、材料费、施工机械使用费。

（1）人工费　人工费是指直接从事建筑安装工程施工的生产工人开支的各项费用。内容包括：①基本工资；②工资性补贴；③生产工人辅助工资；④职工福利费；⑤生产工人劳动保护费。

（2）材料费　材料费是指施工过程中耗费的构成工程实体的原材料、辅助材料、构配

件、零件、半成品的费用。内容包括：①材料原价；②材料供销综合费；③材料包装费；④材料运输费；⑤材料采保费；⑥其他损耗费。

（3）施工机械使用费 施工机械使用费是指施工机械作业所发生的机械使用费以及机械安拆费和场外运费。

施工机械台班单价应由下列七项费用组成：①折旧费；②大修理费；③经常修理费；④安拆费及场外运费；⑤人工费；⑥燃料动力费；⑦其他费用。

2. 措施费

措施费是指为完成工程项目施工，发生于该工程施工前和施工过程中非工程实体项目的费用，分为可竞争措施费、不可竞争措施费。具体见各专业消耗量定额相关章、节、项目。

（二）间接费

间接费由规费、企业管理费组成。

1. 规费

规费是指省级以上政府和有关权力部门规定必须缴纳和计提的费用（简称规费），内容如下。

1）社会保障费

①养老保险费：企业按规定标准为职工缴纳的基本养老保险费。

②医疗保险费：企业按规定标准为职工缴纳的基本医疗保险费。

③失业保险费：企业按规定标准为职工缴纳的失业保险费。

④生育保险：企业按规定标准为职工缴纳的生育保险费。

⑤工伤保险：企业按规定标准为职工缴纳的工伤保险费。

2）住房公积金：企业按规定标准为职工缴纳的住房公积金。

3）职工教育经费：企业为职工学习先进技术和提高文化水平，按职工工资总额计提的费用。

2. 企业管理费

企业管理费是指建筑安装企业组织施工生产和经营管理所需费用，内容如下。

1）管理人员工资：管理人员的基本工资、工资性补贴、职工福利费、劳动保护费。

2）办公费：企业管理办公用的文具、纸张、账表、印刷、邮电、书报、会议、水电、烧水和集体取暖（包括现场临时宿舍取暖）用煤等费用。

3）差旅交通费：职工因公出差、调动工作的差旅费、住勤补助费，市内交通费和误餐补助费，职工探亲路费，劳动力招募费，职工离退休、退职一次性路费，工伤人员就医路费，工地转移费以及管理部门使用的交通工具的油料、燃料、养路费及牌照费。

4）固定资产使用费：管理和试验部门及附属生产单位使用的属于固定资产的房屋、设备仪器等的折旧、大修、维修或租赁费。

5）工具用具使用费：管理使用的不属于固定资产的生产工具、器具、家具、交通工具和检验、试验、测绘、消防用具等的购置、维修和摊销费。

6）劳动保险费：由企业支付离退休职工的易地安家补助费、职工退职金、六个月以上的病假人员工资、职工死亡丧葬补助费、抚恤费、按规定支付给离休干部的各项经费。

7）工会经费：企业按职工工资总额计提的工会经费。

8）财产保险费：施工管理用财产、车辆保险。

9）财务费：企业为筹集资金而发生的各种费用。

10）税金：企业按规定缴纳的房产税、车船使用税、土地使用税、印花税等。

11）其他：包括技术转让费、技术开发费、业务招待费、绿化费、广告费、公证费、法律顾问费、审计费、咨询费、服务费、民兵预备役工作经费、残疾人保障金、河道维护管理费、危险作业意外伤害保险、工程排污费等。

（三）利润

利润是指施工企业完成所承包工程获得的盈利。

（四）税金

税金是指国家税法规定的应计入建筑安装工程造价内的营业税、城市维护建设税及教育费附加等。

工程所在地在市区的执行3.48%；工程所在地在县城、镇的执行3.41%；工程所在地不在市区、县城、镇的执行3.28%。

二、住建部建筑安装工程费用项目组成

为适应深化工程计价改革的需要，根据国家有关法律、法规及相关政策，在总结原建设部、财政部《关于印发〈建筑安装工程费用项目组成〉的通知》（建标〔2003〕206号，以下简称《通知》）执行情况的基础上，修订完成了《建筑安装工程费用项目组成》（建标〔2013〕44号，以下简称《费用组成》），《费用组成》自2013年7月1日起施行。

建筑安装工程费按照费用构成要素划分，由人工费、材料（包含工程设备）费、施工机具使用费、企业管理费、利润、规费和税金组成。其中人工费、材料费、施工机具使用费、企业管理费和利润包含在分部分项工程费、措施项目费、其他项目费中。

建筑安装工程费用项目组成如图5-2所示。

（一）人工费

人工费是指按工资总额构成规定，支付给从事建筑安装工程施工的生产工人和附属生产单位工人的各项费用，内容如下。

1）计时工资或计件工资：按计时工资标准和工作时间或对已做工作按计件单价支付给个人的劳动报酬。

2）奖金：对超额劳动和增收节支支付给个人的劳动报酬，如节约奖、劳动竞赛奖等。

3）津贴、补贴：为了补偿职工特殊或额外的劳动消耗和因其他特殊原因支付给个人的津贴，以及为了保证职工工资水平不受物价影响支付给个人的物价补贴，如流动施工津贴、特殊地区施工津贴、高温（寒）作业临时津贴、高空津贴等。

4）加班加点工资：按规定支付的在法定节假日工作的加班工资和在法定日工作时间外延时工作的加点工资。

5）特殊情况下支付的工资：根据国家法律、法规和政策规定，因病、工伤、产假、计划生育假、婚丧假、事假、探亲假、定期休假、停工学习、执行国家或社会义务等原因按计时工资标准或计时工资标准的一定比例支付的工资。

（二）材料费

材料费是指施工过程中耗费的原材料、辅助材料、构配件、零件、半成品或成品、工程设备的费用，内容如下。

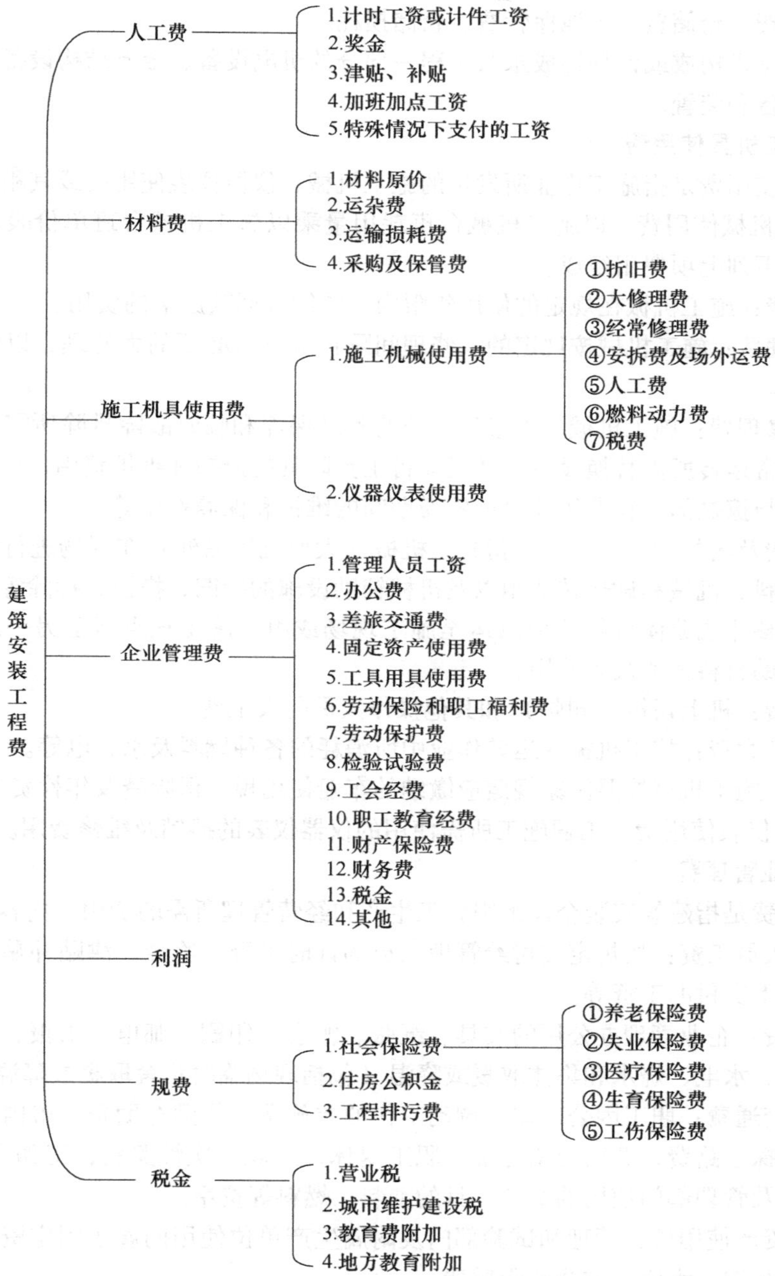

图 5-2　建筑安装工程费用项目组成

1）材料原价：材料、工程设备的出厂价格或商家供应价格。

2）运杂费：材料、工程设备自来源地运至工地仓库或指定堆放地点所发生的全部费用。

3）运输损耗费：材料在运输装卸过程中不可避免的损耗。

4）采购及保管费：为组织采购、供应和保管材料、工程设备的过程中所需要的各项费用，包括采购费、仓储费、工地保管费、仓储损耗。

工程设备是指构成或计划构成永久工程一部分的机电设备、金属结构设备、仪器装置及其他类似的设备和装置。

（三）施工机具使用费

施工机具使用费是指施工作业所发生的施工机械、仪器仪表使用费或其租赁费。

（1）施工机械使用费　以施工机械台班耗用量乘以施工机械台班单价表示，施工机械台班单价应由下列七项费用组成。

1）折旧费：施工机械在规定的使用年限内，陆续收回其原值的费用。

2）大修理费：施工机械按规定的大修理间隔台班进行必要的大修理，以恢复其正常功能所需的费用。

3）经常修理费：施工机械除大修理以外的各级保养和临时故障排除所需的费用，包括为保障机械正常运转所需替换设备与随机配备工具附具的摊销和维护费用，机械运转中日常保养所需润滑与擦拭的材料费用及机械停滞期间的维护和保养费用等。

4）安拆费及场外运费：安拆费指施工机械（大型机械除外）在现场进行安装与拆卸所需的人工、材料、机械和试运转费用以及机械辅助设施的折旧、搭设、拆除等费用；场外运费指施工机械整体或分体自停放地点运至施工现场或由一施工地点运至另一施工地点的运输、装卸、辅助材料及架线等费用。

5）人工费：机上司机（司炉）和其他操作人员的人工费。

6）燃料动力费：施工机械在运转作业中所消耗的各种燃料及水、电等。

7）税费：施工机械按照国家规定应缴纳的车船使用税、保险费及年检费等。

（2）仪器仪表使用费　工程施工所需使用的仪器仪表的摊销及维修费用。

（四）企业管理费

企业管理费是指建筑安装企业组织施工生产和经营管理所需的费用，内容如下。

1）管理人员工资：按规定支付给管理人员的计时工资、奖金、津贴补贴、加班加点工资及特殊情况下支付的工资等。

2）办公费：企业管理办公用的文具、纸张、帐表、印刷、邮电、书报、办公软件、现场监控、会议、水电、烧水和集体取暖或降温（包括现场临时宿舍取暖或降温）等费用。

3）差旅交通费：职工因公出差、调动工作的差旅费、住勤补助费，市内交通费和误餐补助费，职工探亲路费，劳动力招募费，职工退休、退职一次性路费，工伤人员就医路费，工地转移费以及管理部门使用的交通工具的油料、燃料等费用。

4）固定资产使用费：管理和试验部门及附属生产单位使用的属于固定资产的房屋、设备、仪器等的折旧、大修、维修或租赁费。

5）工具用具使用费：企业施工生产和管理使用的不属于固定资产的工具、器具、家具、交通工具和检验、试验、测绘、消防用具等的购置、维修和摊销费。

6）劳动保险和职工福利费：由企业支付的职工退职金、按规定支付给离休干部的经费、集体福利费、夏季防暑降温、冬季取暖补贴、上下班交通补贴等。

7）劳动保护费：企业按规定发放的劳动保护用品的支出，如工作服、手套、防暑降温饮料以及在有碍身体健康的环境中施工的保健费用等。

8）检验试验费：施工企业按照有关标准规定，对建筑以及材料、构件和建筑安装物进行一般鉴定、检查所发生的费用，包括自设试验室进行试验所耗用的材料等费用。不包括新结构、新材料的试验费，对构件做破坏性试验及其他特殊要求检验试验的费用和建设单位委托检测机构进行检测的费用，对此类检测发生的费用，由建设单位在工程建设其他费用中列支，但对施工企业提供的具有合格证明的材料进行检测不合格的，该检测费用由施工企业支付。

9）工会经费：企业按《工会法》规定的全部职工工资总额比例计提的工会经费。

10）职工教育经费：按职工工资总额的规定比例计提。企业为职工进行专业技术和职业技能培训，专业技术人员继续教育、职工职业技能鉴定、职业资格认定以及根据需要对职工进行各类文化教育所发生的费用。

11）财产保险费：施工管理用财产、车辆等的保险费用。

12）财务费：企业为施工生产筹集资金或提供预付款担保、履约担保、职工工资支付担保等所发生的各种费用。

13）税金：企业按规定缴纳的房产税、车船使用税、土地使用税、印花税等。

14）其他：包括技术转让费、技术开发费、投标费、业务招待费、绿化费、广告费、公证费、法律顾问费、审计费、咨询费、保险费等。

（五）利润

利润是指施工企业完成所承包工程获得的盈利。

（六）规费

规费是指按国家法律、法规规定，由省级政府和省级有关权力部门规定必须缴纳或计取的费用，包括：

（1）社会保险费

1）养老保险费：企业按照规定标准为职工缴纳的基本养老保险费。

2）失业保险费：企业按照规定标准为职工缴纳的失业保险费。

3）医疗保险费：企业按照规定标准为职工缴纳的基本医疗保险费。

4）生育保险费：企业按照规定标准为职工缴纳的生育保险费。

5）工伤保险费：企业按照规定标准为职工缴纳的工伤保险费。

（2）住房公积金　企业按规定标准为职工缴纳的住房公积金。

（3）工程排污费　按规定缴纳的施工现场工程排污费。

其他应列而未列入的规费，按实际发生计取。

（七）税金

税金是指国家税法规定的应计入建筑安装工程造价内的营业税、城市维护建设税、教育费附加以及地方教育附加。

第二节　河北省建筑工程计价程序及费用标准

一、建筑工程计价程序

建筑工程的定额计价，即工料单价法，其计算程序为：依据定额项目划分、计算工程量；汇总分部分项工程量；依据预算定额套取价格，计算直接费用；汇总直接费、调整材料价差并依据费用标准计算管理费、规费及利润；汇总后即得单位建筑工程造价。

建筑、装饰装修工程计价程序，按照《河北省建筑、安装、市政、装饰装修工程费用标准》计算，见表5-1。

表5-1 建筑、装饰装修工程计价程序表

序　号	费用项目	计算方法
1	直接费	
2	直接费中人工费+机械费	
3	企业管理费	2×费率
4	规费	2×费率
5	利润	2×费率
6	价款调整	按合同约定的方式、方法计算
7	安全生产、文明施工费	(1+3+4+5+6)×费率
8	税金	(1+3+4+5+6+7)×费率
9	工程造价	1+3+4+5+6+7+8

注：本计价程序中直接费不含安全生产、文明施工费。

二、规费组成及计取方式

(一) 规费组成及计费基数

规费费用标准是按照国家和河北省现行有关政策，结合全省施工企业实际情况测定的，规费不参与投标报价竞争。

在表5-2中的规费计费基数，直接费中的人工、机械费均按照各专业消耗量定额规定的人工、机械消耗量及基期价格计算。

表5-2 规费组成及计费基数表

序　号	规费名称	计费基数
1	养老保险费	直接费中 人工费+机械费
2	医疗保险费	
3	失业保险费	
4	生育保险费	
5	工伤保险费	
6	住房公积金	
7	职工教育经费	

(二) 核准规费费率管理

1）凡在河北省行政区域内承担建筑工程、装饰装修工程、安装工程、市政及园林绿化、修缮工程的施工企业，均应按要求核准施工企业规费费率计取标准。

2）核准的规费费率包括养老保险费、失业保险费、医疗保险费、工伤保险费、生育保险费、住房公积金、职工教育经费费率。施工企业对规费的缴纳按政府有关规定执行。

3）省工程建设造价管理总站负责规费费率计取标准的管理和核定工作；各设区市工程造价管理机构负责管理权限内施工企业规费费率核准资料的审查、初核及上报工作。

4）规费费率计取标准按分级管理的原则进行。中央直属、各专业部属、省属一级及以上总承包企业、专业承包企业，外埠入冀的施工企业到省工程建设造价管理总站申请核准规费费率计取标准；上述之外的施工企业，按照属地原则到单位所在设区市工程造价管理机构申请核准规费费率计取标准，设区市工程造价管理机构对资料审查、初核后，报省工程建设造价管理总站复核。

5）核准施工企业规费费率计取标准时，结合施工企业规费的实际支出、完成产值、工资总额、职工人数等情况，按国家和省有关规定核准施工企业规费费率计取标准。

6）工程项目招标，招标人编制最高限价时应按费用标准中列出的规费费率计算规费，并在招标文件中列出。投标报价时，投标人应按照核准的规费费率计取标准计取规费，并在投标报价中单列。实行投标总价评标的，评标时应扣除规费金额后对投标报价进行评审，中标后在中标价中加上按核准费率计取的规费金额形成合同总价。

7）办理工程价款结算时，应按照核准的施工企业规费费率计取规费。

8）施工企业申请核准规费费率计取标准时，应填写《河北省施工企业规费费率计取标准申请表》，并提交以下材料：

①企业营业执照（副本）、资质证书（副本）。

②企业机构代码证。

③企业上年度会计师事务所出具的审计报告。

④企业上年度报统计部门的统计报表。

⑤企业上年度施工项目统计表。

⑥企业缴纳各项规费汇总表。

⑦企业上年度缴纳养老保险费、医疗保险费、失业保险费、工伤保险费、生育保险费和住房公积金的有效票据，职工教育经费支出情况证明。

⑧其他需要提供的证明材料（如需要）。

以上材料复印件一式两份装订成册（直接报送省工程建设造价管理总站的企业，以上材料只需报送一份），到省、设区市工程造价管理机构办理。

9）经核准的施工企业规费费率计取标准填写于《施工企业规费费率核准书》内，《施工企业规费费率核准书》仅限本企业使用，不得转让、借用、涂改。

10）施工企业规费费率计取标准实行动态管理，经核准的规费费率计取标准有效期为一年。

三、建筑、装饰装修工程费用标准

（一）费用标准适用范围

1）一般建筑工程费用标准：适用于工业与民用的新建、改建、扩建的各类建筑物、构筑物、厂区道路等建筑工程。

2）建筑工程土石方、建筑物超高、垂直运输、特大型机械场外运输及一次安拆费用标准：适用于工业与民用建筑工程的土石方（含厂区道路土方）、建筑物超高、垂直运输、特大型机械场外运输及一次安拆等工程项目。

3）桩基础工程费用标准：适用于工业与民用建筑工程中现场灌注桩和预制桩的工程项目。

4）装饰装修费率与《全国统一建筑装饰装修工程消耗量定额河北省消耗量定额》配套使用。

（二）建筑、装饰工程费用标准

企业管理费和利润费用标准是按照社会平均水平测定的，编制最高限价和标底时，按本标准计取；投标人在投标报价时，可根据本企业管理水平和工程实际参考本标准计取。

1）一般建筑工程费用标准见表5-3。

表5-3　一般建筑工程费用标准表

序　号	费用项目	计费基数	费用标准(%)		
			一类工程	二类工程	三类工程
1	直接费				
2	企业管理费	直接费中人工费+机械费	25	20	17
3	利润		14	12	10
4	规费		25(投标报价、结算时按核准费率计取)		
5	税金	3.48%、3.41%、3.28%			

2）建筑工程土石方、建筑物超高、垂直运输、特大型机械场外运输及一次安拆费用标准见表5-4。

表5-4　土石方、建筑物超高、垂直运输、特大型机械场外运输及一次安拆费用标准表

序　号	费用项目	计费基数	费用标准(%)
1	直接费		—
2	企业管理费	直接费中人工费+机械费	4
3	利润		4
4	规费		7(投标报价、结算时按核准费率计取)
5	税金	3.48%、3.41%、3.28%	

3）桩基础工程费用标准见表5-5。

表5-5　桩基础工程费用标准表

序　号	费用项目	计费基数	费用标准(%)	
			一类工程	二类工程
1	直接费			
2	企业管理费	直接费中人工费+机械费	9	8
3	利润		8	7
4	规费		17(投标报价、结算时按核准费率计取)	
5	税金	3.48%、3.41%、3.28%		

4）装饰装修工程费用标准见表5-6。

表5-6　装饰装修工程费用标准表

序　号	费用项目	计费基数	费用标准(%)
1	直接费		
2	企业管理费	直接费中人工费+机械费	18
3	利润		13
4	规费		20(投标报价、结算时按核准费率计取)
5	税金	3.48%、3.41%、3.28%	

四、建筑工程类别划分及说明

（一）建筑工程类别划分

1）一般建筑工程类别划分见表5-7。

表5-7　一般建筑工程类别划分表

项目				一类	二类	三类
工业建筑	钢结构		跨度	≥30m	≥15m	<15m
			建筑面积	≥12000m²	≥8000m²	<8000m²
	其他结构	单层	檐高	≥20m	≥12m	<12m
			跨度	≥24m	≥15m	<15m
		多层	檐高	≥24m	≥15m	<15m
			建筑面积	≥8000m²	≥4000m²	<4000m²
民用建筑	公共建筑		檐高	≥36m	≥20m	<20m
			建筑面积	≥7000m²	≥4000m²	<4000m²
			跨度	≥30m	≥15m	<15m
	居住建筑		檐高	≥56m	≥20m	<20m
			层数	≥20层	≥7层	<7层
			建筑面积	≥12000m²	≥5000m²	<5000m²
构筑物	水塔（水箱）		高度	≥75m	≥35m	<35m
			吨位	≥150m³	≥75m³	<75m³
	烟囱		高度	≥100m	≥50m	<50m
	贮仓		高度	≥30m	≥15m	<15m
			容积	≥600m³	≥300m³	<300m³
	贮水（油）池		容积	≥3000m³	≥1500m³	<1500m³
	沉井、沉箱			执行一类		
	围墙、砖地沟、室外建筑工程				执行三类	

2）桩基础工程类别划分标准：

①现场混凝土灌注桩为桩基础一类工程。

②预制混凝土桩为桩基础二类工程。

3）钢结构工程取费按对应类别建筑工程取费标准的70%计取。

4）接层工程的工程类别划分：在计算檐口高度和层数时，连同原建筑物一并计算。

5）斜通廊以最高檐口高度，按单层厂房标准划分。

（二）工程类别使用说明

1）以单位工程为类别划分单位，在同一类别工程中有几个特征时，凡符合其中之一者，即为该类工程。

2）一个单位工程有几种工程类型组成时，符合其中较高工程类别指标部分的面积若不低于工程总面积的50%，该工程可全部按该指标确定工程类别；若低于50%，但该部分面积又大于 1500m^2，则可按其不同工程类别分别计算。

3）高度是指从设计室外地面标高至檐口滴水的高度（有女儿墙的算至女儿墙顶面标高）。

4）跨度是指结构设计定位轴线的距离，多跨建筑物按主跨的跨度划分工程类别。

5）面积是指按《建筑工程建筑面积计算规范》（GB/T 50353—2013）计算的建筑面积。

6）面积小于标准层 30% 的顶层及建筑物内的设备管道夹层，不计算层数。

7）超出屋面封闭的楼梯出口间、电梯间、水箱间、塔楼、瞭望台，小于标准层 30% 的，不计算高度、层数。

8）面积大于标准层 50% 且层高在 2.2m 及以上的地下室，计算层数。面积小于标准层 50% 或层高不足 2.2m 的地下室，不计算层数。

9）居住建筑指住宅、宿舍、公寓等建筑物。

10）公共建筑指为满足人们物质文化生活需要和进行社会活动而设置的非生产性建筑物，如综合楼、办公楼、教学楼、实验楼、图书馆、医院、商店、车站、影剧院、礼堂、体育馆、纪念馆、独立车库等以及相类似的工程，除此以外均为其他民用建筑。

11）有声、光、超净、恒温、无菌等特殊要求的工程，其面积超过总建筑面积的 50% 时，建筑工程类别可按对应标准提高一类核定。

五、建设工程“优质优价”

为强化建设工程质量管理，提高建设工程质量水平，增强工程参建各方质量创优意识和争优创优的积极性，落实河北省人民政府关于建设工程实行“优质优价”的精神，决定对建设工程实施“优质优价”（冀建质［2011］756 号），自 2012 年 1 月 1 日起实行。

（一）适用范围

适用于河北省行政区域内的各类房屋建筑及市政基础设施工程。

（二）补偿奖励办法

采用优质工程等次与建安工程造价、监理费用挂钩的办法，对施工企业及监理企业成本予以适当补偿奖励。补偿奖励按最高奖项实行一次性补偿奖励，不得重复计奖。

1）获得国家级优质工程奖，建设单位按工程造价的 3% ~3.5% 给予施工企业补偿奖励，按监理总费用的 4% ~4.5% 给予监理企业补偿奖励。

2）获得省级优质工程奖，建设单位按工程造价的 2% ~2.5% 给予施工企业补偿奖励，按监理总费用的 3% ~3.5% 给予监理企业补偿奖励。

3）获得结构优质工程奖，建设单位按工程造价的 1.5% ~2% 给予施工企业补偿奖励，按监理总费用的 2% ~2.5% 给予监理企业补偿奖励。

4）获得市级优质工程奖，建设单位按工程造价的 1% ~1.5% 给予施工企业补偿奖励，按监理总费用的 1% ~1.5% 给予监理企业补偿奖励。

（三）补偿奖励费用的来源

建设项目支出的补偿奖励资金，其费用列入工程总概算；已开工的项目追加总概算。各类房屋开发经营的商品房，增加的费用列入商品房建安成本。

（四）合同约定

建设单位对工程项目提出创优要求的，招标人应在招标文件中明确，在合同中载明；工程实施过程中，工程建设各方也可根据工程实际，依据本通知签订补充协议约定。

建设单位与施工企业签订的施工合同中，应明确创建优质工程各方主体的责任、执行的标准、计算及支付办法等内容，在获奖后兑现。

建设单位与监理单位签订的监理合同中，应明确创建优质工程监理责任、补偿奖励办法等内容，在获奖后兑现。

【例 5-1】 某工程类别为三类，工程所在地为石家庄市。只计取冬季施工增加费，安全文明施工费按固定费率（建筑面积 $10000m^2$ 以下）计取，规费按最高费率标准计算。计算某工程的一般土建、土石方、装饰装修工程造价。

1）根据第三章例 3-8 中的定额列项计算梁、板、柱直接费，计算一般土建工程造价。

2）根据第三章例 3-1 中图 3-8 所示的带形基础，定额列项计算的人工挖沟槽直接费，计算土方工程造价。

3）根据第四章例 4-3 中外墙面砖（100×100）定额列项计算的直接费，若外墙面砖市场价为 30 元/m^2，计算装饰装修工程造价。

解：

1）计算一般土建工程造价，见表 5-8。

表 5-8 单位工程预算表

序号	定额编号	项目名称	单位	数量	基价/元	合价/元		
						小计	其中	
							人工费	机械费
1	A4-16	框架柱 C20	$10m^3$	0.588	3423.78	2013.18	748.29	67.02
2	A4-19	梁 C20	$10m^3$	0.6508	3035.92	1975.78	586.11	73.35
3	A4-33	板 C20	$10m^3$	0.5739	3039.03	1744.10	450.40	65.91
4		小计(1+2+3)				5733.06	1784.80	206.28
4.1		其中:人工+机械				1991.08		
5	A15-59	冬季施工增加费	%	0.64	1991.08	12.75	2.59	2.59
6		直接费(4+5)				5745.81	1787.39	208.87
6.1		其中:人工+机械				1996.26		
7		企业管理费	%	17	1996.26	339.36		
8		利润	%	10	1996.26	199.63		
9		规费	%	25	1996.26	499.07		
10		安全生产、文明施工费	%	4.98	(6+7+8+9)	337.84		
11		税金	%	3.48	(6+7+8+9+10)	247.84		
12		一般土建工程造价			(6+7+8+9+10+11)	7369.55		

2）计算土方工程造价，见表 5-9。

表 5-9 单位工程预算表

序号	定额编号	项目名称	单位	数量	基价/元	合价/元		
						小计	其中	
							人工费	机械费
1	A1-15	人工挖沟槽	$100m^3$	3.84	2435.07	9350.67	9350.67	0
2		小计				9350.67	9350.67	0
2.1		其中:人工+机械				9350.67		
3	A15-59	土方冬季施工增加费	%	0.64	9350.67	59.84	12.16	12.16
4		直接费(2+3)				9410.51	9362.83	12.16
4.1		其中:人工+机械				9374.99		
5		企业管理费	%	4	9374.99	375		
6		利润	%	4	9374.99	375		
7		规费	%	7	9374.99	656.25		
8		安全生产、文明施工费	%	4.98	(4+5+6+7)	538.67		
9		税金	%	3.48	(4+5+6+7+8)	395.17		
10		土方工程造价			(4+5+6+7+8+9)	11750.60		

3）计算装饰工程造价，见表 5-10。

表 5-10 单位工程预算表

序号	定额编号	项目名称	单位	数量	基价/元	合价/元		
						小计	其中	
							人工费	机械费
1	B2-147	外墙面砖	$100m^2$	0.95	9017.53	8566.65	4030.57	77.52
2		小计				8566.65	4030.57	77.52
2.1		其中:人工+机械				4108.09		
3	B9-1	装饰冬季施工增加费	%	0.28	4108.09	11.50	6.16	5.34
4		直接费(2+3)				8578.15	4036.73	82.86
4.1		其中:人工+机械				4114.25		
5		企业管理费	%	18	4114.25	740.57		
6		利润	%	13	4114.25	534.85		
7		规费	%	20	4114.25	822.85		
8		外墙砖调材差			92.6×0.95×(30-41)	-967.67		
9		安全生产、文明施工费	%	4.11	(4+5+6+7+8)	399.03		
10		税金	%	3.48	(4+5+6+7+8+9)	351.75		
11		装饰工程造价			(4+5+6+7+8+9+10)	10495.53		

根据表 5-8～表 5-10，该建筑工程造价汇总见表 5-11。

表 5-11 单位工程造价汇总表

序号	单位工程名称	工程造价/元	序号	单位工程名称	工程造价/元
1	一般土建	7318.29	3	装饰工程	10401.17
2	土石方	11668.90	4	合计	29388.36

思考与练习题

1. 建筑工程直接费由哪几部分组成？
2. 用列表形式叙述河北省建筑安装工程造价计价程序。
3. 住建部《建筑安装工程费用项目组成》中规费与税金由哪几部分组成？
4. 规费费率计取标准的管理和核定工作由什么部门负责？
5. 判断住宅楼工程类别的三个指标是什么？
6. 建筑工程土石方、建筑物超高、垂直运输、特大型机械场外运输及一次安拆的费用标准是否相同？
7. 河北省关于建设工程实行“优质优价”的内容及适用范围是什么？

第六章

工程量清单计量与计价

知识目标：

- 了解工程量清单的发展及特点。
- 掌握工程量清单的编制。
- 掌握各分部分项工程量清单计量与计价。
- 掌握工程量清单计价的程序。

能力目标：

- 能应用 2013 工程量清单计价规范计算工程造价。

第一节　工程量清单计价概述

一、工程量清单计价实施背景

（一）工程造价的管理模式

长期以来我国沿袭前苏联工程造价的计价模式，建筑工程项目或建筑产品实行“量价合一、固定取费”的政府指令性计价模式，即“定额计价法”。目前，“定额计价法”世界上只有中国、俄罗斯和非洲的贝宁在使用，国际上通行的工程造价计价方法，一般都不依赖由政府颁布定额和单价，人工、材料、机械等费用价格都是根据市场行情来决定的。

由于工程造价计价的主要依据是“工程量”和“单价”两大要素，所以任何国家或地区的工程造价管理基本体制主要体现在对于工程项目的“量”和“价”这两个方面的管理和控制模式上。从世界各国的情况来看，工程造价管理的主要模式有：

美国模式：美国的做法是竞争性市场经济的管理体制，根据历史统计资料确定工程的“量”，根据市场行情确定工程的“价”，价格最终由市场决定。

英联邦模式：英联邦的做法是政府间接管理，“量”有章可循，“价”由市场调节。即由政府颁布统一的工程量计算规则，并定期公布各种价格指数，工程造价是依据这些规则计算工程量，通过自由报价和竞争后形成的。

日本模式：日本的做法是政府相对直接管理，有统一的工程量计算规则和计价基础定额，但量价分离，政府只管工程实物消耗，价格由咨询机构采集提供，作为计价的依据。

除了以上三种主要模式外，还有：

法国的做法是没有发布给社会的定额单价，一般是以各个工程积累的数据做参数，大公司都有自己的定额单价。

德国的做法是与国际上习惯采用的 FIDIC 要求一致，即由工程数量乘以单价，而工程数量和项目均在招标书中全部列出，投标人则按综合单价和总价进行报价。

（二）工程量清单计价变革

进入 21 世纪以来，我国的建设行业在突飞猛进快速发展。随着与国际市场接轨的步步深化，工程项目管理体制也一直经受着重大的改革与考验，工程造价管理模式正在不断演进，建设工程造价计价方式更是经历了三次重大的变革，从原先传统的定额计价方式转变为 2003 清单计价，历时 5 年，后又修订为 2008 清单计价，2013 版《建设工程工程量清单计价规范》（以下简称“13 规范”）于 2013 年 7 月 1 日开始实施，这是我国工程造价的第四次革新。

“13 规范”是对旧规范的修改、补充和完善，它不仅较好地解决了旧规范执行以来存在的主要问题，而且对清单编制和计价的指导思想进行了深化，在“政府宏观调控、部门动态监管、企业自主报价、市场决定价格”的基础上，“13 规范”规定了合同价款约定、合同价款调整、合同价款中期支付、竣工结算支付以及合同解除的价款结算与支付、合同价款争议的解决方法，展现了加强市场监管的措施，强化了清单计价的执行力度。“13 规范”的出台，标志着我国工程价款管理迈入全过程精细化管理的新时代，工程价款管理将向集约型管理、科学化管理、全过程管理、重在前期管理的方向转变和发展。

现阶段，我国的建设工程造价“定额计价”与“清单计价”两种计价模式并存。实行工程量清单计价规范的造价管理方式仍面临着新的机遇和挑战。

二、工程量清单计价特点

工程量清单计价包括三个层面的含义：投标人根据招标人提供的工程量清单进行自主报价；招标人编制招标控制价；承发包双方确定工程量清单合同价款、调整工程竣工结算等活动。图 6-1 所示为工程量清单计价概念示意图。

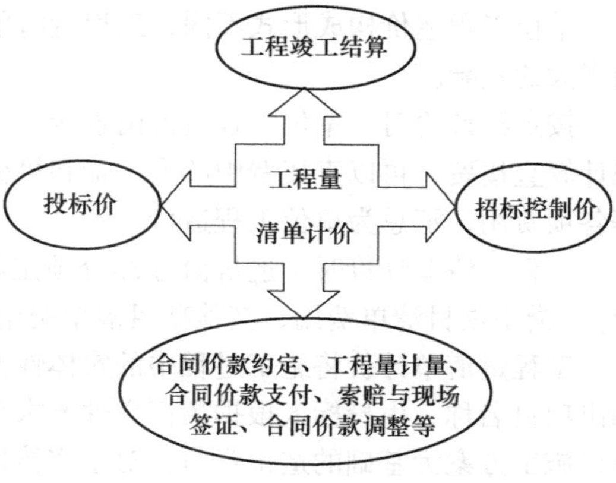

图 6-1 工程量清单计价概念示意图

（一）工程量清单计价特点

1. 统一性

工程量清单计价采用综合单价形式。《建设工程工程量清单计价规范》对于分部分项工程量清单做到五个统一，即项目编码统一、项目名称统一、计量单位统一、项目特征统一、工程量计算规则统一。

把非实体项目统一在措施项目和其他项目中，规定了分部分项工程的项目清单和措施项目清单一律以“综合单价”报价，为建立全国统一计价方式和计价行为提供了依据。

2. 强制性

强制性地要求“全部使用国有资金投资或国有资金投资为主的大中型建设工程”执行计价规范，而且明确工程量清单是招标文件的组成部分，并规定了招投标人在编制清单和投标人编制报价时，必须遵守计价规范的规定。

3. 规范性

工程量清单计价要求招投标人根据市场行情和自身实力编制标底与报价。通过采用计价规范，约束建筑市场行为。其规则和工程量清单计价方法均是强制性的，工程建设诸方必须遵守。具体表现在：规定全部使用国有资金或以国有资金投资为主的大、中型建设工程应按照计价规范执行，并且明确了工程量清单是招标文件的组成部分；此外，规定了招标人在编制工程量清单时应实施项目编码、项目名称、计量单位、工程量计算规则等统一；同时，采用规定的标准格式来表述。

4. 法令性

工程量清单计价具有合同化的法定性。从其统一性和规范性均反映出其法制特征，许多发达国家经验表明，合同管理在市场机制运行中作用非常重大。通过竞争形成的工程造价，以合同形式确定，合同约束双方在履约过程中的行为，工程造价要受到法律保护，不得任意更改，如果违反了合同约定，将受到法律质疑或制裁。

5. 竞争性

计价规范中，实体项目没有规定工、料、机的消耗量，由企业根据自己的实际情况确定，工、料、机的单价企业可根据市场行情确定；相关的措施项目，投标企业也可根据工程的实际情况和施工组织设计自行确定，视具体情况以企业的个别成本报价，最后由市场形成价格。这种方式为企业的报价提供了适用于自身生产效率的自主空间，体现出企业的竞争性。

建筑工程的招投标在相当程度上是单价的竞争，倘若采用以往单一的定额计价模式，就不可能体现竞争，因此，工程量清单编制与报价打破了工程造价形成的单一性和垄断性，反映出高、低不等的多样性。

（二）工程量清单计价与定额计价的区别

1. 计价形式不同

单位工程造价构成形式不同，工程量清单计价与传统定额计价在工程造价构成上存在着相当大的差异。

按定额计价时，单位工程造价由直接工程费、间接费、利润、规费、税金构成。计价时先计算直接费，再以直接费中的人工费和机械费为基数计算出间接费用、利润、规费、税金等各项费用，汇总为单位工程造价。

工程量清单计价时，造价由分部分项工程量清单费用（$=\sum$清单工程量×项目综合单价）、措施项目清单费用、其他项目清单费用、规费、税金五部分构成。

工程量清单计价将施工过程中的实体性消耗和措施性消耗分开，对于措施性消耗费用只列出项目名称，由投标人根据招标文件要求和施工现场情况、施工方案自行确定，从而体现出以施工方案为基础的造价竞争；对于实体性消耗费用，则列出具体的工程数量，投标人要报出每个清单项目的综合单价，以便在投标中比较。

2. 分项工程单价构成不同

按照定额计价规定，分项工程单价是工料单价，只包括人工、材料、机械费用。而工程量清单计价中分项工程单价一般为综合单价，除了人工、材料、机械费，还包含企业管理费、利润和相应的风险金等。

实行综合单价有利于工程价款的支付、工程造价的调整及其工程结算。同时避免了因为“取费”产生的纠纷。综合单价中的直接费、利润等由投标人根据本企业实际支出及利润预期、投标策略确定，是施工企业实际成本费用的反映。

3. 单位工程项目划分不同

按定额计价的工程项目划分即预算定额中的项目划分，一般土建定额有几千个项目，其划分原则是按工程的不同部位、不同材料、不同工艺、不同施工机械、不同施工方法和材料规格型号进行划分，且十分详细。

工程量清单计价的工程项目划分较之定额项目的划分有较大的综合性，考虑了工程部位、材料、工艺特征，但不考虑具体的施工方法或措施，如人工或机械、机械的不同型号等。同时，对于同一项目不再按阶段或过程分为几项，而是综合在一起，如混凝土，可将同一项目的搅拌（制作）、运输、安装、接头灌缝等综合为一项，门窗也可以将制作、运输、安装、刷油、五金等综合到一起，这样能够有利于企业自主选择施工方法并以此为基础竞价，也能使企业摆脱对定额的依赖，逐渐建立起企业内部报价以及管理企业定额和企业价格的体系。

4. 计价依据不同

计价依据不同是清单计价和按定额计价的最根本区别。

按定额计价的唯一依据就是定额，而工程量清单计价的主要依据除国家计价规范外，就是企业定额。而企业定额包括企业生产要素消耗量标准、材料价格、施工机械配备及管理状况、各项管理费支出标准等。目前可能多数企业没有企业定额，但随着工程量清单计价形式的推广和报价实践的增加，企业将逐步建立起自身的定额和相应的项目单价，这也正是工程量清单所要促成的目标。工程量清单计价的本质是要改变政府定价模式，建立起市场形成造价机制，只有计价依据个别化，这一目标才能实现。

三、河北省建设工程工程量清单编制与计价规程

根据河北省住房和城乡建设厅文件（冀建质［2013］59号），2013年8月5日实施《建设工程工程量清单编制与计价规程》（DB 13(J)/T 150—2013），简称“河北省规程”。

建设工程工程量清单编制与计价行为必须按“13清单规范”的强制性条文和“河北省规程”的规定执行，并应符合国家和河北省有关法律、法规及标准的规定。

凡在河北省行政区域内的建设工程，工程量清单编制、招标控制价或标底编制、投标报价编制、合同价款确定、工程预付款、工程计量与价款支付、价款调整、索赔与现场签证、结算与工程计价争议处理、工程造价鉴定、工程计价资料与档案等，应遵守“河北省规程”。

凡“河北省规程”有规定的按河北省规程执行，没有规定的按“13规范”执行。

第二节　工程量清单编制

全部使用国有资金投资或国有资金投资为主的建设工程施工发承包，必须采用工程量清

单计价。非国有资金投资的建设工程，宜采用工程量清单计价。

建设工程施工发承包计价活动应遵循客观、公正、公平的原则。

一、工程量清单编制的依据

（一）工程量清单概念

工程量清单是建设工程的分部分项工程项目、措施项目、其他项目、规费项目和税金项目的名称和相应数量等的明细清单。

工程量清单应由具有编制能力的招标人或受其委托具有相应资质的工程造价咨询人或招标代理人编制。

采用工程量清单方式招标，工程量清单必须作为招标文件的组成部分，其准确性和完整性由招标人负责。

招标工程量清单是工程量清单计价的基础，应作为编制招标控制价、投标报价、计算或调整工程量、索赔等的依据之一。

（二）编制工程量清单的依据

1）《建设工程工程量清单计价规范》（GB 50500—2013）和相关工程的国家计量规范。

2）国家或省级、行业建设主管部门颁发的计价依据和办法。

3）建设工程设计文件及相关资料。

4）与建设工程项目有关的标准、规范、技术资料。

5）拟定的招标文件。

6）施工现场情况、地勘水文资料、工程特点及常规施工方案。

7）其他相关资料。

二、工程量清单的组成

工程量清单应由分部分项工程量清单、措施项目清单、其他项目清单、规费项目清单、税金项目清单组成。

根据“13 规范”的规定，工程量清单计价表格主要由封面、总说明、分部分项工程量清单与计价表、措施项目清单与计价表、其他项目清单与计价表、规费、税金项目清单与计价表等组成。

（一）分部分项工程量清单

分部分项工程量清单是指完成拟建工程的实体工程项目数量的清单。

分部分项工程量清单应载明项目编码、项目名称、项目特征、计量单位和工程量。分部分项工程量清单应根据相关工程现行国家计量规范规定的项目编码、项目名称、项目特征、计量单位和工程量计算规则进行编制，见表 6-1。

表 6-1 分部分项工程量清单与计价表

序号	项目编码	项目名称	项目特征	计量单位	工程数量	金额/元	
						综合单价	合价

1. 项目编码

分部分项工程量清单的项目编码，即分部分项工程量清单项目名称的数字标识。

分部分项工程量清单的项目编码，应采用前十二位阿拉伯数字表示，一至九位应按附录的规定设置，十至十二位应根据拟建工程的工程量清单项目名称设置，同一招标工程的项目编码不得有重码。

（1）项目编码的含义

①一、二位为专业工程代码：

01—房屋建筑与装饰工程；02—仿古建筑工程；03—通用安装工程；04—市政工程；05—园林绿化工程；06—矿山工程；07—构筑物工程；08—城市轨道交通工程；09—爆破工程。以后进入国标的专业工程代码以此类推。

②三、四位为附录分类顺序码：

如房屋建筑与装饰工程中的01表示附录A土石方工程，02表示附录B地基处理与边坡支护工程，03表示附录C桩基工程，04表示附录D砌筑工程，05表示附录E混凝土及钢筋混凝土工程，06表示附录F金属结构工程，……，17表示附录Q措施项目，与前级代码结合表示为0101、0102、0103、0104、0105、0106、……、0117。

③五、六位为分部工程顺序码：

如附录E混凝土及钢筋混凝土工程，01表示现浇混凝土基础，02表示现浇混凝土柱，03表示现浇混凝土梁，04表示现浇混凝土墙，05表示现浇混凝土板，……，12表示预制混凝土板，……，15表示钢筋工程，16表示螺栓、铁件，加上前面两级代码则分别为010501、010502、010503、010504、010505、……、010512、……、010515、010516。

④七、八、九位为分项工程项目名称顺序码：

如现浇混凝土柱又分为矩形柱、构造柱、异型柱三个分项工程，其编码分别为010502001、010502002、010502003。

⑤十至十二位为清单项目名称顺序码：

由工程量清单编制人自行编制，从001起开始编码，如某现浇框架办公楼，其现浇混凝土矩形框架柱从基础顶～7.20m标高是C35，从7.20m标高～柱顶是C30。按照现浇混凝土柱的项目特征之一——混凝土强度等级来进行第五级项目编码，把C35的现浇混凝土矩形框架柱编为010502003001，C30的现浇混凝土矩形框架柱编为010502003002。

现浇混凝土矩形框架柱项目编码010502003001，如图6-2所示。

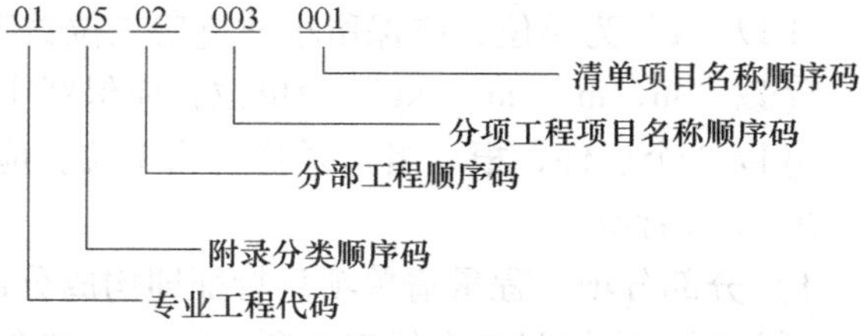

图6-2 现浇混凝土矩形框架柱项目编码

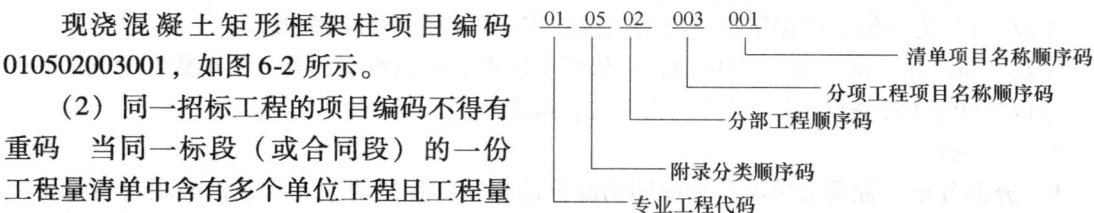

（2）同一招标工程的项目编码不得有重码 当同一标段（或合同段）的一份工程量清单中含有多个单位工程且工程量清单是以单位工程为编制对象时，在编制工程量清单时应特别注意对项目编码十至十二位的设置不得有重码。例如，一个标段（或合同段）的工程量清单中含有三个单位工程，每一单位工程中都有项目特征相同的实心砖墙砌体，在工程量清单中又需反映三个不同单位工程的实心砖墙砌体工程量时，则第一个单位工程的实心砖墙的项目编码为010401003001，第二个单位工程的实心砖墙的项目编码应为010401003002，第三个单位工程的实心砖墙的项目编码应为010401003003，并分别列出各单位工程实心砖墙的工程量。

（3）补充项目编码 编制工程量清单出现“13规范”和“河北省规程”中未包括的项

目，编制人应作补充，但必须将项目编码、项目名称、项目特征、计量单位、工程量计算规则和工作内容（不能计量的措施项目，需附有补充项目的编码、名称、工作内容及包含的范围）等按规定程序报工程造价管理机构备案后随清单发出。

补充项目的编码，一至六位应按“13 规范”的附录和“河北省规程”的规定设置，不得变动；第七位设为“B”；第八、九位应根据补充清单项目名称结合“13 规范”和“河北省规程”由编制人设置，并应自 01 起按顺序编制；第十至十二位应根据拟建工程的工程量清单项目名称设置，并应自 001 起按顺序编制，同一招标工程的项目编码不得出现重码。

2. 项目名称

分部分项工程量清单的项目名称应按附录的项目名称结合拟建工程的实际确定。例如门窗工程中特殊门应区分冷藏门、保温门、变电室门、隔音门、人防门等。

3. 计量单位

1）分部分项工程量清单的计量单位，应按“13 规范”附录中规定的计量单位确定。

2）规范附录中有两个或两个以上计量单位的，应结合拟建工程项目的实际情况，选择其中一个确定。在同一个建设项目（或标段、合同段）中，有多个单位工程的相同项目计量单位必须保持一致。

“13 规范”中没有具体选用规定时，清单编制人可以根据具体的情况选择其中的一个。例如，“13 规范”对“附录 C 桩基工程”的“预制钢筋混凝土方桩”计量单位有“m”、“根”两个计量单位，但是没有具体的选用规定，在编制该项目清单时清单编制人可以根据具体情况选择“m”、“根”其中之一作为计量单位。

又如，“13 规范”对“附录 D 砌筑工程”中的“零星砌砖”的计量单位为“m^3”、“m^2”、“m”、“个”，但是规定了砖砌锅台与炉灶可按外形尺寸以“个”计算，砖砌台阶可按水平投影面积以“m^2”计算，小便槽、地垄墙可按长度“m”计算，其他工程量按“m^3”计算，所以在编制该项目的清单时，应根据“13 规范”的规定选用。

4. 工程数量

1）分部分项工程量清单中的工程数量，应按“13 规范”附录中规定的工程量计算规则计算。

2）工程计量时每一项目汇总的有效位数应遵守下列规定：

①以“t”为单位，应保留小数点后三位数字，第四位小数四舍五入。

②以“m、m^2、m^3、kg”为单位，应保留小数点后两位数字，第三位小数四舍五入。

③以“个、件、根、组、系统”为单位，应取整数。

5. 项目特征

1）分部分项工程量清单项目特征即构成分部分项工程量清单项目、措施项目自身价值的本质特征，应按附录中规定的项目特征，结合拟建工程项目的实际予以描述。

2）工程量清单的项目特征是确定一个清单项目综合单价不可缺少的重要依据，在编制工程量清单时，必须对项目特征进行准确和全面地描述，但有些项目特征用文字往往又难以准确和全面地描述清楚，因此，为达到规范、简捷、准确、全面描述项目特征的要求，在描述工程量清单项目特征时应按以下原则进行：

①项目特征描述的内容应按附录中的规定，结合拟建工程的实际，能满足确定综合单价的需要。

②若采用标准图集或施工图纸能够全部或部分满足项目特征描述的要求，项目特征描述

可直接采用“详见××图集或××图号”的方式。对不能满足项目特征描述要求的部分，仍应用文字描述。

③对整个项目价值影响不大且难以描述或重复的项目特征不进行描述。例如砖墙体高度、现浇混凝土柱、梁截面尺寸、柱高、梁底标高等。

④体现其自身价值的本质特征或对计价有影响的项目特征，必须描述。例如混凝土强度等级（C20 或 C30）、门窗代号及洞口尺寸。

⑤对项目特征不能准确描述情况，如土壤类别不能准确划分时，招标人可注明为“综合，由投标人根据地勘报告决定报价”。

项目特征是用来表述项目名称的实质内容，用于区分同一清单条目下各个具体的清单项目。应根据“13 规范”项目特征的要求，结合技术规范、标准图集、施工图纸，按照工程结构、使用材质及规格或安装位置等，予以详细表述和说明。

需要指出的是，“13 规范”附录中“项目特征”与“工程内容”是两个不同性质的规定。项目特征必须描述，因其讲的是工程实体的特征，直接影响工程的价值。工程内容无需强制要求描述，因其主要讲的是操作程序，二者不能混淆。

清单编制人应高度重视分部分项工程量清单项目特征的描述，任何不描述、描述不清均会在施工合同履约过程中产生分歧，导致纠纷、索赔。

（二）措施项目清单

措施项目清单指为完成工程项目施工，发生于该工程施工前和施工过程中的技术、生活、安全等方面的非工程实体项目的清单。

1）“13 规范”措施项目中列出了项目编码、项目名称、项目特征、计量单位、工程量计算规则的项目，编制工程量清单时，应按照规范的规定执行。如表 6-2 为垂直运输计算规则表示例。

表 6-2　垂直运输计算规则表

项目编码	项目名称	项目特征	计量单位	工程量计算规则	工作内容
011704001	垂直运输	1. 建筑物建筑类型及结构形式 2. 地下室建筑面积 3. 建筑物檐口高度及层数	1. m^2 2. 天	1. 按建筑物建筑面积 2. 按施工工期日历天数	1. 垂直运输机械的固定装置、基础制作、安装 2. 行走式垂直运输机械轨道的铺设、拆除、摊销

2）措施项目仅列出项目编码、项目名称，未列出项目特征、计量单位和工程量计算规则的项目，编制工程量清单时，应按“13 规范”附录 Q 措施项目规定的项目编码、项目名称确定，见表 6-3。

表 6-3　一般措施项目表

项目编码	项目名称
011701001	安全文明施工（含环境保护、文明施工、安全施工、临时设施）
011701002	夜间施工
011701003	非夜间施工照明
011701004	二次搬运
011701005	冬雨季施工
011701006	大型机械设备进出场及安拆
011701007	施工排水
011701008	施工降水
011701009	地上、地下设施、建筑物的临时保护设施
011701010	已完工程及设备保护

3）措施项目应根据拟建工程的实际情况列项，若出现规范未列的项目，可根据工程实际情况补充。

由于措施项目清单中没有的项目，承包商可以自行补充填报，所以，措施项目清单对于清单编制人来说，压力并不大。一般情况下，清单编制人只需要填写最基本的措施项目即可。

4）措施项目中可以计算工程量的项目清单宜采用分部分项工程量清单的方式编制，列出项目编码、项目名称、项目特征、计量单位和工程量；不能计算工程量的项目清单，以“项”为计量单位编制。

（三）其他项目清单

其他项目清单指根据拟建工程的具体情况，在分部分项工程量清单和措施项目清单以外的项目，包括暂列金额、暂估价、计日工、总承包服务费等，见表6-4。

表6-4 其他项目清单与计价表

序　号	项目名称	金额/元	序　号	项目名称	金额/元
1	暂列金额		2.2	专业工程暂估价	
2	暂估价		3	计日工	
2.1	材料暂估价		4	总承包服务费	

1. 暂列金额

暂列金额是指招标人在工程量清单中暂定并包括在合同价款中的一笔款项，用于施工合同签订时尚未确定或者不可预见的所需材料、设备、服务的采购，施工中可能发生的工程变更、合同约定调整因素出现时的工程价款调整以及发生的索赔、现场签证确认等的费用。

暂列金额应根据工程特点，按有关计价规定估算。

暂列金额的性质：暂列金额包括在签约合同价之内，但并不属于承包人所有，而是由发包人暂定并掌握使用的一笔款项。

2. 暂估价

暂估价是指招标人在工程量清单中提供的用于支付必然发生但暂时不能确定价格的材料、工程设备的单价以及专业工程的金额，包括材料暂估单价、工程设备暂估单价、专业工程暂估价。

暂估价中的材料、工程设备暂估价应根据工程造价信息或参照市场价格估算；专业工程暂估价应分不同专业，按有关计价规定估算。

业主确定为暂估价的材料应在工程量清单中详细列出材料名称、规格、数量、单价等。确定为专业工程的应详细列出专业工程的范围。

3. 计日工

在施工过程中，承包人完成发包人提出的施工图纸以外的零星项目或工作，按合同中约定的综合单价计价的一种方式。计日工包括完成该项作业的人工、材料、机械台班。计日工的单价由投标人通过投标报价确定，数量按完成发包人发出的计日工指令的数量确定。

4. 总承包服务费

总承包服务费是指总承包人为配合协调发包人进行的专业工程分包，发包人自行采购的设备、材料等进行保管以及施工现场管理、竣工资料汇总整理等服务所需的费用。

工程量清单编制人需要在其他项目清单中列出总承包服务费的项目，说明中明确工程分包的具体内容。

总承包服务费是在工程建设的施工阶段实行施工总承包时，由发包人支付给总承包人的一笔费用。承包人进行的专业分包或劳务分包不在此列。

其他项目清单，由清单编制人根据拟建工程具体情况参照“13规范”编制。“13规范”未列出的项目，编制人可作补充，并在总说明中予以说明。

（四）规费与税金

1. 规费

规费指政府和有关权力部门规定必须缴纳的费用。具体项目由清单编制人根据“13规范”列出的项目编制，未列出的项目，编制人应按照工程所在地政府和有关权力部门的规定编制。

规费项目清单应按照下列内容列项：

1）社会保险费：包括养老保险费、失业保险费、医疗保险费、工伤保险费、生育保险费。

2）住房公积金。

3）工程排污费。

2. 税金

税金指按国家税法规定，应计入建设工程造价内的营业税、城市维护建设税、教育费附加。

第三节　工程量清单计量

一、房屋建筑与装饰工程计量规范

《房屋建筑与装饰工程工程量计算规范》（GB 50854—2013）附录部分包括：附录A土石方工程，附录B地基处理与边坡支护工程，附录C桩基工程，附录D砌筑工程，附录E混凝土及钢筋混凝土工程，附录F金属结构工程，附录G木结构工程，附录H门窗工程，附录I屋面及防水工程，附录J防腐隔热、保温工程，附录K楼地面装饰工程，附录L墙、柱面装饰与隔断、幕墙工程，附录M天棚工程，附录N油漆、涂料、裱糊工程，附录O其他装饰工程，附录P拆除工程，附录Q措施项目17个附录，共计557个项目。

二、清单工程量计算依据

清单工程量计算除依据“13规范”各项规定外，尚应依据以下文件：

1）经审定的施工设计图纸及其说明。

2）经审定的施工组织设计或施工技术措施方案。

3）经审定的其他有关技术经济文件。

下面对常用的分部分项工程的工程量清单计算规则进行讲解。

三、工程量清单计算规则

（一）附录A土石方工程

“13规范”土石方工程按A.1土方工程、A.2石方工程、A.3回填3个分部工程、15个分项项目列表，下面只列出常用项目的清单项目，见表6-5、表6-6。

表 6-5 A.1 土方工程（编号：010101）

项目编码	项目名称	项目特征	计量单位	工程量计算规则	工作内容
010101001	平整场地	1. 土壤类别 2. 弃土运距 3. 取土运距	m^2	按设计图示尺寸以建筑物首层建筑面积计算	1. 土方挖填 2. 场地找平 3. 运输
010101002	挖一般土方	1. 土壤类别 2. 挖土深度	m^3	按设计图示尺寸以体积计算	1. 排地表水 2. 土方开挖 3. 围护(挡土板)、支撑 4. 基底钎探 5. 运输
010101003	挖沟槽土方			房屋建筑按设计图示尺寸以基础垫层底面积乘以挖土深度计算	
010101004	挖基坑土方				

注：1. 挖土应按自然地面测量标高至设计地坪标高的平均厚度确定。竖向土方、山坡切土开挖深度应按基础垫层底表面标高至交付施工场地标高确定，无交付施工场地标高时，应按自然地面标高确定。

2. 建筑物场地厚度≤±300mm 的挖、填、运、找平，应按表中平整场地项目编码列项。厚度>±300mm 的竖向布置挖土或山坡切土应按表中挖一般土方项目编码列项。

3. 沟槽、基坑、一般土方的划分为：底宽≤7m、底长>3 倍底宽为沟槽；底长≤3 倍底宽、底面积≤150m^2为基坑；超出上述范围则为一般土方。

4. 弃、取土运距可以不描述，但应注明由投标人根据施工现场实际情况自行考虑，决定报价。

5. 如土壤类别不能准确划分时，招标人可注明为综合，由投标人根据地勘报告决定报价。

6. 挖沟槽、基坑、一般土方因工作面和放坡增加的工程量（管沟工作面增加的工程量），是否并入各土方工程量中，按各省、自治区、直辖市或行业建设主管部门的规定实施，如并入各土方工程量中，办理工程结算时，按经发包人认可的施工组织设计规定计算，编制工程量清单时，可按规定计算。

根据《建设工程工程量清单编制与计价规程》（DB B(J)/T 150—2013，简称“河北省规程”），挖一般土方、沟槽土方、基坑土方、管沟土方因工作面和放坡增加的工程量不计算在工程量清单数量中，在报价中考虑，其工作面、放坡系数按河北省建设工程计价依据规定计算。

表 6-6 A.3 回填（编号：010103）

项目编码	项目名称	项目特征	计量单位	工程量计算规则	工作内容
010103001	回填方	1. 密实度要求 2. 填方材料品种 3. 填方粒径要求 4. 填方来源、运距	m^3	按设计图示尺寸以体积计算 1. 场地回填：回填面积乘平均回填厚度 2. 室内回填：主墙间面积乘回填厚度，不扣除间隔墙 3. 基础回填：挖方体积减去自然地坪以下埋设的基础体积（包括基础垫层及其他构筑物）	1. 运输 2. 回填 3. 压实
010103002	余方弃置	1. 废弃料品种 2. 运距		按挖方清单项目工程量减利用回填方体积（正数）计算	余方点装料运输至弃置点
010103003	缺方内运	1. 填方材料品种 2. 运距		按挖方清单项目工程量减利用回填方体积（负数）计算	取料点装料运输至缺方点

注：1. 填方密实度要求，在无特殊要求情况下，项目特征可描述为满足设计和规范的要求。

2. 填方材料品种可以不描述，但应注明由投标人根据设计要求验方后方可填入，并符合相关工程的质量规范要求。

3. 填方粒径要求，在无特殊要求情况下，项目特征可以不描述。

（二）附录 D 砌筑工程

“13 规范”砌筑工程按 D.1 砖砌体、D.2 砌块砌体、D.3 石砌体、D.4 垫层 4 个分部、28 个分项项目列表，下面只列出常用项目的清单项目，见表 6-7～表 6-9。

表 6-7　D.1 砖砌体（编号：010401）

项目编码	项目名称	项目特征	计量单位	工程量计算规则	工作内容
010401001	砖基础	1. 砖品种、规格、强度等级 2. 基础类型 3. 砂浆强度等级 4. 防潮层材料种类	m^3	按设计图示尺寸以体积计算。包括附墙垛基础宽出部分体积，扣除地梁（圈梁）、构造柱所占体积，不扣除基础大放脚 T 形接头处的重叠部分及嵌入基础内的钢筋、铁件、管道、基础砂浆防潮层和单个面积≤0.3m^2的孔洞所占体积，靠墙暖气沟的挑檐不增加。基础长度：外墙按外墙中心线，内墙按内墙净长线计算	1. 砂浆制作、运输 2. 砌砖 3. 防潮层铺设 4. 材料运输
010401003	实心砖墙	1. 砖品种、规格、强度等级 2. 墙体类型 3. 砂浆强度等级、配合比	m^3	按设计图示尺寸以体积计算 扣除门窗洞口、过人洞、空圈、嵌入墙内的钢筋混凝土柱、梁、圈梁、挑梁、过梁及凹进墙内的壁龛、管槽、暖气槽、消火栓箱所占体积，不扣除梁头、板头、檩头、垫木、木楞头、沿缘木、木砖、门窗走头、砖墙内加固钢筋、木筋、铁件、钢管及单个面积≤0.3m^2 的孔洞所占的体积。凸出墙面的腰线、挑檐、压顶、窗台线、虎头砖、门窗套的体积亦不增加。凸出墙面的砖垛并入墙体体积内计算 1. 墙长度：外墙按中心线，内墙按净长线计算 2. 墙高度：①外墙：与钢筋混凝土楼板隔层者算至板顶；平屋顶算至钢筋混凝土板底。②内墙：有钢筋混凝土楼板隔层者算至楼板顶；有框架梁时算至梁底。③女儿墙：从屋面板上表面算至女儿墙顶面（如有混凝土压顶时算至压顶下表面）。④内、外山墙：按其平均高度计算 3. 框架间墙：不分内外墙按墙体净尺寸以体积计算 4. 围墙：高度算至压顶上表面（如有混凝土压顶时算至压顶下表面），围墙柱并入围墙体积	1. 砂浆制作、运输 2. 砌砖 3. 刮缝 4. 砖压顶砌筑 5. 材料运输
010401004	多孔砖墙				
010401005	空心砖墙				

（续）

项目编码	项目名称	项目特征	计量单位	工程量计算规则	工作内容
010404008	填充墙	1. 砖品种、规格、强度等级 2. 墙体类型 3. 砂浆强度等级、配合比	m^3	按设计图示尺寸以填充墙外形体积计算	1. 砂浆制作、运输 2. 砌砖 3. 装填充料 4. 刮缝 5. 材料运输
010404013	零星砌砖	1. 零星砌砖名称、部位 2. 砂浆强度等级、配合比	1. m^3 2. m^2 3. m 4. 个	1. 以“m^3”计量，按设计图示尺寸截面积乘以长度计算 2. 以“m^2”计量，按设计图示尺寸水平投影面积计算 3. 以“m”计量，按设计图示尺寸长度计算 4. 以“个”计量，按设计图示数量计算	1. 砂浆制作、运输 2. 砌砖 3. 刮缝 4. 材料运输

注：1. “砖基础”项目适用于各种类型砖基础（柱基础、墙基础、管道基础等）。

2. 基础与墙（柱）身使用同一种材料时，以设计室内地面为界（有地下室者，以地下室室内设计地面为界），以下为基础，以上为墙（柱）身。基础与墙身使用不同材料时，位于设计室内地面高度≤±300mm 时，以不同材料为分界线，高度>±300mm 时，以设计室内地面为分界线。

3. 砖围墙以设计室外地坪为界，以下为基础，以上为墙身。

4. 台阶、台阶挡墙、梯带、锅台、炉灶、蹲台、池槽、池槽腿、砖胎模、花台、花池、楼梯栏板、阳台栏板、地垄墙、≤0.3m^2 的孔洞填塞等，应按零星砌砖项目编码列项。砖砌锅台与炉灶可按外形尺寸以个计算，砖砌台阶可按水平投影面积以“m^2”计算，小便槽、地垄墙可按长度计算，其他工程按“m^3“计算。

5. 砖砌体内钢筋加固，应按“13 规范”附录 E 中相关项目编码列项。

6. 砖砌体勾缝按“13 规范”附录 L 中相关项目编码列项。

表 6-8　D.2 砌块砌体（编号：010402）

项目编码	项目名称	项目特征	计量单位	工程量计算规则	工作内容
010402001	砌块墙	1. 砌块品种、规格、强度等级 2. 墙体类型 3. 砂浆强度等级	m^3	按设计图示尺寸以体积计算 其他同实心砖墙计算规则	1. 砂浆制作、运输 2. 砌砖、砌块 3. 勾缝 4. 材料运输

注：砌体内加筋、墙体拉结的制作、安装，应按附录 E 中相关项目编码列项。

表 6-9　D.4 垫层（编号：010404）

项目编码	项目名称	项目特征	计量单位	工程量计算规则	工作内容
010404001	垫层	垫层材料种类、配合比、厚度	m^3	按设计图示尺寸以“m^3”计算	1. 垫层材料的拌制 2. 垫层铺设 3. 材料运输

注：除混凝土垫层应按附录 E 中相关项目编码列项外，没有包括垫层要求的清单项目应按本表垫层项目编码列项，例如，灰土垫层、楼地面（非混凝土）垫层按本附录编码列项。

【例 6-1】 根据第三章第六节砌筑工程例 3-24，图 3-77 所示的砖基础，实心标准砖 MU10，240mm×115mm×53mm，垫层为 C15 预拌混凝土 200mm 厚，土壤类别为三类土，挖土方的工作面和放坡增加的工程量不并入土方工程量中，平整场地及回填土的取弃土由投标人根据施工现场实际情况自行考虑，自卸汽车（12t）余土外运1km。根据“13规范”及“河北省规程”编制基础工程的砖基础、垫层、平整场地、人工挖沟槽土方、弃土外运、基础回填土工程量清单。

【解】 1）清单工程量计算见表6-10。

表6-10　清单工程量计算表

序　号	清单项目名称	计　算　式	工程量	单　位
1	平整场地	$(12+0.5)\times(10.2+0.5)=133.75$	133.75	m^2
2	挖沟槽土方	挖深 $h=2.1-0.6=1.5$ $L_{外}=(10.2+0.13+12+0.13)\times2=44.92$ $L_{内}=(10.2-0.455\times2)\times2+(5.1-0.46-0.455)+(4.8-0.46-0.455)\times2=18.58+4.185+7.77=30.535$ $V_{外}=44.92\times1.04\times1.5=70.08$ $V_{内}=30.535\times0.92\times1.5=42.14$ $V_{总}=70.08+42.14=112.22$	112.22	m^3
3	砖基础	外墙基础31.462 内墙基础16.711	48.173	m^3
4	垫层	$L_{外}=(10.2+0.13+12+0.13)\times2=44.92$ $L_{内}=(10.2-0.46\times2)\times2+(5.1-0.46-0.455)+(4.8-0.46-0.455)\times2=18.58+4.185+7.77=30.535$ $V_{外}=44.92\times1.04\times0.2=9.343$ $V_{内}=30.535\times0.92\times0.2=5.618$ $V_{总}=9.343+5.618=14.961$	14.961	m^3
5	基础回填	室外地坪以下砖基础： $48.173-(0.6-0.24)\times0.365\times44.92-(0.6-0.24)\times0.24\times33.9=48.173-5.902-2.929=39.342$ 基础回填：$112.22-39.342-14.961=57.917$	57.917	m^3
6	弃土外运	$112.22-57.917=54.303$	54.303	m^3

2）编制工程量清单。根据“13规范”，在分部分项工程量清单与计价表6-11中，填写项目编码，项目名称、项目特征、单位及数量。

表6-11　分部分项工程量清单与计价表

序　号	项目编码	项目名称	项目特征	计量单位	工程数量	金额/元	
						综合单价	合　价
1	010101001001	平整场地	1. 土壤类别：三类 2. 取弃土运距：由投标人根据施工现场实际情况自行考虑	m^2	133.75		
2	010101003001	挖沟槽土方	1. 土壤类别：三类 2. 挖土深度：1.5m 3. 挖土方式：人工 4. 场内弃土运距：由投标人根据施工现场实际情况自行考虑	m^3	112.22		

（续）

序　号	项目编码	项目名称	项目特征	计量单位	工程数量	金额/元	
						综合单价	合　价
3	010401001001	砖基础	1. 砖品种、强度等级、规格：实心标准砖 MU10　240mm × 115mm ×53mm 2. 基础类型：砖基础 3. 砂浆强度等级：M5 水泥砂浆	m^3	48.173		
4	010501001001	垫层	1. 混凝土类别：预拌混凝土 2. 混凝土强度等级：C15	m^3	14.961		
5	010103001001	基础回填	1. 土质、密实度、粒径要求：满足规范及设计 2. 填方运距：由投标人根据施工现场实际情况自行考虑	m^3	57.917		
6	010103002001	弃土外运	自卸汽车（12t）　弃土运距：1km	m^3	54.303		

（三）附录 E 混凝土及钢筋混凝土工程

“13 规范”混凝土及钢筋混凝土工程按 E.1 ~ E.8 现浇混凝土基础、柱、梁、墙、板、楼梯、其他构件、后浇带，E.9 ~ E.14 预制柱、梁、屋架、板、楼梯、其他构件，E.15 ~ E.16 钢筋、螺栓铁件等 16 个分部、79 个分项项目列表，下面只列出常用项目的清单项目，见表 6-12 ~ 表 6-22。

表 6-12　E.1 现浇混凝土基础（编号：010501）

项目编码	项目名称	项目特征	计量单位	工程量计算规则	工作内容
010501001	垫层	1. 混凝土类别 2. 混凝土强度等级	m^3	按设计图示尺寸以体积计算。不扣除构件内钢筋、预埋铁件和伸入承台基础的桩头所占体积	1. 模板及支撑制作、安装、拆除、堆放、运输及清理模内杂物、刷隔离剂等 2. 混凝土制作、运输、浇筑、振捣、养护
010501002	带形基础				
010501003	独立基础				
010501004	满堂基础				
010501005	桩承台基础				

表 6-13　E.2 现浇混凝土柱（编号：010502）

项目编码	项目名称	项目特征	计量单位	工程量计算规则	工作内容
010502001	矩形柱	1. 混凝土类别 2. 混凝土强度等级	m^3	按设计图示尺寸以体积计算。不扣除构件内钢筋、预埋铁件所占体积。型钢混凝土柱扣除构件内型钢所占体积 柱高： 1. 有梁板的柱高，应自柱基上表面（或楼板上表面）至上一层楼板上表面之间的高度计算 2. 无梁板的柱高，应自柱基上表面（或楼板上表面）至柱帽下表面之间的高度计算 3. 框架柱的柱高，应自柱基上表面至柱顶高度计算 4. 构造柱按全高计算，嵌接墙体部分（马牙槎）并入柱身体积 5. 依附柱上的牛腿和升板的柱帽，并入柱身体积计算	1. 模板及支架（撑）制作、安装、拆除、堆放、运输及清理模内杂物、刷隔离剂等 2. 混凝土制作、运输、浇筑、振捣、养护
010502002	构造柱				
010502003	异形柱	1. 柱形状 2. 混凝土类别 3. 混凝土强度等级			

注：混凝土类别指清水混凝土、彩色混凝土等，如在同一地区既使用预拌（商品）混凝土，又允许现场搅拌混凝土时，也应注明。

表 6-14 E.3 现浇混凝土梁（编号：010503）

项目编码	项目名称	项目特征	计量单位	工程量计算规则	工作内容
010503001	基础梁	1. 混凝土类别 2. 混凝土强度等级	m^3	按设计图示尺寸以体积计算。不扣除构件内钢筋、预埋铁件所占体积,伸入墙内的梁头、梁垫并入梁体积内。型钢混凝土梁扣除构件内型钢所占体积 梁长:梁与柱连接时,梁长算至柱侧面;主梁与次梁连接时,次梁长算至主梁侧面	1. 模板及支架(撑)制作、安装、拆除、堆放、运输及清理模内杂物、刷隔离剂等 2. 混凝土制作、运输、浇筑、振捣、养护
010503002	矩形梁				
010503003	异形梁				
010503004	圈梁				
010503005	过梁				

表 6-15 E.4 现浇混凝土墙（编号：010504）

项目编码	项目名称	项目特征	计量单位	工程量计算规则	工作内容
010504001	直形墙	1. 混凝土类别 2. 混凝土强度等级	m^3	按设计图示尺寸以体积计算。不扣除构件内钢筋、预埋铁件所占体积,扣除门窗洞口及单个面积 $>0.3m^2$ 的孔洞所占体积,墙垛及突出墙面部分并入墙体体积内计算	1. 模板及支架(撑)制作、安装、拆除、堆放、运输及清理模内杂物、刷隔离剂等 2. 混凝土制作、运输、浇筑、振捣、养护
010504002	弧形墙				
010504003	短肢剪力墙				
010504004	挡土墙				

注：1. 墙肢截面的最大长度与厚度之比小于或等于 6 倍的剪力墙，按短肢剪力墙项目列项。

2. L 形、Y 形、T 形、十字形、Z 形、一字形等短肢剪力墙的单肢中心线长≤0.4m，按柱项目列项。

表 6-16 E.5 现浇混凝土板（编号：010505）

项目编码	项目名称	项目特征	计量单位	工程量计算规则	工作内容
010505001	有梁板	1. 混凝土类别 2. 混凝土强度等级	m^3	按设计图示尺寸以体积计算,不扣除构件内钢筋、预埋铁件及单个面积 $\leq 0.3m^2$ 的柱、垛以及孔洞所占体积。压形钢板混凝土楼板扣除构件内压形钢板所占体积。有梁板(包括主、次梁与板)按梁、板体积之和计算,无梁板按板和柱帽体积之和计算,各类板伸入墙内的板头并入板体积内计算	1. 模板及支架(撑)制作、安装、拆除、堆放、运输及清理模内杂物、刷隔离剂等 2. 混凝土制作、运输、浇筑、振捣、养护
010505002	无梁板				
010505003	平板				
010505006	栏板				
010505007	天沟(檐沟)、挑檐板			按设计图示尺寸以体积计算	
010505008	雨篷、悬挑板、			按设计图示尺寸以墙外部分体积计算。包括伸出墙外的牛腿和雨篷反挑檐的体积	
010505009	其他板			按设计图示尺寸以体积计算	

注：现浇挑檐、天沟板、雨篷、阳台与板（包括屋面板、楼板）连接时，以外墙外边线为分界线；与圈梁（包括其他梁）连接时，以梁外边线为分界线，外边线以外为挑檐、天沟、雨篷或阳台。

表 6-17　E. 6 现浇混凝土楼梯（编号：010506）

项目编码	项目名称	项目特征	计量单位	工程量计算规则	工作内容
010506001	直形楼梯	1. 混凝土类别 2. 混凝土强度等级	1. m^2 2. m^3	1. 以“m^2”计量，按设计图示尺寸以水平投影面积计算。不扣除宽度≤500mm 的楼梯井，伸入墙内部分不计算 2. 以“m^3”计量，按设计图示尺寸以体积计算	1. 模板及支架（撑）制作、安装、拆除、堆放、运输及清理模内杂物、刷隔离剂等 2. 混凝土制作、运输、浇筑、振捣、养护
010506002	弧形楼梯				

注：整体楼梯（包括直形楼梯、弧形楼梯）水平投影面积包括休息平台、平台梁、斜梁和楼梯的连接梁。当整体楼梯与现浇楼板无梯梁连接时，以楼梯的最后一个踏步边缘加 300mm 为界。

表 6-18　E. 7 现浇混凝土其他构件（编号：010507）

项目编码	项目名称	项目特征	计量单位	工程量计算规则	工作内容
010507001	散水、坡道	1. 垫层材料种类、厚度 2. 面层厚度 3. 混凝土类别 4. 混凝土强度等级 5. 变形缝填塞材料种类	m^2	以“m^2”计量，按设计图示尺寸以面积计算。不扣除单个≤0.3m^2 的孔洞所占面积	1. 地基夯实 2. 铺设垫层 3. 模板及支撑制作、安装、拆除、堆放、运输及清理模内杂物、刷隔离剂等 4. 混凝土制作、运输、浇筑、振捣、养护 5. 变形缝填塞
010507003	台阶	1. 踏步高宽比 2. 混凝土类别 3. 混凝土强度等级	1. m^2 2. m^3	1. 以“m^2”计量，按设计图示尺寸水平投影面积计算 2. 以“m^3”计量，按设计图示尺寸以体积计算	1. 模板及支撑制作、安装、拆除、堆放、运输及清理模内杂物、刷隔离剂等 2. 混凝土制作、运输、浇筑、振捣、养护
010507004	扶手、压顶	1. 断面尺寸 2. 混凝土类别 3. 混凝土强度等级	1. m 2. m^3	1. 以“m”计量，按设计图示的延长米计算 2. 以“m^3”计量，按设计图示尺寸以体积计算	
010507011	其他构件	1. 构件的类型 2. 构件规格 3. 部位 4. 混凝土类别 5. 混凝土强度等级	m^3	按设计图示尺寸以体积计算。不扣除构件内钢筋、预埋铁件所占体积	

注：1. 现浇混凝土小型池槽、垫块、门框等，应按 E. 7 中其他构件项目编码列项。
2. 架空式混凝土台阶，按现浇楼梯计算。

表 6-19　E. 8 后浇带（编号：010508）

项目编码	项目名称	项目特征	计量单位	工程量计算规则	工作内容
010508001	后浇带	1. 混凝土类别 2. 混凝土强度等级	m^3	按设计图示尺寸以体积计算	1. 模板及支架（撑）制作、安装、拆除、堆放、运输及清理模内杂物、刷隔离剂等 2. 混凝土制作、运输、浇筑、振捣、养护及混凝土交接面、钢筋等的清理

表 6-20　E. 10 预制混凝土梁（编号：010510）

项目编码	项目名称	项目特征	计量单位	工程量计算规则	工作内容
010510001	矩形梁	1. 图代号 2. 单件体积 3. 安装高度 4. 混凝土强度等级 5. 砂浆强度等级、配合比	1. m^3 2. 根	1. 以“m^3”计量，按设计图示尺寸以体积计算。不扣除构件内钢筋、预埋铁件所占体积 2. 以根计量，按设计图示尺寸以数量计算	1. 构件安装 2. 砂浆制作、运输 3. 接头灌缝、养护
010510002	异形梁				
010510003	过梁				

注：以根计量，必须描述单件体积。

表 6-21　E. 15 钢筋工程（编号：010515）

项目编码	项目名称	项目特征	计量单位	工程量计算规则	工作内容
010515001	现浇构件钢筋	1. 钢筋种类 2. 规格	t	按设计图示钢筋（网）长度（面积）乘单位理论质量计算	1. 钢筋制作、运输 2. 钢筋安装 3. 焊接
010515002	钢筋网片				1. 钢筋网制作、运输 2. 钢筋网安装 3. 焊接
010515003	钢筋笼				1. 钢筋笼制作、运输 2. 钢筋笼安装 3. 焊接
010515008	支撑钢筋			按钢筋长度乘单位理论质量计算	钢筋制作、焊接、安装

注：1. 现浇构件中伸出构件的锚固钢筋应并入钢筋工程量内。除设计（包括规范规定）标明的搭接外，其他施工搭接不计算工程量，在综合单价中综合考虑。
2. 现浇构件中固定位置的支撑钢筋、双层钢筋用的“铁马”在编制工程量清单时，其工程量可为暂估量，结算时按现场签证数量计算。

表 6-22　E. 16 螺栓、铁件（编号：010516）

项目编码	项目名称	项目特征	计量单位	工程量计算规则	工作内容
010516001	螺栓	1. 螺栓种类 2. 规格	t	按设计图示尺寸以质量计算	1. 螺栓、铁件制作、运输 2. 螺栓、铁件安装
010516002	预埋铁件	1. 钢材种类 2. 规格 3. 铁件尺寸			
010516003	机械连接	1. 连接方式 2. 螺纹套筒种类 3. 规格	个	按数量计算	1. 钢筋套螺纹 2. 套筒连接

注：编制工程量清单时，其工程量可为暂估量，实际工程量按现场签证数量计算。

根据“河北省规程”，现浇混凝土工程项目“工作内容”中不包括模板制作、安装、拆除等内容，模板制作、安装、拆除按措施项目中相应项目列项。

预制混凝土工程项目“工作内容”中不包括模板制作、安装、拆除等内容，模板制作、安装、拆除按措施项目中相应项目列项（成品预制混凝土构件除外）。

【例6-2】 根据第三章第三节例3-13混凝土楼梯工程量，列出分部分项楼梯的工程量清单。

【解】 编制工程量清单：根据“13规范”和“河北省规程”，在分部分项工程量清单与计价表6-23中，填写项目编码、项目名称、项目特征、单位及数量。

混凝土楼梯清单工程量可以计算投影面积，可以计算实体积，河北省楼梯定额计算规则是计算实体积，因此选择计量单位为“m^3”。

表6-23 分部分项工程量清单与计价表

序号	项目编码	项目名称	项目特征	计量单位	工程数量	金额/元	
						综合单价	合价
1	010506001001	直形楼梯	1. 混凝土类别：预拌泵送 2. 混凝土强度等级：C20	m^3	2.652		

【例6-3】 根据第三章第五节例3-22中钢筋统计表，列出分部分项钢筋工程量清单。

【解】 编制工程量清单：根据“13规范”，在分部分项工程量清单与计价表6-24中，填写项目编码、项目名称、项目特征、单位及数量。

清单钢筋工程量与定额工程量计算规则一致，也是图纸净用量，根据定额的项目划分，为方便套定额，清单项目分为3个子目。

表6-24 分部分项工程量清单与计价表

序号	项目编码	项目名称	项目特征	计量单位	工程数量	金额/元	
						综合单价	合价
1	010515001001	现浇构件钢筋	1. 钢筋种类：一级 2. 规格：直径10mm以内	t	0.740		
2	010515001002	现浇构件钢筋	1. 钢筋种类：二级 2. 规格：直径20mm以内	t	0.300		
3	010515001003	现浇构件钢筋	1. 钢筋种类：二级 2. 规格：直径20mm以外	t	0.608		

（四）附录H 门窗工程

“13规范”门窗工程按H.1木门、H.2金属门、H.3金属卷帘（闸）门、H.4厂库房大门、特种门、H.5其他门、H.6木窗、H.7金属窗、H.8门窗套、H.9窗台板、H.10窗帘、窗帘盒、轨10个分部、53个分项项目列表，下面只列出常用项目的清单项目，见表6-25～表6-27。

表6-25 H.1木门（编码：010801）

项目编码	项目名称	项目特征	计量单位	工程量计算规则	工作内容
010801001	木质门	1. 门代号及洞口尺寸 2. 镶嵌玻璃品种、厚度	1. 樘 2. m^2	1. 以“樘”计量，按设计图示数量计算 2. 以“m^2”计量，按设计图示洞口尺寸以面积计算	1. 门安装 2. 玻璃安装 3. 五金安装
010801002	木质门带套				
010801003	木质连窗门				
010801004	木质防火门				

（续）

项目编码	项目名称	项目特征	计量单位	工程量计算规则	工作内容
010801005	木门框	1. 门代号及洞口尺寸 2. 框截面尺寸 3. 防护材料种类	1. 樘 2. m^2	1. 以“樘”计量，按设计图示数量计算 2. 以“m^2”计量，按设计图示洞口尺寸以面积计算	1. 木门框制作、安装 2. 运输 3. 刷防护材料
010801006	门锁安装	1. 锁品种 2. 锁规格	个（套）	按设计图示数量计算	安装

注：1. 木质门应区分镶板木门、企口木板门、实木装饰门、胶合板门、夹板装饰门、木纱门、全玻门（带木质扇框）、木质半玻门（带木质扇框）等项目，分别编码列项。

2. 木门五金应包括：折页、插销、门碰珠、弓背拉手、搭机、木螺钉、弹簧折页（自动门）、管子拉手（自由门、地弹门）、地弹簧（地弹门）、角铁、门轧头（地弹门、自由门）等。

3. 木质门带套计量按洞口尺寸以面积计算，不包括门套的面积。

4. 以“樘”计量，项目特征必须描述洞口尺寸；以“m^2”计量，项目特征可不描述洞口尺寸。

5. 单独制作安装木门框按木门框项目编码列项。

表 6-26 H.2 金属门（编码：010802）

项目编码	项目名称	项目特征	计量单位	工程量计算规则	工作内容
010802001	金属（塑钢）门	1. 门代号及洞口尺寸 2. 门框或扇外围尺寸 3. 门框、扇材质 4. 玻璃品种、厚度	1. 樘 2. m^2	1. 以“樘”计量，按设计图示数量计算 2. 以“m^2”计量，按设计图示洞口尺寸以面积计算	1. 门安装 2. 五金安装 3. 玻璃安装
010802002	彩板门	1. 门代号及洞口尺寸 2. 门框或扇外围尺寸			
010802003	钢质防火门	1. 门代号及洞口尺寸 2. 门框或扇外围尺寸 3. 门框、扇材质			
010802004	防盗门				1. 门安装 2. 五金安装

注：1. 金属门应区分金属平开门、金属推拉门、金属地弹门、全玻门（带金属扇框）、金属半玻门（带扇框）等项目，分别编码列项。

2. 铝合金门五金包括：地弹簧、门锁、拉手、门插、门铰、螺钉等。

3. 其他金属门五金包括 L 形执手插锁（双舌）、执手锁（单舌）、门轨头、地锁、防盗门机、门眼（猫眼）、门碰珠、电子锁（磁卡锁）、闭门器、装饰拉手等。

4. 以“樘”计量，项目特征必须描述洞口尺寸，没有洞口尺寸必须描述门框或扇外围尺寸；以“m^2”计量，项目特征可不描述洞口尺寸及框、扇的外围尺寸。

5. 以“m^2”计量，无设计图示洞口尺寸，按门框、扇外围以面积计算。

表 6-27 H.7 金属窗（编码：010807）

项目编码	项目名称	项目特征	计量单位	工程量计算规则	工作内容
010807001	金属（塑钢、断桥）窗	1. 窗代号及洞口尺寸 2. 框、扇材质 3. 玻璃品种、厚度	1. 樘 2. m^2	1. 以“樘”计量，按设计图示数量计算 2. 以“m^2”计量，按设计图示洞口尺寸以面积计算	1. 窗安装 2. 五金、玻璃安装
010807002	金属防火窗				
010807003	金属百叶窗				

（续）

项目编码	项目名称	项目特征	计量单位	工程量计算规则	工作内容
010807004	金属纱窗	1. 窗代号及洞口尺寸 2. 框材质 3. 窗纱材料品种、规格	1. 樘 2. m^2	1. 以“樘”计量，按设计图示数量计算 2. 以“m^2”计量，按设计图示洞口尺寸以面积计算	1. 窗安装 2. 五金安装
010807007	金属（塑钢、断桥）飘（凸）窗	1. 窗代号 2. 框外围展开面积 3. 框、扇材质 4. 玻璃品种、厚度		1. 以“樘”计量，按设计图示数量计算 2. 以“m^2”计量，按设计图示尺寸以框外围展开面积计算	1. 窗安装 2. 五金、玻璃安装

注：1. 金属窗应区分金属组合窗、防盗窗等项目，分别编码列项。
2. 以“樘”计量，项目特征必须描述洞口尺寸，没有洞口尺寸必须描述窗框外围尺寸；以“m^2”计量，项目特征可不描述洞口尺寸及框的外围尺寸。
3. 以“m^2”计量，无设计图示洞口尺寸，按窗框外围以面积计算。
4. 金属橱窗、飘（凸）窗以“樘”计量，项目特征必须描述框外围展开面积。
5. 金属窗中铝合金窗五金应包括：卡锁、滑轮、铰拉、执手、拉把、拉手、风撑、角码、牛角制等。
6. 其他金属窗五金包括：折页、螺钉、执手、卡锁、风撑、滑轮滑轨（推拉窗）等。

【例6-4】 根据第四章例4-6某工程门窗表，试列出该工程的门窗分部分项工程量清单。

【解】 成品门窗清单工程量计算见表6-28。清单钢质防盗门和实木门按洞口面积计算，与定额不同。

表6-28 清单工程量计算表

序　号	清单项目名称	计　算　式	工程量	单　位
1	成品钢质防盗门	$0.8\times2.1=1.68$	1.68	m^2
2	成品实木门带套	$0.8\times2.1\times2+0.7\times2.1\times1=4.83$	4.83	m^2
3	成品平开塑钢窗	$1.5\times1.5+1\times1.5+0.6\times1.5\times1=4.65$	4.65	m^2
4	成品塑钢门带窗	$0.7\times2.1+0.6\times1.5=2.37$	2.37	m^2
5	成品塑钢门	$2.4\times2.1=5.04$	5.04	m^2

门窗分部分项工程量清单与计价表见表6-29。

表6-29 分部分项工程量清单与计价表

序　号	项目编码	项目名称	项目特征	计量单位	工程数量	金额/元	
						综合单价	合　价
1	010802004001	成品钢质防盗门	1. 门代号：FDM-1 2. 洞口尺寸：800×2100 3. 门框、扇材质：钢质 4. 含锁、普通五金	m^2	1.68		
2	010801002001	成品实木门带套	1. 门代号及洞口尺寸：M-2（800×2100）、M-4（700×2100） 2. 门框、扇材质：实木 3. 含锁、普通五金	m^2	4.83		

（续）

序号	项目编码	项目名称	项目特征	计量单位	工程数量	金额/元	
						综合单价	合价
3	010807001001	成品平开塑钢窗	1. 窗代号及洞口尺寸：C-9（1500×1500）、C-12（1000×1500）、C-15（600×1500） 2. 门框、扇材质：塑钢90系列 3. 玻璃品种、厚度：夹胶玻璃（6+2.5+6） 4. 含锁、普通五金	m^2	4.65		
4	010802001001	成品塑钢门带窗	1. 门连窗代号及洞口尺寸：SMC-2（门700×2100、窗600×1500） 2. 门框、扇材质：塑钢90系列 3. 玻璃品种、厚度：夹胶玻璃（6+2.5+6） 4. 含锁、普通五金	m^2	2.37		
5	010802001002	成品塑钢门	1. 门代号及洞口尺寸：SM-1（2400×2100） 2. 门框、扇材质：塑钢90系列 3. 玻璃品种、厚度：夹胶玻璃（6+2.5+6） 4. 含锁、普通五金	m^2	5.04		

（五）附录I屋面及防水工程

“13规范”屋面及防水工程按I.1瓦、型材及其他屋面、I.2屋面防水及其他、I.3墙面防水防潮、I.4楼地面防水防潮4个分部、21个分项项目列表，下面只列出常用项目的清单项目，见表6-30~表6-32。

表6-30 I.2屋面防水及其他（编码：010902）

项目编码	项目名称	项目特征	计量单位	工程量计算规则	工作内容
010902001	屋面卷材防水	1. 卷材品种、规格、厚度 2. 防水层数 3. 防水层做法	m^2	按设计图示尺寸以面积计算 1. 斜屋顶（不包括平屋顶找坡）按斜面积计算，平屋顶按水平投影面积计算 2. 不扣除房上烟囱、风帽底座、风道、屋面小气窗和斜沟所占面积 3. 屋面的女儿墙、伸缩缝和天窗等处的弯起部分，并入屋面工程量内	1. 基层处理 2. 刷底油 3. 铺油毡卷材、接缝
010902002	屋面涂膜防水	1. 防水膜品种 2. 涂膜厚度、遍数 3. 增强材料种类			1. 基层处理 2. 刷基层处理剂 3. 铺布、喷涂防水层
010902003	屋面刚性层	1. 刚性层厚度 2. 混凝土强度等级 3. 嵌缝材料种类 4. 钢筋规格、型号		按设计图示尺寸以面积计算 不扣除房上烟囱、风帽底座、风道等所占面积	1. 基层处理 2. 混凝土制作、运输、铺筑、养护 3. 钢筋制安

（续）

项目编码	项目名称	项目特征	计量单位	工程量计算规则	工作内容
010902004	屋面排水管	1. 排水管品种、规格 2. 雨水斗、山墙出水口品种、规格 3. 接缝、嵌缝材料种类 4. 油漆品种、刷漆遍数	m	按设计图示尺寸以长度计算 如设计未标注尺寸，以檐口至设计室外散水上表面垂直距离计算	1. 排水管及配件安装、固定 2. 雨水斗、山墙出水口、雨水箅子安装 3. 接缝、嵌缝 4. 刷漆
010902005	屋面排（透）气管	1. 排（透）气管品种、规格 2. 接缝、嵌缝材料种类 3. 油漆品种、刷漆遍数	m	按设计图示尺寸以长度计算	1. 排（透）气管及配件安装、固定 2. 铁件制作、安装 3. 接缝、嵌缝 4. 刷漆
010902006	屋面（廊、阳台）吐水管	1. 吐水管品种、规格 2. 接缝、嵌缝材料种类 3. 吐水管长度 4. 油漆品种、刷漆遍数	根（个）	按设计图示数量计算	1. 吐水管及配件安装、固定 2. 接缝、嵌缝 3. 刷漆
010902007	屋面天沟、檐沟	1. 材料品种、规格 2. 接缝、嵌缝材料种类	m^2	按设计图示尺寸以展开面积计算	1. 天沟材料铺设 2. 天沟配件安装 3. 接缝、嵌缝 4. 刷防护材料
010902008	屋面变形缝	1. 嵌缝材料种类 2. 止水带材料种类 3. 盖缝材料 4. 防护材料种类	m	按设计图示以长度计算	1. 清缝 2. 填塞防水材料 3. 止水带安装 4. 盖缝制作、安装 5. 刷防护材料

注：1. 屋面刚性层防水，按屋面卷材防水、屋面涂膜防水项目编码列项；屋面刚性层无钢筋，其钢筋项目特征不必描述。
2. 屋面找平层按本规范附录 K 楼地面装饰工程“平面砂浆找平层”项目编码列项。
3. 屋面防水搭接及附加层用量不另行计算，在综合单价中考虑。
4. 根据“河北省规程”，屋面卷材防水、涂膜防水“工作内容”中包括铺保护层，铺保护层不再单独列项。

表 6-31　I.3 墙面防水、防潮（编码：010903）

项目编码	项目名称	项目特征	计量单位	工程量计算规则	工作内容
010903001	墙面卷材防水	1. 卷材品种、规格、厚度 2. 防水层数 3. 防水层做法	m^2	按设计图示尺寸以面积计算	1. 基层处理 2. 刷粘结剂 3. 铺防水卷材 4. 接缝、嵌缝

（续）

项目编码	项目名称	项目特征	计量单位	工程量计算规则	工作内容
010903002	墙面涂膜防水	1. 防水膜品种 2. 涂膜厚度、遍数 3. 增强材料种类	m^2	按设计图示尺寸以面积计算	1. 基层处理 2. 刷基层处理剂 3. 铺布、喷涂防水层
010903003	墙面砂浆防水（防潮）	1. 防水层做法 2. 砂浆厚度、配合比 3. 钢丝网规格			1. 基层处理 2. 挂钢丝网片 3. 设置分格缝 4. 砂浆制作、运输、摊铺、养护
010903004	墙面变形缝	1. 嵌缝材料种类 2. 止水带材料种类 3. 盖缝材料 4. 防护材料种类	m	按设计图示以长度计算	1. 清缝 2. 填塞防水材料 3. 止水带安装 4. 盖缝制作、安装 5. 刷防护材料

注：1. 墙面防水搭接及附加层用量不另行计算，在综合单价中考虑。
2. 墙面变形缝，若做双面，工程量乘系数2。
3. 墙面找平层按附录L墙、柱面装饰与隔断工程“立面砂浆找平层”项目编码列项。

表6-32　L.4楼（地）面防水、防潮（编码：010904）

项目编码	项目名称	项目特征	计量单位	工程量计算规则	工作内容
010904001	楼(地)面卷材防水	1. 卷材品种、规格、厚度 2. 防水层数 3. 防水层做法	m^3	按设计图示尺寸以面积计算 1. 楼(地)面防水：按主墙间净空面积计算，扣除凸出地面的构筑物、设备基础等所占面积，不扣除间壁墙及单个面积≤0.3m^2柱、垛、烟囱和孔洞所占面积 2. 楼(地)面防水反边高度≤300mm算作地面防水，反边高度>300mm算作墙面防水	1. 基层处理 2. 刷粘结剂 3. 铺防水卷材 4. 接缝、嵌缝
010904002	楼(地)面涂膜防水	1. 防水膜品种 2. 涂膜厚度、遍数 3. 增强材料种类			1. 基层处理 2. 刷基层处理剂 3. 铺布、喷涂防水层
010904003	楼(地)面砂浆防水（防潮）	1. 防水层做法 2. 砂浆厚度、配合比			1. 基层处理 2. 砂浆制作、运输、摊铺、养护
010904004	楼(地)面变形缝	1. 嵌缝材料种类 2. 止水带材料种类 3. 盖缝材料 4. 防护材料种类	m	按设计图示以长度计算	1. 清缝 2. 填塞防水材料 3. 止水带安装 4. 盖缝制作、安装 5. 刷防护材料

注：1. 楼（地）面防水找平层按附录K楼地面装饰工程“平面砂浆找平层”项目编码列项。
2. 楼（地）面防水搭接及附加层用量不另行计算，在综合单价中考虑。

（六）附录J保温、隔热、防腐工程

“13规范”保温、隔热、防腐工程按J.1保温、隔热、J.2防腐面层、J.3其他防腐3个分部、16个分项项目列表，下面只列出常用项目的清单项目，见表6-33。

表 6-33 J.1 保温、隔热（编码：011001）

项目编码	项目名称	项目特征	计量单位	工程量计算规则	工作内容
011001001	保温隔热屋面	1. 保温隔热材料品种、规格、厚度 2. 隔气层材料品种、厚度 3. 粘结材料种类、做法 4. 防护材料种类、做法	m^2	按设计图示尺寸以面积计算 扣除 >0.3m^2 孔洞所占面积	1. 基层清理 2. 刷粘结材料 3. 铺粘保温层 4. 铺、刷（喷）防护材料
011001003	保温隔热墙面	1. 保温隔热部位 2. 保温隔热方式 3. 踢脚线、勒脚线保温做法 4. 龙骨材料品种、规格 5. 保温隔热面层材料品种、规格、性能 6. 保温隔热材料品种、规格及厚度 7. 增强网及抗裂防水砂浆种类 8. 粘结材料种类及做法 9. 防护材料种类及做法		按设计图示尺寸以面积计算 扣除门窗洞口以及 >0.3m^2 梁、孔洞所占面积；门窗洞口侧壁需做保温时，并入保温墙体工程量内	1. 基层清理 2. 刷界面剂 3. 安装龙骨 4. 填贴保温材料 5. 保温板安装 6. 粘贴面层 7. 铺设增强格网、抹抗裂、防水砂浆面层 8. 嵌缝 9. 铺、刷（喷）防护材料
011001005	保温隔热楼地面	1. 保温隔热部位 2. 保温隔热材料品种、规格、厚度 3. 隔气层材料品种、厚度 4. 粘结材料种类、做法 5. 防护材料种类、做法		按设计图示尺寸以展开面积计算 扣除 >0.3m^2 孔洞所占位面积	

注：1. 保温隔热装饰面层，按规范附录 K、L、M、N、O 中相关项目编码列项；仅做找平层按规范附录 K 中“平面砂浆找平层”或附录 L“立面砂浆找平层”项目编码列项。
2. 柱帽保温隔热应并入天棚保温隔热工程量内。
3. 池槽保温隔热应按其他保温隔热项目编码列项。
4. 保温隔热方式指内保温、外保温、夹心保温。

【例 6-5】 根据第四章第四节屋面工程例 4-4 所述，防水层上翻 250mm，试列出该工程的屋面各构造层次分部分项工程量清单。

【解】 屋面清单工程量计算见表 6-34。

表 6-34 清单工程量计算表

序号	清单项目名称	计算式	工程量	单位
1	屋面卷材防水层	(20+10)×2×0.25+200=215	215	m^2
2	屋面找平层	215	215	m^2
3	屋面保温层	20×10=200	200	m^2
4	屋面找坡层	20×10=200	200	m^2
5	屋面找平层	20×10=200	200	m^2

屋面分部分项工程量清单与计价表见表 6-35。

表 6-35　分部分项工程量清单与计价表

序　号	项目编码	项目名称	项 目 特 征	计量单位	工程数量	金额/元	
						综合单价	合　价
1	010902001001	屋面卷材防水层	1. 保护层：刷着色剂涂料一遍 2. 卷材品种、规格、厚度：3mm 厚 SBS 改性沥青防水卷材防水层一道 3. 找平层砂浆厚度、配合比：20mm 厚 1:3 水泥砂浆找平层	m^2	215		
2	011001001001	屋面保温层	1. 保温隔热材料品种、规格、厚度：100 厚聚苯乙烯泡沫塑料板粘结砂浆粘贴 2. 找平层砂浆配合比、厚度：1:6 水泥炉渣找 2% 坡，最薄处厚 30mm 3. 找平层砂浆厚度、配合比：20mm 厚 1:3 水泥砂浆找平层	m^2	200		

（七）附录 K 楼地面装饰工程

“13 规范”楼地面工程按 K. 1 ~ K. 8 楼地面抹灰、楼地面镶贴、橡塑面层、其他材料面层、踢脚线、楼梯面层、台阶装饰、零星装饰项目 8 个分部、43 个分项项目列表，下面只列出常用项目的清单项目，见表 6-36 ~ 表 6-40。

表 6-36　K. 1 楼地面抹灰（编码：011101）

项目编码	项目名称	项目特征	计量单位	工程量计算规则	工作内容
011101001	水泥砂浆楼地面	1. 垫层材料种类、厚度 2. 找平层厚度、砂浆配合比 3. 素水泥浆遍数 4. 面层厚度、砂浆配合比 5. 面层做法要求	m^2	按设计图示尺寸以面积计算。扣除凸出地面构筑物、设备基础、室内管道、地沟等所占面积，不扣除间壁墙及 ≤ 0.3m^2 柱、垛、附墙烟囱及孔洞所占面积。门洞、空圈、暖气包槽、壁龛的开口部分不增加面积	1. 基层清理 2. 垫层铺设 3. 抹找平层 4. 抹面层 5. 材料运输
011101002	现浇水磨石楼地面	1. 垫层材料种类、厚度 2. 找平层厚度、砂浆配合比 3. 面层厚度、水泥石子浆配合比 4. 嵌缝条材料种类、规格 5. 石子种类、规格、颜色 6. 颜料种类、颜色 7. 图案要求 8. 磨光、酸洗、打蜡要求			1. 基层清理 2. 垫层铺设 3. 抹找平层 4. 面层铺设 5. 嵌缝条安装 6. 磨光、酸洗、打蜡 7. 材料运输

（续）

项目编码	项目名称	项目特征	计量单位	工程量计算规则	工作内容
011101003	细石混凝土楼地面	1. 垫层材料种类、厚度 2. 找平层厚度、砂浆配合比 3. 面层厚度、混凝土强度等级	m^2	按设计图示尺寸以面积计算。扣除凸出地面构筑物、设备基础、室内管道、地沟等所占面积，不扣除间壁墙及≤0.3m^2柱、垛、附墙烟囱及孔洞所占面积。门洞、空圈、暖气包槽、壁龛的开口部分不增加面积	1. 基层清理 2. 垫层铺设 3. 抹找平层 4. 面层铺设 5. 材料运输
011101005	自流坪楼地面	1. 垫层材料种类、厚度 2. 找平层厚度、砂浆配合比			1. 基层清理 2. 垫层铺设 3. 抹找平层 4. 材料运输
011101006	平面砂浆找平	1. 找平层砂浆配合比、厚度 2. 界面剂材料种类 3. 中层漆材料种类、厚度 4. 面漆材料种类、厚度 5. 面层材料种类		按设计图示尺寸以面积计算	1. 基层处理 2. 抹找平层 3. 涂界面剂 4. 涂刷中层漆 5. 打磨、吸尘 6. 镘自流平面漆(浆) 7. 拌和自流平浆料 8. 铺面层

注：1. 水泥砂浆面层处理是拉毛还是提浆压光应在面层做法要求中描述。

2. 平面砂浆找平层只适用于仅做找平层的平面抹灰。

3. 间壁墙指墙厚≤120mm 的墙。

表 6-37　K.2 楼地面镶贴（编码：011102）

项目编码	项目名称	项目特征	计量单位	工程量计算规则	工作内容
011102001	石材楼地面	1. 找平层厚度、砂浆配合比 2. 结合层厚度、砂浆配合比 3. 面层材料品种、规格、颜色 4. 嵌缝材料种类 5. 防护层材料种类 6. 酸洗、打蜡要求	m^2	按设计图示尺寸以面积计算。门洞、空圈、暖气包槽、壁龛的开口部分并入相应的工程量内	1. 基层清理、抹找平层 2. 面层铺设、磨边 3. 嵌缝 4. 刷防护材料 5. 酸洗、打蜡 6. 材料运输
011102002	碎石材楼地面				
011102003	块料楼地面	1. 垫层材料种类、厚度 2. 找平层厚度、砂浆配合比 3. 结合层厚度、砂浆配合比 4. 面层材料品种、规格、颜色 5. 嵌缝材料种类 6. 防护层材料种类 7. 酸洗、打蜡要求			

注：1. 在描述碎石材项目的面层材料特征时可不用描述规格、品牌、颜色。

2. 石材、块料与粘接材料的结合面刷防渗材料的种类在防护层材料种类中描述。

表 6-38 K.5 踢脚线（编码：011105）

项目编码	项目名称	项目特征	计量单位	工程量计算规则	工作内容
011105001	水泥砂浆踢脚线	1. 踢脚线高度 2. 底层厚度、砂浆配合比 3. 面层厚度、砂浆配合比	1. m^2 2. m	1. 按设计图示长度乘高度以面积计算 2. 按延长米计算	1. 基层清理 2. 底层和面层抹灰 3. 材料运输
011105002	石材踢脚线	1. 踢脚线高度 2. 粘贴层厚度、材料种类 3. 面层材料品种、规格、颜色 4. 防护材料种类			1. 基层清理 2. 底层抹灰 3. 面层铺贴、磨边 4. 擦缝 5. 磨光、酸洗、打蜡 6. 刷防护材料 7. 材料运输
011105003	块料踢脚线				

注：石材、块料与粘接材料的结合面刷防渗材料的种类在防护层材料种类中描述。

表 6-39 K.6 楼梯面层（编码：011106）

项目编码	项目名称	项目特征	计量单位	工程量计算规则	工作内容
011106001	石材楼梯面层	1. 找平层厚度、砂浆配合比 2. 粘结层厚度、材料种类 3. 面层材料品种、规格、颜色 4. 防滑条材料种类、规格 5. 勾缝材料种类 6. 防护层材料种类 7. 酸洗、打蜡要求	m^2	按设计图示尺寸以楼梯(包括踏步、休息平台及≤500mm 的楼梯井)水平投影面积计算。楼梯与楼地面相连时,算至梯口梁内侧边沿;无梯口梁者,算至最上一层踏步边沿加 300mm	1. 基层清理 2. 抹找平层 3. 面层铺贴、磨边 4. 贴嵌防滑条 5. 勾缝 6. 刷防护材料 7. 酸洗、打蜡 8. 材料运输
011106002	块料楼梯面层				
011106003	拼碎块料面层				
011106004	水泥砂浆楼梯面层	1. 找平层厚度、砂浆配合比 2. 面层厚度、砂浆配合比 3. 防滑条材料种类、规格			1. 基层清理 2. 抹找平层 3. 抹面层 4. 抹防滑条 5. 材料运输

注：1. 在描述碎石材项目的面层材料特征时可不用描述规格、品牌、颜色。

2. 石材、块料与粘接材料的结合面刷防渗材料的种类在防护层材料种类中描述。

表 6-40 K.7 台阶装饰（编码：011107）

项目编码	项目名称	项目特征	计量单位	工程量计算规则	工作内容
011107001	石材台阶面	1. 找平层厚度、砂浆配合比 2. 粘结层材料种类 3. 面层材料品种、规格、颜色 4. 勾缝材料种类 5. 防滑条材料种类、规格 6. 防护材料种类	m^2	按设计图示尺寸以台阶(包括最上层踏步边沿加 300mm)水平投影面积计算	1. 基层清理 2. 抹找平层 3. 面层铺贴 4. 贴嵌防滑条 5. 勾缝 6. 刷防护材料 7. 材料运输
011107002	块料台阶面				
011107003	拼碎块料台阶				
011107004	水泥砂浆台阶	1. 垫层材料种类、厚度 2. 找平层厚度、砂浆配合比 3. 面层厚度、砂浆配合比 4. 防滑条材料种类			1. 基层清理 2. 铺设垫层 3. 抹找平层 4. 抹面层 5. 抹防滑条 6. 材料运输

（八）附录L墙、柱面装饰与隔断、幕墙工程

“13规范”墙、柱面装饰与隔断、幕墙工程按L.1～L.10墙面抹灰、柱（梁）面抹灰、零星抹灰、墙面块料面层、柱（梁）面块料面层、镶贴零星块料、墙饰面、柱（梁）饰面、幕墙工程、隔断10个分部、33个分项项目列表，下面只列出常用项目的清单项目，见表6-41～表6-43。

表6-41 L.1墙面抹灰（编码：011201）

项目编码	项目名称	项目特征	计量单位	工程量计算规则	工作内容
011201001	墙面一般抹灰	1. 墙体类型 2. 底层厚度、砂浆配合比 3. 面层厚度、砂浆配合比 4. 装饰面材料种类 5. 分格缝宽度、材料种类	m^2	按设计图示尺寸以面积计算。扣除墙裙、门窗洞口及单个 $>0.3m^2$ 的孔洞面积，不扣除踢脚线、挂镜线和墙与构件交接处的面积，门窗洞口和孔洞的侧壁及顶面不增加面积。附墙柱、梁、垛、烟囱侧壁并入相应的墙面面积内 1. 外墙抹灰面积按外墙垂直投影面积计算 2. 外墙裙抹灰面积按其长度乘以高度计算 3. 内墙抹灰面积按主墙间的净长乘以高度计算。无墙裙的，高度按室内楼地面至天棚底面计算；有墙裙的，高度按墙裙顶至天棚底面计算 4. 内墙裙抹灰面按内墙净长乘以高度计算	1. 基层清理 2. 砂浆制作、运输 3. 底层抹灰 4. 抹面层 5. 抹装饰面 6. 勾分格缝
011201002	墙面装饰抹灰				
011201003	墙面勾缝	1. 墙体类型 2. 找平的砂浆厚度、配合比			1. 基层清理 2. 砂浆制作、运输 3. 抹灰找平
011201004	立面砂浆找平	1. 墙体类型 2. 勾缝类型 3. 勾缝材料种类			1. 基层清理 2. 砂浆制作、运输 3. 勾缝

注：1. 立面砂浆找平项目适用于仅做找平层的立面抹灰。

2. 抹石灰砂浆、水泥砂浆、混合砂浆、聚合物水泥砂浆、麻刀石灰浆、石膏灰浆等按墙面一般抹灰列项，水刷石、斩假石、干粘石、假面砖等按墙面装饰抹灰列项。

3. 飘窗凸出外墙面增加的抹灰不计算工程量，在综合单价中考虑。

表6-42 L.4墙面块料面层（编码：011204）

项目编码	项目名称	项目特征	计量单位	工程量计算规则	工作内容
011204001	石材墙面	1. 墙体类型 2. 安装方式 3. 面层材料品种、规格、颜色 4. 缝宽、嵌缝材料种类 5. 防护材料种类 6. 磨光、酸洗、打蜡要求	m^2	按镶贴表面积计算	1. 基层清理 2. 砂浆制作、运输 3. 粘结层铺贴 4. 面层安装 5. 嵌缝 6. 刷防护材料 7. 磨光、酸洗、打蜡
011204002	拼碎石材墙面				
011204003	块料墙面				
011204004	干挂石材钢骨架	1. 骨架种类、规格 2. 防锈漆品种遍数	t	按设计图示以质量计算	1. 骨架制作、运输、安装 2. 刷漆

注：1. 在描述碎块项目的面层材料特征时可不用描述规格、品牌、颜色。

2. 石材、块料与粘结材料的结合面刷防渗材料的种类在防护层材料种类中描述。

3. 安装方式可描述为砂浆或粘结剂粘贴、挂贴、干挂等，不论哪种安装方式，都要详细描述与组价相关的内容。

表 6-43　L. 6 镶贴零星块料（编码：011206）

项目编码	项目名称	项目特征	计量单位	工程量计算规则	工作内容
011206001	石材零星项目	1. 安装方式 2. 面层材料品种、规格、颜色 3. 缝宽、嵌缝材料种类 4. 防护材料种类 5. 磨光、酸洗、打蜡要求	m^2	按镶贴表面积计算	1. 基层清理 2. 砂浆制作、运输 3. 面层安装 4. 嵌缝 5. 刷防护材料 6. 磨光、酸洗、打蜡
011206002	块料零星项目				
011206003	拼碎块零星项目				

注：1. 在描述碎块项目的面层材料特征时可不用描述规格、品牌、颜色。
2. 石材、块料与粘结材料的结合面刷防渗材料的种类在防护层材料种类中描述。
3. 零星项目干挂石材的钢骨架按 L. 4 相应项目编码列项。
4. 墙柱面≤$0.5m^2$ 的少量分散的镶贴块料面层应按零星项目执行。

（九）附录 M 天棚工程

“13 规范”天棚工程按 M. 1 ~ M. 4 天棚抹灰、天棚吊顶、采光天棚工程、天棚其他装饰 4 个分部、10 个分项项目列表，下面只列出常用项目的清单项目，见表 6-44、表 6-45。

表 6-44　M. 1 天棚抹灰（编码：011301）

项目编码	项目名称	项目特征	计量单位	工程量计算规则	工作内容
011301001	天棚抹灰	1. 基层类型 2. 抹灰厚度、材料种类 3. 砂浆配合比	m^2	按设计图示尺寸以水平投影面积计算。不扣除间壁墙、垛、柱、附墙烟囱、检查口和管道所占的面积，带梁天棚，梁两侧抹灰面积并入天棚面积内，板式楼梯底面抹灰按斜面积计算，锯齿形楼梯底板抹灰按展开面积计算	1. 基层清理 2. 底层抹灰 3. 抹面层

表 6-45　M. 2 天棚吊顶（编码：011302）

项目编码	项目名称	项目特征	计量单位	工程量计算规则	工作内容
011302001	吊顶天棚	1. 吊顶形式、吊杆规格、高度 2. 龙骨材料种类、规格、中距 3. 基层材料种类、规格 4. 面层材料品种、规格 5. 压条材料种类、规格 6. 嵌缝材料种类 7. 防护材料种类	m^2	按设计图示尺寸以水平投影面积计算。天棚面中的灯槽及跌级、锯齿形、吊挂式、藻井式天棚面积不展开计算。不扣除间壁墙、检查口、附墙烟囱、柱垛和管道所占面积，扣除单个 $>0.3m^2$ 的孔洞、独立柱及与天棚相连的窗帘盒所占的面积	1. 基层清理、吊杆安装 2. 龙骨安装 3. 基层板铺贴 4. 面层铺贴 5. 嵌缝 6. 刷防护材料

（十）附录 N 油漆、涂料、裱糊工程

“13 规范”油漆、涂料、裱糊工程按 N. 1 ~ N. 8 门油漆、窗油漆、木扶手等油漆、木材

面油漆、金属门油漆、抹灰面油漆、喷刷涂料、裱糊 8 个分部、36 个分项项目列表，下面只列出常用项目的清单项目，见表 6-46～表 6-49。

表 6-46 N.1 门油漆（编号：011401）

项目编码	项目名称	项目特征	计量单位	工程量计算规则	工作内容
011401001	木门油漆	1. 门类型 2. 门代号及洞口尺寸 3. 腻子种类 4. 刮腻子遍数 5. 防护材料种类 6. 油漆品种、刷漆遍数	1. 樘 2. m^2	1. 以"樘"计量，按设计图示数量计量 2. 以"m^2"计量，按设计图示洞口尺寸以面积计算	1. 基层清理 2. 刮腻子 3. 刷防护材料、油漆
011401002	金属门油漆				1. 除锈、基层清理 2. 刮腻子 3. 刷防护材料、油漆

注：1. 木门油漆应区分木大门、单层木门、双层（一玻一纱）木门、双层（单裁口）木门、全玻自由门、半玻自由门、装饰门及有框门或无框门等项目，分别编码列项。
2. 金属门油漆应区分平开门、推拉门、钢制防火门列项。
3. 以"m^2"计量，项目特征可不必描述洞口尺寸。

表 6-47 N.5 金属面油漆（编号：011405）

项目编码	项目名称	项目特征	计量单位	工程量计算规则	工作内容
011405001	金属面油漆	1. 构件名称 2. 腻子种类 3. 刮腻子要求 4. 防护材料种类 5. 油漆品种、刷漆遍数	1. t 2. m^2	1. 以"t"计量，按设计图示尺寸以质量计算 2. 以"m^2"计量，按设计展开面积计算	1. 基层清理 2. 刮腻子 3. 刷防护材料、油漆

表 6-48 N.6 抹灰面油漆（编号：011406）

项目编码	项目名称	项目特征	计量单位	工程量计算规则	工作内容
011406001	抹灰面油漆	1. 基层类型 2. 腻子种类 3. 刮腻子遍数 4. 防护材料种类 5. 油漆品种、刷漆遍数	m^2	按设计图示尺寸以面积计算	1. 基层清理 2. 刮腻子 3. 刷防护材料、油漆
011406002	抹灰线条油漆	1. 线条宽度、道数 2. 腻子种类 3. 刮腻子遍数 4. 防护材料种类 5. 油漆品种、刷漆遍数	m	按设计图示尺寸以长度计算	
011406003	满刮腻子	1. 基层类型 2. 腻子种类 3. 刮腻子遍数	m^2	按设计图示尺寸以面积计算	1. 基层清理 2. 刮腻子

表 6-49　N.7 喷刷涂料（编号：011407）

项目编码	项目名称	项目特征	计量单位	工程量计算规则	工作内容
011407001	墙面喷刷涂料	1. 基层类型 2. 喷刷涂料部位 3. 腻子种类 4. 刮腻子要求 5. 涂料品种、喷刷遍数	m^2	按设计图示尺寸以面积计算	1. 基层清理 2. 刮腻子 3. 刷、喷涂料
011407002	天棚喷刷涂料				
011407004	线条刷涂料	1. 基层清理 2. 线条宽度 3. 刮腻子遍数 4. 刷防护材料、油漆	m	按设计图示尺寸以长度计算	
011407005	金属构件刷防火涂料	1. 喷刷防火涂料构件名称 2. 防火等级要求 3. 涂料品种、喷刷遍数	1. t 2. m^2	1. 以“t”计量，按设计图示尺寸以质量计算 2. 以“m^2”计量，按设计展开面积计算	1. 基层清理 2. 刷防护材料、油漆
011407006	木材构件喷刷防火涂料		1. m^2 2. m^3	1. 以“m^2”计量，按设计图示尺寸以面积计算 2. 以“m^3”计量，按设计结构尺寸以体积计算	1. 基层清理 2. 刷防火材料

注：喷刷墙面涂料部位要注明内墙或外墙。

【例 6-6】 根据第四章某装饰装修工程例题 4-1～例题 4-5 中地面、内外墙面、天棚、踢脚、台阶、散水的工程做法，编制装饰装修工程各分部分项工程量清单。

【解】 地面、内外墙面、天棚、踢脚、台阶、散水的清单工程量与定额工程量的计算基本一致，墙面涂料与定额计价不同，所有涂刷部位按图示尺寸计算。

墙面涂料清单面积 = 墙面面积 + 门窗侧面

门窗侧面面积 $= 2.4 \times [(0.24 - 0.06) \times 4 + 0.24 \times 2 + (0.24 - 0.06) \times 2 \times 0.5]$

$= 2.4 \times 1.38 = 3.312\ (m^2)$

墙面涂料清单面积 $= 134.18 + 3.312 = 137.492\ (m^2)$

各部位的分部分项工程量清单见表 6-50。

表 6-50　分部分项工程量清单与计价表

序号	项目编码	项目名称	项目特征	计量单位	工程数量	金额/元	
						综合单价	合价
1	011102001001	石材楼地面层	1. 垫层厚度、砂浆配合比：100mm 厚 C15 素混凝土，100mm 厚 3:7 灰土 2. 结合层厚度、砂浆配合比：素水泥浆，30mm 厚 1:4 干硬性水泥砂浆 3. 面层材料品种、规格、颜色：20mm 厚大理石板，800mm×800mm，黑色	m^2	43.45		

（续）

序号	项目编码	项目名称	项目特征	计量单位	工程数量	金额/元	
						综合单价	合价
2	011105002001	石材踢脚线	1. 踢脚线高度:150mm 2. 粘贴层厚度、材料种类:20mm 厚 1:2.5水泥砂浆,素水泥浆 3. 面层材料品种、规格、颜色:10mm 厚大理石,黑色	m^2	6.951		
3	011201001001	墙面一般抹灰	1. 墙体类型:砖墙 2. 抹灰厚度、材料种类:20mm 厚混合砂浆 3. 底层厚度、砂浆配合比:15mm 厚 1:1:6水泥石灰砂浆 4. 面层厚度、砂浆配合比:5mm 厚 1:0.5:3水泥石灰砂浆	m^2	134.18		
4	011301001001	天棚抹灰	1. 基层类型:现浇混凝土板 2. 抹灰厚度、材料种类:12mm 厚混合砂浆 3. 砂浆配合比:7mm 厚 1:1:4 水泥石灰砂浆,5mm 厚 1:0.5:3 水泥石灰砂浆	m^2	42.42		
5	011407001001	墙面喷刷涂料	1. 基层类型:抹灰面 2. 喷刷涂料部位:内墙面 3. 涂料品种、喷刷遍数:内墙涂料二遍	m^2	137.492		
6	011407002001	天棚喷刷涂料	1. 基层类型:抹灰面 2. 喷刷涂料部位:天棚面 3. 涂料品种、喷刷遍数:内墙涂料二遍	m^2	42.42		
7	011204003001	块料墙面	1. 墙体类型:砖墙(外墙) 2. 安装方式:5mm 厚 1:1 水泥砂浆加水重 20% 建筑胶,刷素水泥浆一遍,15mm 厚 1:3 水泥砂浆 3. 面层材料品种、规格、颜色:10mm 厚面砖,100mm×100mm,白色 4. 缝宽、嵌缝材料种类:1:1 水泥勾缝(5mm 缝)	m^2	94.28		
8	011206002001	块料零星项目	1. 墙体类型:砖墙(外墙门窗洞口侧面) 2. 安装方式:5mm 厚 1:1 水泥砂浆加水重 20% 建筑胶,刷素水泥浆一遍,15mm 厚 1:3 水泥砂浆 3. 面层材料品种、规格、颜色:10mm 厚面砖,100mm×100mm,白色 4. 缝宽、嵌缝材料种类:1:1 水泥勾缝(5mm 缝)	m^2	0.522		

（续）

序　号	项目编码	项目名称	项 目 特 征	计量单位	工程数量	金额/元	
						综合单价	合　价
9	011107002001	块料台阶面	1. 粘结层材料种类：25mm 厚 1:4 干硬性水泥砂浆，素水泥浆结合层一遍 2. 面层材料品种、规格、颜色：10mm 厚地砖，600mm×600mm，白色	m^2	5.1		
10	010507003001	台阶	1. 混凝土类别：现场搅拌 2. 混凝土强度等级：60mm 厚 C15 混凝土 3. 垫层：300mm 厚 3:7 灰土 4. 素土夯实	m^2	5.1		
11	011102003001	块料楼地面	1. 部位：室外台阶处地面 2. 垫层厚度、砂浆配合比：60mm 厚 C15 素混凝土，100mm 厚 3:7 灰土 3. 结合层厚度、砂浆配合比：素水泥浆，25mm 厚 1:4 干硬性水泥砂浆 4. 面层材料品种、规格、颜色：10mm 厚地砖，600mm×600mm，白色	m^2	43.45		
12	010507001001	散水	1. 垫层材料种类、厚度：150mm 厚3:7灰土，60mm 厚 C15 混凝土，素土夯实 2. 面层：1:1 水泥砂浆随打随磨光 3. 混凝土类别：现场搅拌 4. 混凝土强度等级：C15	m^2	22.29		

（十一）附录 Q 措施项目

“13 规范” 措施项目按 Q.1～Q.5 一般措施项目、脚手架工程、混凝土模板及支架、垂直运输、超高费 5 个分部、61 个分项项目列表，下面只列出常用项目的清单项目，见表 6-51～表 6-55。

表 6-51　Q.1 一般措施项目（011701）

项目编码	项目名称	工作内容及包含范围
011701001	安全文明施工（含环境保护、文明施工、安全施工、临时设施）	1. 环境保护包含范围：现场施工机械设备降低噪声、防扰民措施费用等 2. 文明施工包含范围：“五牌一图”的费用；现场围挡的墙面美化（包括内外粉刷、刷白、标语等）、压顶装饰费用等 3. 安全施工包含范围：安全资料、特殊作业专项方案的编制，安全施工标志的购置及安全宣传的费用；“三宝”（安全帽、安全带、安全网）、“四口”（楼梯口、电梯井口、通道口、预留洞口）、“五临边”（阳台围边、楼板围边、屋面围边、槽坑围边、卸料平台两侧），水平防护架、垂直防护架、外架封闭等防护的费用等 4. 临时设施包含范围：施工现场采用彩色、定型钢板，砖、混凝土砌块等围挡的安装、砌筑、维修、拆除费或摊销费；施工现场临时建筑物、构筑物的搭设、维修、拆除或摊销的费用等

（续）

项目编码	项目名称	工作内容及包含范围
011701002	夜间施工	1. 夜间固定照明灯具和临时可移动照明灯具的设置、拆除 2. 夜间施工时，施工现场交通标志、安全标牌、警示灯等的设置、移动、拆除 3. 包括夜间照明设备摊销及照明用电、施工人员夜班补助、夜间施工劳动效率降低等费用
011701003	非夜间施工照明	为保证工程施工正常进行，在地下室等特殊施工部位施工时所采用的照明设备的安拆、维护、摊销及照明用电等费用
011701004	二次搬运	包括由于施工场地条件限制而发生的材料、成品、半成品等一次运输不能到达堆放地点，必须进行二次或多次搬运的费用
011701005	冬雨季施工	1. 冬雨（风）季施工时增加的临时设施（防寒保温、防雨、防风设施）的搭设、拆除 2. 冬雨（风）季施工时，对砌体、混凝土等采用的特殊加温、保温和养护措施 3. 冬雨（风）季施工时，施工现场的防滑处理、对影响施工的雨雪的清除 4. 包括冬雨（风）季施工时增加的临时设施的摊销、施工人员的劳动保护用品、冬雨（风）季施工劳动效率降低等费用
011701006	大型机械设备进出场及安拆	1. 大型机械设备进出场包括施工机械整体或分体自停放场地运至施工现场，或由一个施工地点运至另一个施工地点，所发生的施工机械进出场运输及转移费用，由机械设备的装卸、运输及辅助材料费等构成 2. 大型机械设备安拆费包括施工机械在施工现场进行安装、拆卸所需的人工费、材料费、机械费、试运转费和安装所需的辅助设施的费用
011701007	施工排水	包括排水沟槽开挖、砌筑、维修，排水管道的铺设、维修，排水的费用以及专人值守的费用等
011701008	施工降水	包括成井、井管安装、排水管道安拆及摊销、降水设备的安拆及维护的费用，抽水的费用以及专人值守的费用等
011701009	地上、地下设施、建筑物的临时保护设施	在工程施工过程中，对已建成的地上、地下设施和建筑物进行的遮盖、封闭、隔离等必要保护措施所发生的费用
011701010	已完工程及设备保护	对已完工程及设备采取的覆盖、包裹、封闭、隔离等必要保护措施所发生的费用

注：1. 安全文明施工费是指工程施工期间按照国家现行的环境保护、建筑施工安全、施工现场环境与卫生标准和有关规定，购置和更新施工安全防护用具及设施、改善安全生产条件和作业环境所需要的费用。
2. 施工排水是指为保证工程在正常条件下施工，所采取的排水措施所发生的费用。
3. 施工降水是指为保证工程在正常条件下施工，所采取的降低地下水位的措施所发生的费用。

表 6-52　Q.2 脚手架工程（编码：011702）

项目编码	项目名称	项目特征	计量单位	工程量计算规则	工作内容
011702001	综合脚手架	1. 建筑结构形式 2. 檐口高度	m^2	按建筑面积计算	1. 场内、场外材料搬运 2. 搭、拆脚手架、斜道、上料平台 3. 安全网的铺设 4. 选择附墙点与主体连接 5. 测试电动装置、安全锁等 6. 拆除脚手架后材料的堆放

（续）

项目编码	项目名称	项目特征	计量单位	工程量计算规则	工作内容
011702002	外脚手架	1. 搭设方式 2. 搭设高度 3. 脚手架材质	m^2	按所服务对象的垂直投影面积计算	1. 场内、场外材料搬运 2. 搭、拆脚手架、斜道、上料平台 3. 安全网的铺设 4. 拆除脚手架后材料的堆放
011702003	里脚手架				
011702004	悬空脚手架	1. 搭设方式 2. 悬挑宽度 3. 脚手架材质		按搭设的水平投影面积计算	
011702005	挑脚手架		m	按搭设长度乘以搭设层数以延长米计算	
011702006	满堂脚手架	1. 搭设方式 2. 搭设高度 3. 脚手架材质	m^2	按搭设的水平投影面积计算	
011702007	整体提升架	1. 搭设方式及启动装置 2. 搭设高度		按所服务对象的垂直投影面积计算	1. 场内、场外材料搬运 2. 选择附墙点与主体连接 3. 搭、拆脚手架、斜道、上料平台 4. 安全网的铺设 5. 测试电动装置、安全锁等 6. 拆除脚手架后材料的堆放
011702008	外装饰吊篮	1. 升降方式及启动装置 2. 搭设高度及吊篮型号			1. 场内、场外材料搬运 2. 吊篮的安装 3. 测试电动装置、安全锁、平衡控制器等 4. 吊篮的拆卸

注：1. 使用综合脚手架时，不再使用外脚手架、里脚手架等单项脚手架；综合脚手架适用于能够按“建筑面积计算规则”计算建筑面积的建筑工程脚手架，不适用于房屋加层、构筑物及附属工程脚手架。

2. 同一建筑物有不同檐高时，按建筑物竖向切面分别按不同檐高编列清单项目。

3. 整体提升架已包括 2m 高的防护架体设施。

4. 建筑面积计算按《建筑工程建筑面积计算规范》（GB/T 50353—2013）。

5. 脚手架材质可以不描述，但应注明由投标人根据工程实际情况按照《建筑施工扣件式钢管脚手架安全技术规范》《建筑施工附着升降脚手架管理暂行规定》等规范自行确定。

表 6-53　Q.3 混凝土模板及支架（撑）（编码：011703）

项目编码	项目名称	项目特征	计量单位	工程量计算规则	工作内容
011703001	垫层	基础形状	m^2	按模板与现浇混凝土构件的接触面积计算 ①现浇钢筋混凝土墙、板单孔面积≤0.3m^2的孔洞不予扣除，洞侧壁模板亦不增加；单孔面积＞0.3m^2时应予扣除，洞侧壁模板面积并入墙、板工程量内计算	1. 模板制作 2. 模板安装、拆除、整理、堆放及场内外运输 3. 清理模板粘结物及模内杂物、刷隔离剂等
011703002	带形基础				
011703003	独立基础				
011703004	满堂基础				
011703005	设备基础				
011703006	桩承台基础				
011703007	矩形柱	柱截面尺寸			
011703008	构造柱				

（续）

项目编码	项目名称	项目特征	计量单位	工程量计算规则	工作内容
011703009	异形柱	柱截面形状、尺寸	m²	②现浇框架分别按梁、板、柱有关规定计算；附墙柱、暗梁、暗柱并入墙内工程量内计算 ③柱、梁、墙、板相互连接的重叠部分，均不计算模板面积 ④构造柱按图示外露部分计算模板面积	1. 模板制作 2. 模板安装、拆除、整理、堆放及场内外运输 3. 清理模板粘结物及模内杂物、刷隔离剂等
011703010	基础梁	梁截面			
011703011	矩形梁				
011703012	异形梁				
011703013	圈梁				
011703014	过梁				
011703015	弧形、拱形梁				
011703016	直形墙	墙厚度			
011703017	弧形墙				
011703018	短肢剪力墙、电梯井壁				
011703019	有梁板	板厚度			
011703020	无梁板				
011703021	平板				
011703024	栏板				
011703025	其他板				
011703026	天沟、檐沟	构件类型		按模板与现浇混凝土构件的接触面积计算	
011703027	雨篷、悬挑板、阳台板	1. 构件类型 2. 板厚度		按图示外挑部分尺寸的水平投影面积计算，挑出墙外的悬臂梁及板边不另计算	
011703028	直形楼梯	形状		按楼梯（包括休息平台、平台梁、斜梁和楼层板的连接梁）的水平投影面积计算，不扣除宽度≤500mm 的楼梯井所占面积，楼梯踏步、踏步板、平台梁等侧面模板不另计算，伸入墙内部分亦不增加	
011703029	弧形楼梯				
011703030	其他现浇构件	构件类型	m²	按模板与现浇混凝土构件的接触面积计算	
011703032	台阶	形状		按图示台阶水平投影面积计算，台阶端头两侧不另计算模板面积。架空式混凝土台阶，按现浇楼梯计算	
011703033	扶手	扶手断面尺寸		按模板与扶手的接触面积计算	
011703034	散水	坡度		按模板与散水的接触面积计算	
011703035	后浇带	后浇带部位		按模板与后浇带的接触面积计算	

注：1. 原槽浇灌的混凝土基础、垫层，不计算模板。

2. 此混凝土模板及支撑（架）项目，只适用于以“m^2”计量，按模板与混凝土构件的接触面积计算，以“m^3”计量，模板及支撑（支架）不再单列，按混凝土及钢筋混凝土实体项目执行，综合单价中应包含模板及支架。

3. 采用清水模板时，应在特征中注明。

表 6-54 Q.4 垂直运输(011704)

项目编码	项目名称	项目特征	计量单位	工程量计算规则	工作内容
011704001	垂直运输	1. 建筑物建筑类型及结构形式 2. 地下室建筑面积 3. 建筑物檐口高度、层数	1. m^2 2. 天	1. 按《建筑工程建筑面积计算规范》(GB/T 50353—2013)的规定计算建筑物的建筑面积 2. 按施工工期日历天数	1. 垂直运输机械的固定装置、基础制作、安装 2. 行走式垂直运输机械轨道的铺设、拆除、摊销

注：1. 建筑物的檐口高度是指设计室外地坪至檐口滴水的高度（平屋顶指屋面板底高度），突出主体建筑物屋顶的电梯机房、楼梯出口间、水箱间、瞭望塔、排烟机房等不计入檐口高度。

2. 垂直运输机械指施工工程在合理工期内所需垂直运输机械。

3. 同一建筑物有不同檐高时，按建筑物的不同檐高做纵向分割，分别计算建筑面积，以不同檐高分别编码列项。

表 6-55 Q.5 超高施工增加（011705）

项目编码	项目名称	项目特征	计量单位	工程量计算规则	工作内容
011705001	超高施工增加	1. 建筑物建筑类型及结构形式 2. 建筑物檐口高度、层数 3. 单层建筑物檐口高度超过 20m、多层建筑物超过 6 层部分的建筑面积	m^2	按《建筑工程建筑面积计算规范》(GB/T 50353—2013)的规定计算建筑物超高部分的建筑面积	1. 建筑物超高引起的人工工效降低以及由于人工工效降低引起的机械降效 2. 高层施工用水加压水泵的安装、拆除及工作台班 3. 通信联络设备的使用及摊销

注：1. 单层建筑物檐口高度超过 20m，多层建筑物超过 6 层时，可按超高部分的建筑面积计算超高施工增加。计算层数时，地下室不计入层数。

2. 同一建筑物有不同檐高时，可按不同高度的建筑面积分别计算建筑面积，以不同檐高分别编码列项。

根据“河北省规程”，脚手架工程和安全生产、文明施工费及其他总价措施项目按“河北省规程”执行，见表 6-56、表 6-57。

表 6-56 “河北省规程”的单价措施项目

项目编码	项目名称	项目特征	计量单位	工程量计算规则	工作内容
011701002	外脚手架	1. 搭设方式 2. 搭设高度 3. 脚手架材质	m^2	按所服务对象的垂直投影面积计算	1. 场内、场外材料搬运 2. 搭、拆脚手架、斜道、上料平台 3. 拆除脚手架后材料的堆放
011701003	里脚手架				
011701004	悬空脚手架	1. 搭设方式 2. 悬挑宽度 3. 脚手架材质		按搭设的水平投影面积计算	
011701005	挑脚手架		m	按搭设长度乘以搭设层数以延长米计算	
011701006	满堂脚手架	1. 搭设方式 2. 搭设高度 3. 脚手架材质	m^2	按搭设的水平投影面积计算	

(续)

项目编码	项目名称	项目特征	计量单位	工程量计算规则	工作内容
011701007	整体提升架	1. 搭设方式及启动装置 2. 搭设高度	m^2	按所服务对象的垂直投影面积计算	1. 场内、场外材料搬运 2. 选择附墙点与主体连接 3. 搭、拆脚手架、斜道、上料平台 4. 测试电动装置、安全锁等 5. 拆除脚手架后材料的堆放
011701008	外装饰吊篮	1. 升降方式及启动装置 2. 搭设高度及吊篮型号			1. 场内、场外材料搬运 2. 吊篮的安装 3. 测试电动装置、安全锁、平衡控制器等 4. 吊篮的拆卸
011701B01	电梯井字架	1. 搭设方式 2. 搭设高度 3. 脚手架材质	座	按设计图示以“座”计算	1. 场内、场外材料搬运 2. 搭、拆脚手架、上料平台 3. 拆除脚手架后材料的堆放
011701B02	活动脚手架	1. 搭设方式 2. 搭设高度 3. 脚手架材质	m^2	按所服务对象的投影面积计算	1. 场内、场外材料搬运 2. 搭、拆脚手架、上料平台 3. 拆除脚手架后材料的堆放
011701B03	简易脚手架				
011702B01	对拉螺栓	1. 螺栓类型 2. 螺栓规格 3. 混凝土构件厚度	t	按设计图示尺寸以质量计算	对拉螺栓制作、安装、切割,或周转、堵洞
011706B01	支挡土板	1. 施工部位 2. 材料规格 3. 支撑方式	m^2	按槽、坑垂直支撑面积计算	1. 制作 2. 运输 3. 安装 4. 拆除

表 6-57 “河北省规程”的安全生产、文明施工费及其他总价措施项目

项目编码	项目名称	工作内容及包含范围
011707001	安全生产、文明施工费	为完成工程项目施工,发生于该工程施工前和施工过程中安全生产、环境保护、临时设施、文明施工的非工程实体的措施项目费用。已包括安全网、防护架、建筑物垂直封闭及临时防护栏杆等所发生的费用 临时设施费是指承包人为进行工程施工所必需的生活和生产用的临时建筑物、构筑物和其他临时设施的搭设、维修、拆除或摊销的费用。临时设施包括临时宿舍、文化福利及公用事业房屋与构筑物、仓库、办公室、加工厂以及规定范围内道路、水、电、管线等临时设施和小型临时设施

（续）

项目编码	项目名称	工作内容及包含范围
011707002	夜间施工增加费	合理工期内因施工工序需要必须连续施工而进行的夜间施工发生的费用,包括照明设施的安拆、劳动工效降低、夜餐补助等费用,不包括建设单位要求赶工而采用夜班作业施工所发生的费用
011707004	二次搬运费	确因施工场地狭小,或由于现场施工情况复杂,工程所需材料、成品、半成品堆放点距建筑物(构筑物)近边在150~500m范围内,不能就位堆放时而发生的二次搬运费。不包括自建设单位仓库至工地仓库的搬运以及施工平面布置变化所发生的搬运费用
011707007	成品保护费	为保护工程成品完好所采取的措施费用
011707B01	冬季施工增加费	当地规定的取暖期间施工所增加的工序、劳动工效降低、保温和加热的材料、人工和设施费用。不包括暖棚搭设、外加剂和冬季施工需要提高混凝土和砂浆强度所增加的费用,发生时另计
011707B02	雨季施工增加费	冬季以外的时间施工所增加的工序、劳动工效降低、防雨的材料、人工和设施费用
011707B03	生产工具、用具使用费	施工生产所需不属于固定资产的生产工具及检验用具等的购置、摊销和维修费,以及支付给工人的自备工具的补贴费
011707B04	检验试验配合费	配合工程质量检测机构取样、检测所发生的费用
011707B05	工程定位复测、场地清理费	包括工程定位复测及将建筑物正常施工中造成的全部垃圾清理至建筑物外墙50m范围内(不包括外运)的费用
011707B06	临时停水、停电费	施工现场临时停水、停电每周累计8小时以内的人工、机械停窝工损失补偿费用
011707B07	土建工程施工与生产同时进行增加费	改扩建工程在生产车间或装置内施工,因生产操作或生产条件限制(如不准动火)干扰了施工正常进行而降效的增加费用;不包括为保证安全生产和施工所采取措施的费用
011707B07	在有害身体健康的环境中施工降效增加费	在《民法通则》有关规定允许的前提下,改扩建工程,由于车间或装置范围内有害气体或高分贝的噪声超过国家标准以致影响身体健康而降效的增加费用;不包括劳保条例规定应享受的工种保健费

第四节　工程量清单计价

一、清单计价的工程造价构成

（一）概念

工程量清单计价是投标人完成招标人提供的工程量清单中的各个项目的内容、数量所需的全部费用，包括分部分项工程费、措施项目费、其他项目费和规费、税金。

企业可根据拟建工程的施工组织设计和具体的施工方案，结合自身的实际情况自主报价，为了简化计价程序，实现与国际接轨，采用综合单价计价。

综合单价指完成一个规定计量单位的分部分项工程量清单项目或措施清单项目所需的人工费、材料费、施工机械使用费和企业管理费与利润，以及一定范围内的风险费用。

(二) 工程造价构成

采用工程量清单计价，建设工程造价由分部分项工程费、措施项目费、其他项目费、规费和税金组成，参见住建部、财政部《关于印发〈建筑安装工程费用项目组成〉的通知》(建标〔2013〕44号)，如图6-3所示。

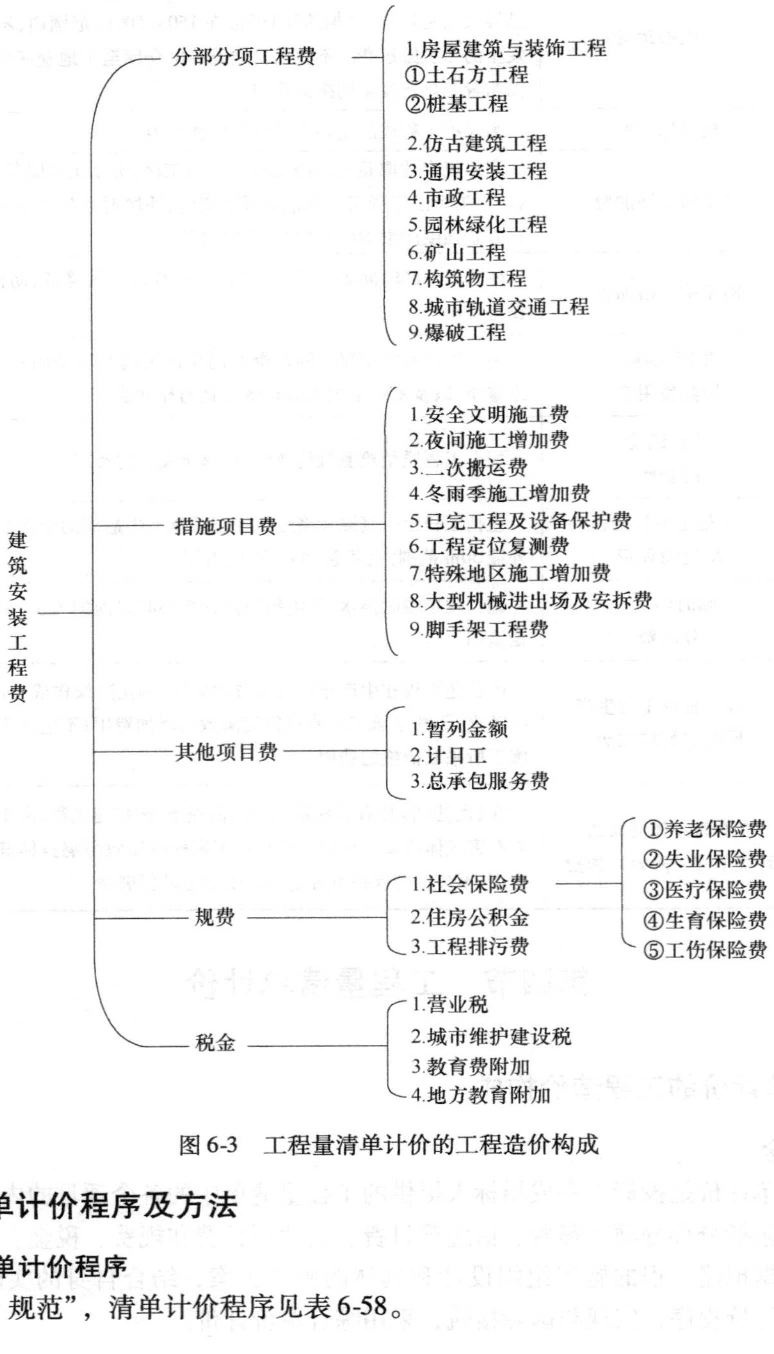

图6-3 工程量清单计价的工程造价构成

二、清单计价程序及方法

(一) 清单计价程序

根据“13规范”，清单计价程序见表6-58。

表 6-58　清单计价程序表

序号	内　容	计算方法	金额/元
1	分部分项工程费	按计价规定计算	
2	措施项目费	按计价规定计算	
2.1	其中:安全文明施工费	按规定标准计算	
3	其他项目费		
3.1	其中:暂列金额	按计价规定计算	
3.2	其中:专业工程暂估价	按计价规定计算	
3.3	其中:计日工	按计价规定计算	
3.4	其中:总承包服务费	按计价规定计算	
4	规费	按规定标准计算	
5	税金(扣除不列入计税范围的工程设备金额)	(1+2+3+4)×规定税率	
合计=1+2+3+4+5			

（二）清单计价方法

1. 分部分项工程费

分部分项工程费应根据拟定的招标文件中的分部分项工程量清单项目的特征描述及有关要求计价。计算式如下：

$$分部分项工程费=\sum(分部分项工程量\times综合单价)$$

综合单价包括人工费、材料费、施工机具使用费、企业管理费和利润以及一定范围的风险费用。

1）综合单价组价时，应根据与组价有关的施工方案或施工组织设计、工程量清单的项目特征描述，结合依据的定额子目的有关工作内容进行。

2）拟定的招标文件提供了暂估单价的材料和工程设备，按暂估的单价计入综合单价。

2. 措施项目费

措施项目组价的方法一般有两种：

1）用综合单价形式的组价。这种组价方式主要用于混凝土、钢筋混凝土模板及支架、脚手架、垂直运输、超高费等，其组价方法与分部分项工程量清单项目相同。

$$措施项目费=\sum(措施项目工程量\times综合单价)$$

2）用费率形式的组价。这种组价方式主要用于措施费用的发生和金额的大小与使用时间、施工方法或者两个以上工序相关，与实际完成的实体工程量的多少关系不大的措施项目，如安全文明施工费、夜间施工增加费等，编制人应按照工程造价管理机构的规定计算。

$$措施项目费=\sum[计算基数\times各措施项目费率(\%)]$$

计算基数应为定额基价（定额分部分项工程费+定额中可以计量的措施项目费）、定额人工费或（定额人工费+定额机械费），其费率由工程造价管理机构根据各专业工程的特点综合确定。

3. 其他项目费

其他项目费应根据工程特点和规范的规定计价。

1）暂列金额应按招标工程量清单中列出的金额填写。

2）暂估价中的材料、工程设备单价应按招标工程量清单中列出的单价计入综合单价。

3）暂估价中的专业工程金额应按招标工程量清单中列出的金额填写。

4）计日工应按招标工程量清单中列出的项目根据工程特点和有关计价依据确定综合单价计算。

5）总承包服务费应根据招标工程量清单列出的内容和要求估算。

4. 规费和税金

规费和税金应按国家或省级、行业建设主管部门的规定计算，不得作为竞争性费用。

三、综合单价的确定

综合单价的确定，根据“13 规范”计算清单工程量，依据河北省定额套价、取费及一定的计价程序，计算出综合单价。

（一）综合单价概念

综合单价是指完成一个规定计量单位的分部分项工程量清单项目或措施清单项目所需的人工费、材料费、施工机械使用费和企业管理费与利润，以及一定范围内的风险费用。分部分项工程量清单的综合单价包括除规费和税金以外的全部费用。

（二）综合单价计算程序

建筑、土石方、桩基、装饰装修工程综合单价的计算，依据河北省定额套价计算出直接工程费，企业管理费及利润根据取费标准的工程类别取定费率，人材机价差根据市场价格或造价信息价格计算价差，最终计算出综合单价，计算程序见表 6-59。

表 6-59　综合单价计算程序表

序号	费用名称	计算式	序号	费用名称	计算式
1	分项直接工程费	1.1 +1.2 +1.3	4	人材机价差	4.1 +4.2 +4.3
1.1	人工费	定额基价人工费	4.1	人工费价差	
1.2	材料费	定额基价材料费	4.2	材料费价差	
1.3	机械费	定额基价机械费	4.3	机械费价差	
2	企业管理费	(1.1 +1.3) × 费率	5	综合单价	(1 +2 +3 +4)/清单工程量
3	利润	(1.1 +1.3) × 费率			

四、分部分项清单计价

【例 6-7】 根据例 6-1 所计算的清单工程量，依据河北省定额及取费标准，计算各分部分项工程量及综合单价，填写分部分项工程量清单表，并列出平整场地、挖沟槽、砖基础、垫层的分部分项工程量综合单价分析表。

【解】 河北省定额土方计算需考虑工作面和放坡，与清单计算规则不同，计算见表 6-60。

土方分部分项工程量清单与计价表见表 6-61。

表 6-60　定额工程量计算表

序号	定额项目名称	计算式	工程量	单位
1	平整场地	$(12+0.5)\times(10.2+0.5)=133.75$	133.75	m^2
2	挖沟槽土方	工作面 $c=0.3$ $L_{外}=(10.2+0.13+12+0.13)\times2=44.92$ $L_{内}=(10.2-0.455\times2-0.3\times2)\times2+(5.1-0.46-0.455-0.3\times2)+(4.8-0.46-0.455-0.3\times2)\times2=17.38+3.585+6.57=27.535$ 挖深 $h=2.1-0.6=1.5$，需放坡，$k=0.33$ 沟槽放坡宽 $=1.5\times0.33\times2=0.99$ $S_{外}=[(1.04+0.3\times2)\times2+0.99]\times1.5\times0.5=3.203$ $S_{内}=[(0.92+0.3\times2)\times2+0.99]\times1.5\times0.5=3.023$ $V_{外}=44.92\times3.203=143.879$ $V_{内}=27.535\times3.023=83.238$ $V_{总}=143.879+83.238=227.117$	227.117	m^3
3	砖基础	外墙基础 31.462 内墙基础 16.711	48.173	m^3
4	垫层	$L_{外}=(10.2+0.13+12+0.13)\times2=44.92$ $L_{内}=(10.2-0.455\times2)\times2+(5.1-0.46-0.455)+(4.8-0.46-0.455)\times2=18.58+4.185+7.77=30.535$ $V_{外}=44.92\times1.04\times0.2=9.343$ $V_{内}=30.535\times0.92\times0.2=5.618$ $V_{总}=9.343+5.618=14.961$	14.961	m^3
5	基础回填	室外地坪以下砖基础： $48.173-(0.6-0.24)\times0.365\times44.92-(0.6-0.24)\times0.24\times33.9=48.173-5.902-2.929=39.342$ 基础回填：$227.117-39.342-14.961=172.814$	172.814	m^3
6	弃土外运	$227.117-172.814=54.303$	54.303	m^3

表 6-61　分部分项工程量清单与计价表

序号	项目编码	项目名称	项目特征	计量单位	工程数量	金额/元	
						综合单价	合价
1	010101001001	平整场地	1. 土壤类别：三类 2. 取弃土运距：由投标人根据施工现场实际情况自行考虑	m^2	133.75	1.54	205.98
2	010101003001	挖沟槽土方	1. 土壤类别：三类 2. 挖土深度：1.5m 3. 挖土方式：人工 4. 场内弃土运距：由投标人根据施工现场实际情况自行考虑	m^3	112.22	53.23	5973.47

（续）

序号	项目编码	项目名称	项目特征	计量单位	工程数量	金额/元	
						综合单价	合价
3	010401001001	砖基础	1. 砖品种、规格、强度等级：实心标准砖 MU10 240mm×115mm×53mm 2. 基础类型：砖基础 3. 砂浆强度等级：M5 水泥砂浆	m^3	48.173	308.72	14871.04
4	010501001001	垫层	1. 混凝土类别：预拌混凝土 2. 混凝土强度等级：C15	m^3	14.961	294.65	4408.26
5	010103001001	基础回填	1. 土质、密实度、粒径要求：满足规范及设计要求 2. 填方运距：由投标人根据施工现场实际情况自行考虑	m^3	57.92	50.99	2953.34
6	010103002001	弃土外运	自卸汽车(12t)弃土运距：1km	m^3	54.303	8.76	475.67

根据综合单价的计取程序，各个清单项目的综合单价分析表见表 6-62～表 6-65。

表 6-62 分部分项工程量清单综合单价分析表

序号	项目编号（定额编号）	项目名称	单位	数量	综合单价/元	合价/元	综合单价组成/元			
							人工费	材料费	机械费	管理费和利润
1	010101001001	平整场地	m^2	133.75	1.54	205.98	1.43	0	0	0.12
1.1	A1-39	人工平整场地	$100m^2$	1.3375	142.88	191.10	191.10	0	0	15.28
		企业管理费		4%	191.10	7.64				
		利润		4%	191.10	7.64				
		小计				206.38				
		综合单价		206.38/133.75		1.54				

表 6-63 分部分项工程量清单综合单价分析表

序号	项目编号（定额编号）	项目名称	单位	数量	综合单价/元	合价/元	综合单价组成/元			
							人工费	材料费	机械费	管理费和利润
2	010101003001	挖沟槽土方	m^3	112.22	53.23	5973.47	49.28			3.94
2.1	A1-15	人工挖沟槽三类土	$100m^3$	2.2712	2435.07	5530.53	5530.53			442.22
		企业管理费		4%	5530.53	221.22				
		利润		4%	5530.53	221.22				
		小计				5972.97				
		综合单价		5972.97/112.22		53.23				

表 6-64　分部分项工程量清单综合单价分析表

序号	项目编号（定额编号）	项目名称	单位	数量	综合单价/元	合价/元	综合单价组成/元			
							人工费	材料费	机械费	管理费和利润
3	010401001001	砖基础	m^3	48.17	308.72	14871.04	58.44	229.38	4.04	16.87
3.1	A3-1	砖基础	$10m^3$	4.817	2918.52	14058.51	2815.05	11049.09	194.37	812.54
		企业管理费		17%	3009.42	511.60				
		利润		10%	3009.42	300.94				
		小计				14871.05				
		综合单价		14871.05/48.17		308.72				

表 6-65　分部分项工程量清单综合单价分析表

序号	项目编号（定额编号）	项目名称	单位	数量	综合单价/元	合价/元	综合单价组成/元			
							人工费	材料费	机械费	管理费和利润
5	010501001001	垫层	m^3	14.96	294.65	4407.96	41.88	237.98	1.38	13.41
5.1	B1-25	垫层（预拌）	$10m^3$	1.496	2812.36	4207.29	626.52	3560.12	20.64	200.62
		企业管理费		18%	647.16	116.49				
		利润		13%	647.16	84.13				
		小计				4407.91				
		综合单价		4407.91/14.96		294.65				

【例 6-8】 根据例 6-2 所列楼梯的清单数量，假设工程类别为二类，混凝土为预拌泵送，预拌混凝土市场价格为 250 元/ m^3，计算整体楼梯混凝土的综合单价，并填写分部分项工程量清单与计价表及综合单价分析表。

【解】 整体楼梯混凝土工程量清单与计价表见表 6-66。

表 6-66　分部分项工程量清单与计价表

序号	项目编码	项目名称	项目特征	计量单位	工程数量	金额/元	
						综合单价	合价
1	010506001001	直形楼梯	1. 混凝土类别：预拌泵送 2. 混凝土强度等级：C20	m^3	2.652	439.63	1183.92

整体楼梯混凝土工程量清单综合单价分析表见表 6-67。定额套用时考虑泵送，取费时计算材料差价。

表 6-67　分部分项工程量清单综合单价分析表

序号	项目编号（定额编号）	项目名称	单位	数量	综合单价/元	合价/元	综合单价组成/元			
							人工费	材料费	机械费	管理费和利润
1	010406001001	直形楼梯	m^3	2.652	440.08	1167.09	117.63	254.44	15.28	42.53
1.1	A4-199	整体楼梯（预拌）	$10m^3$	0.2652	3684.51	977.13	308.22	660.74	8.70	

(续)

序号	项目编号(定额编号)	项目名称	单位	数量	综合单价/元	合价/元	综合单价组成/元			
							人工费	材料费	机械费	管理费和利润
1.2	A4-315	混凝土输送泵檐高60m以内	$10m^3$	0.2705	185.3	50.12	3.73	14.04	32.35	
	1.1~1.2	小计				1027.25	311.95	674.78	40.52	112.79
		企业管理费		20%	352.47	70.49				
		利润		12%	352.47	42.30				
		材料价差	0.2652×10.199×(250−240)			27.05				
		合计				1167.09				
		综合单价	1167.09/2.652			440.08				

【例6-9】 根据例6-4中成品钢质防盗门的数量及项目特征，计算该门综合单价，并填写分部分项工程量清单与计价表及综合单价分析表。假设工程类别为三类，人工单价调增为90元/工日。

【解】 成品钢质防盗门分部分项工程量清单与计价表见表6-68。

表6-68 分部分项工程量清单与计价表

序号	项目编码	项目名称	项目特征	计量单位	工程数量	金额/元	
						综合单价	合价
1	010702004001	成品钢质防盗门	1. 门代号:FDM-1 2. 洞口尺寸:800mm×2100mm 3. 门框、扇材质:钢质 4. 含锁、普通五金	m^2	1.68	551.54	926.59

成品钢质防盗门综合单价分析表见表6-69，考虑人工费的调差。

表6-69 分部分项工程量清单综合单价分析表

序号	项目编号(定额编号)	项目名称	单位	数量	综合单价/元	合价/元	综合单价组成/元			
							人工费	材料费	机械费	管理费和利润
1	010702004001	防盗门	m^2	1.68	551.54	926.59	31.16	512.16	1.36	6.86
1.1	B4-130	成品防盗门安装	$100m^2$	0.0163	55068.83	897.62	34.9	860.43	2.29	11.52
		企业管理费		18%	37.19	6.69				
		利润		13%	37.19	4.83				
		人工价差	35.68×0.0163×(90−60)			17.45				
		合计				926.59				
		综合单价	926.59/1.68			551.54				

五、措施项目清单计价

脚手架、模板、垂直运输、超高等项目用综合单价组价，在“河北省规程”中是单价措施项目，与分部分项综合单价确定程序相同，而安全生产、文明施工费、冬雨季施工费、二次搬运费等以费率的形式组价，在“河北省规程”中是总价措施项目。

【例 6-10】 某装饰装修工程的人工费为 15000 元，材料费为 76000 元，机械费为 2000 元，利用“河北省规程”计算该装饰装修工程的清单项目二次搬运费，并填写措施项目清单综合单价分析表。

【解】 清单项目二次搬运费以费率的形式计价，工程的人工与机械费之和为计算基数，乘以相应的费率计算，并填写措施项目清单综合单价分析表，见表 6-70。

表 6-70 措施项目清单综合单价分析表

序号	项目编号（定额编号）	项目名称	单位	数量	综合单价/元	合价/元	综合单价组成/元			
							人工费	材料费	机械费	管理费和利润
1	011707004001	二次搬运费	项	1	299.39	299.39	137.7	119	0	42.69
1.1	B9-7	二次搬运费	%	1.51	17000	256.7	137.7	119	0	42.69
		企业管理费		18%	137.7	24.79				
		利润		13%	137.7	17.9				
		小计				299.39				

六、清单工程造价

单位工程的工程量清单造价由分部分项工程量清单、措施项目清单、其他项目清单、规费项目清单、税金项目清单的计价组成。具体计算程序见表 6-58。

【例 6-11】 根据已知条件计算某砌筑工程的工程造价，并填写相关表格，见表 6-71～表 6-80。

1）根据以下条件编制内外墙工程量清单：

①该工程外墙工程量为 200m³，内墙工程量为 400m³。

②外墙厚度 250mm，内墙厚度 200mm。

③内外墙均使用 MU10 加气混凝土砌块，外墙砌块规格 600mm×250mm×200mm，内墙砌块规格 600mm×200mm×200mm。

④M10 混合砂浆砌筑。

⑤不勾缝。

2）假设工程类别为二类，工程地点在石家庄，建筑面积 6000m²，加气块暂估价为 210 元/m³，根据编制的清单计算内外砌块墙综合单价。

3）计算内外墙清单项目工程造价。

假设甲方招标文件规定：①加气块暂估价为 210 元/m³；②专业工程暂估价，钢结构雨篷 50000 元；③零工 10 个工日，100 元/工日；④门窗工程 10 万元另行分包，总承包服务费为门窗工程费的 5%。

只计取的措施项目：冬季施工增加费、二次搬运费、安全生产费、文明施工费。

【解】

1) 编制内外墙工程量清单，见表6-71。

表6-71 分部分项工程量清单

序号	项目编码	项目名称	项目特征	计量单位	工程数量	金额/元	
						综合单价	合价
1	010402001001	砌块墙	1. 砌块品种、规格、强度等级：MU10 加气混凝土砌块，600mm×250mm×200mm，不勾缝 2. 墙体类型：外墙250mm 3. 砂浆强度等级：M10混合砂浆	m^3	200		
2	010402001002	砌块墙	1. 砌块品种、规格、强度等级：MU10 加气混凝土砌块，600mm×200mm×200mm，不勾缝 2. 墙体类型：内墙200mm 3. 砂浆强度等级：M10混合砂浆	m^3	400		

2) 计算内外砌块墙综合单价，见表6-72、表6-73。

表6-72 分部分项工程量清单与计价表

序号	项目编码	项目名称	项目特征	计量单位	工程数量	金额/元	
						综合单价	合价
1	010402001001	砌块墙	1. 砌块品种、规格、强度等级：MU10 加气混凝土砌块，600mm×250mm×200mm，不勾缝 2. 墙体类型：外墙250mm 3. 砂浆强度等级：M10混合砂浆	m^3	200	319.39	63878
2	010402001002	砌块墙	1. 砌块品种、规格、强度等级：MU10 加气混凝土砌块，600mm×200mm×200mm，不勾缝 2. 墙体类型：内墙200mm 3. 砂浆强度等级：M10混合砂浆	m^3	400	319.39	127756
			合计				191634

表6-73 分部分项工程量清单综合单价分析表

序号	项目编号（定额编号）	项目名称	单位	数量	综合单价/元	合价/元	综合单价组成/元			
							人工费	材料费	机械费	管理费和利润
1	010402001001	砌块墙	m^3	600	319.39	191634	70.80	224.16	1.35	23.09
1.1	A3-17	砌块墙 加气混凝土砌块	$10m^3$	60	2581.79	154907.40	42480	111620.40	807	13851.84

（续）

序号	项目编号（定额编号）	项目名称	单位	数量	综合单价/元	合价/元	综合单价组成/元			
							人工费	材料费	机械费	管理费和利润
		企业管理费		20%	43287	8657.40				
		利润		12%	43287	5194.44				
		材料价差		9.532×60×(210-170)		22876.80				
		小计				191636.04				

3）计算工程造价。

①计算措施项目造价，见表6-74～表6-76。

表6-74 二次搬运费措施项目清单综合单价分析表

序号	项目编号（定额编号）	项目名称	单位	数量	综合单价/元	合价/元	综合单价组成/元			
							人工费	材料费	机械费	管理费和利润
1	011707004001	二次搬运费	项	1	685.66	685.66	160.16	0	359.28	166.22
1.1	A15-66	二次搬运费	%	1.2	43287	519.44	160.16	0	359.28	166.22
		企业管理费		20%	519.44	103.89				
		利润		12%	519.44	62.33				
		小计				685.66				

表6-75 冬季施工措施项目清单综合单价分析表

序号	项目编号（定额编号）	项目名称	单位	数量	综合单价/元	合价/元	综合单价组成/元			
							人工费	材料费	机械费	管理费和利润
1	011707B01001	冬季施工增加费	项	1	313.05	313.05	56.27	164.49	56.27	36.01
1.1	A15-59	冬季施工	%	0.64	43287	277.04	56.27	164.49	56.27	36.01
		企业管理费		20%	112.54	22.51				
		利润		12%	112.54	13.50				
		小计				313.05				

表6-76 总价措施项目清单与计价表

序号	项目编码	项目名称	金额/元
1	011707B01001	冬季施工增加费	313.05
2	011707004001	二次搬运费	685.66
	/	合计	998.71

②计算其他项目清单造价，见表6-77～表6-80。

表6-77 其他项目清单暂估价表

序号	暂估价名称	规格或工程内容	单位	暂估价/元	备注
1	材料暂估价	—	—	—	
1.1	加气混凝土砌块		m^3	210	
2	专业工程暂估价				
2.1	钢结构雨篷		项	50000	

表6-78 其他项目清单计日工表

序号	名称	规格型号	计量单位	综合单价/元
1	人工	—	—	—
1.1	零工		工日	100
2	材料	—	—	—
2.1				
3	机械	—	—	—
3.1				

表6-79 其他项目清单总承包服务费计价表

序号	项目名称	项目金额/元	费率(%)	金额/元
1	招标人另行发包专业工程	—	—	—
1.1	门窗工程	100000	5	5000
	小计		—	5000

表6-80 其他项目清单与计价表

序号	项目名称	金额/元
1	暂列金额	
2	暂估价	50000
2.1	材料暂估价	—
2.2	设备暂估价	—
2.3	专业工程暂估价	50000
3	总承包服务费	5000
4	计日工	1000
	合计	56000

③计算砌筑工程造价，见表6-81。

表6-81 单位工程费汇总表

序号	名称	计算基数	费率(%)	金额/元	其中/元		
					人工费	材料费	机械费
1	分部分项工程量清单合计		—	191634	42480	134497.2	807
2	措施项目清单合计		—	998.71	216.43	164.49	415.55
3	其他项目清单合计		—	56000	—		—
4	规费	43918.98	25	10979.75	—		—

（续）

序号	名称	计算基数	费率(%)	金额/元	其中/元		
					人工费	材料费	机械费
5	安全生产、文明施工费	259612.46	4.98	12928.70	—		—
6	税金	272541.16	3.48	9484.43	—		—
	合计			282025.59			

【例6-12】 石家庄某工程装饰装修部分已知条件如下，填写表6-82～表6-87，计算该工程造价。

1）大理石地面清单工程量为520m^2。其工程做法：100mm厚C15混凝土垫层（现场搅拌）；30mm厚1∶4干硬性水泥砂浆；素水泥浆结合层一遍；20mm厚天然大理石板，规格800mm×800mm，单色、不拼花（假设室内净面积为500m^2）。

2）800mm×800mm天然大理石520m^2，地砖全部由招标人供应，按90元/m^2计。

3）暂列金额10万元。

4）该工程经计算，冬季施工增加费8.436万元（其中人工费1.693万元，机械费1.693万元），检验试验配合费2.28万元（其中人工费0.63万元，机械费0.39万元）；其余措施项目不考虑。

5）消防工程暂估价50万元。

6）核准规费费率20%，安全生产、文明施工费率为4.11%。

表6-82　单位工程费汇总表

序号	名称	计算基数	费率(%)	金额/元	其中/元		
					人工费	材料费	机械费
1	分部分项工程量清单计价合计						
2	措施项目清单计价合计						
3	其他项目清单计价合计						
4	规费						
5	安全生产、文明施工费						
6	税金						
7	合计						

表6-83　分部分项工程量清单与计价表

序号	项目编码	项目名称	项目特征	计量单位	工程数量	金额/元	
						综合单价	合价

表 6-84 总价措施项目清单与计价表

序号	项目编码	项目名称	金额/元
1		冬季施工增加费	
2		检验试验配合费	
		合 计	

表 6-85 其他项目清单与计价表

序号	项目名称	金额/元
1	暂列金额	
2	暂估价	
2.1	材料暂估价	
2.2	设备暂估价	
2.3	专业工程暂估价	
3	总承包服务费	
4	计日工	
	合计	

表 6-86 招标人供应材料、设备明细表

序号	名称	规格型号	单位	数量	单价/元	合价/元	质量等级	供应时间	送达地点	备注
1	材料									
	小计									

表 6-87 分部分项工程量清单综合单价分析表

序号	项目编码（定额编号）	项目名称	单位	数量	综合单价/元	合价/元	综合单价组成/元			
							人工费	材料费	机械费	管理费和利润

【解】 计算详见表 6-88 ~ 表 6-93。

表 6-88 单位工程费汇总表

序号	名称	费率(%)	计算基数	金额/元	其中/元		
					人工费	材料费	机械费
1	分部分项工程量清单计价合计	/	/	81057	15417	59628	941
2	措施项目清单计价合计	/	/	107160	23230		20830

（续）

序号	名称	费率(%)	计算基数	金额/元	其中/元		
					人工费	材料费	机械费
3	其他项目清单计价合计	/	/	600000	/	/	/
4	规费	20	60418	12084	/	/	/
5	安全文明施工费	4.11	800301	32892			
6	税金	3.48	829032	28995	/	/	/
7	合计	/	/	862188	38647		21771

表 6-89　分部分项工程量清单与计价表

序号	项目编码	项目名称	项目特征	计量单位	工程数量	金额/元	
						综合单价	合价
1	011102001001	石材楼地面	1. 100mm 厚混凝土垫层 C15 2. 30mm 厚 1∶4 干硬性水泥砂浆 3. 素水泥浆 4. 天然大理石地板 800mm × 800mm，单色、不拼花	m^2	520	155.88	81058

表 6-90　总价措施项目清单与计价表

项目编码	项目名称	金额/元
011707B01001	冬季施工增加费	84360
011707B04001	检验试验配合费	22800
	小计	107160

表 6-91　其他项目清单与计价表

序号	项目名称	金额/元
1	暂列金额	100000
2	暂估价	
2.1	材料暂估价	/
2.2	设备暂估价	/
2.3	专业工程暂估价	500000
3	总承包服务费	
4	计日工	
	合计	600000

表 6-92　招标人供应材料、设备明细表

序号	名称	规格型号	单位	数量	单价/元	合价/元	质量等级	供应时间	送达地点	备注
1	材料	/	/	/	/	/	/	/	/	
1.1	天然大理石地板	800mm × 800mm	m^2	520	90	46800	/	/	/	
	小计	/	/	/	/	46800	/	/	/	

表 6-93　分部分项工程量清单综合单价分析表

序号	项目编码（定额编号）	项目名称	单位	数量	综合单价/元	合价/元	综合单价组成/元			
							人工费	材料费	机械费	管理费和利润
1	011102001001	石材楼地面 1. 100mm 厚 C15 混凝土垫层 2. 30mm 厚 1∶4干硬性水泥砂浆 3. 素水泥浆 4. 天然大理石	m^2	520	155.88	81058	29.65	114.67	1.81	9.75
	B1-65	天然大理石地面	$100m^2$	5.2	15148.85	78774	11553	66643	577	
	B1-24	100mm 厚混凝土垫层 C15	$10m^3$	5	2624.85	13124	3864	8897	364	
		小计				91898	15417	75540	941	5071
		企业管理费	%	18	16358	2944				
		利润	%	13	16358	2127				
		大理石材料调整		$(90-120)\times 102\times 5.2$		-15912				
		合计				81057	15417	59628	941	5071

思考与练习题

1. 工程量清单计价有哪些特点?
2. 工程量清单编制依据是什么?
3. 工程量清单由哪几部分组成?
4. 分别叙述 12 位项目编码的含义。
5. 描述工程量清单项目特征的原则是什么?
6. 简述工程量清单计价程序。
7. 简述其他项目清单中的暂列金额、暂估价的含义。
8. 挖沟槽因工作面和放坡增加的工程量，是否并入各土方清单工程量中?
9. 如何确定清单分部分项工程量的综合单价?
10. 措施项目清单如何计价?

附录

框架办公楼综合实训项目

根据框架办公楼综合实训项目的施工图纸和编制依据，编制土建工程预算、工程量清单

一、编制依据

1）依据13全国清单规范、13河北省清单规程及河北省12定额编制。

2）所有混凝土采用预拌混凝土。

3）土壤类别：三类土。

4）采用反铲挖掘机大开挖，挖掘机装车，挖掘机斗容量0.6m^3，自卸汽车运土（8t），余土外运距离为5km。

5）卫生间墙面瓷砖200mm×300mm。

6）卫生间天棚吊顶：嵌入式铝合金方形龙骨（不上人型）600mm×600mm，方形铝扣板面层600mm×600mm。

7）二层办公楼面瓷砖800mm×800mm。

8）工程所在地为石家庄市。

9）材料调价项目：钢筋市场价3800元/t，铝合金推拉窗600元/m^2，塑钢推拉窗600元/m^2，塑钢门500元/m^2，铝合金地弹门1500元/m^2，40mm岩棉板70元/m^2。

10）规费按费用标准中列出的规费费率计算。

11）安全生产、文明施工费取固定费率。

二、框架办公楼施工图纸

详见附图1～附图19。

三、框架办公楼土建预算的编制

详见附表1～附表5。

四、框架办公楼工程量清单编制

详见附表6～附表15。

建筑设计总说明(一)

1.设计依据

1.1 经批准的本工程的设计任务书、由甲方提供的方案设计文件及建设方的意见

1.2 现行的国家有关建筑设计规范、规程和规定，如下：

《民用建筑设计通则》(GB 50352—2005)；

《建筑设计防火规范》(GB 50016—2006)；

《屋面工程技术规范》(GB 50345—2012)；

《建筑地面设计规范》(GB 50037—2013)；

《公共建筑节能设计标准》(GB 50189—2005)；

《无障碍设计规范》(GB 50763—2012)；

《建筑内部装修设计防火规范》(GB 50222—1995)；

《建筑外门窗气密、水密、抗风压性能分级及检测方法》(GB/T 7106—2008)；

《建筑玻璃应用技术规程》(JGJ 113—2009)；

其他相关的国家现行建筑设计规范、规程和规定。

2.项目概况

2.1 本工程为某学院建设的办公楼，建设地点见总图(此处略)；设计的主要范围为本项目的施工图范围内的设计。

2.2 本工程建筑面积为253.694m^2。

2.3 使用性质：办公楼

2.4 建筑层数及高度：地上2层，建筑高度8.3m，室内外高差0.45m。

2.5 建筑结构形式为框架结构，建筑结构的类别为丙类，设计使用年限为50年，抗震设防烈度为7度。

2.6 建筑防火等级：二级。

2.7 屋面防水等级：Ⅲ级。

3.设计标高

3.1 各层标注标高为建筑完成面标高，屋面标高为结构面标高。

3.2 本工程标高以m为单位，总平面尺寸以m为单位，其他尺寸以mm为单位。

4.墙体工程

4.1 墙体的基础部分详见建施图。

4.2 承重钢筋混凝土柱详见结施图，砌体墙详见建施图。

4.3 外墙：300厚A3加气混凝土砌块(干密度500kg/m^3)，采用M5混合砂浆砌筑，砌筑前砌筑面浇水湿润，详见05J3-4?。

4.4 建筑物的轻隔墙200厚A3加气混凝土砌块，砂浆同外墙，其他要求详见05J3-4。

4.5 建筑门窗预留过梁见结施说明：砌筑墙上的预留洞见建施和设备图。

4.6 预留洞的封堵：混凝土墙上预留洞的封堵见结施，其余砌筑墙留洞待管道设备安装完毕后，用C15细石混凝土填实。

4.7 凡水、电穿墙管线，固定管线，插头，门窗框连接等构造及技术要求由制作厂家提供。

4.8 ±0.000以下墙体及防潮：采用实心页岩砖1:3水泥砂浆砌筑。

在墙体标高-0.060处设防潮层一道，做法为20厚1:3防水砂浆。

4.9 阳台墙面、顶棚、栏板外立面、女儿墙内外立面及压顶等抹灰为外墙2，涂料同外墙涂料。

5. 其他做法

5.1 各楼地面、踢脚、内外墙面、顶棚、散水等均按本说明工程做法表取用。

5.2 阳台地面、踢脚同二层办公室。

卫生间吊顶高度，一层3200mm，二层2900mm。

5.3 雨篷、阳台、挑檐底面抹灰选用05J1顶4，外墙涂料2遍。

5.4 楼梯扶手采用05J8-6/76木扶手，直径18mm金属栏杆，扶手距踏步50mm，木扶手油漆选用05J1-涂1，金属栏杆油漆选用05J1-涂12，楼梯踏步防滑条采用05J-9，水泥金刚砂防滑条。室内楼梯、护栏垂直栏杆间距＜110mm，水平栏杆或栏杆的高度＞1100mm，立面样式仅为示意，由厂家与甲方及设计单位协商后确定。

5.5 卫生间变压式排气道PWW12选05J11-2，尺寸450mm×240mm。

5.6 内墙阳角用1:2.5水泥砂浆，宽100道高。雨水管距地2m以下为ϕ100钢管。

预埋铁件先除锈后做防锈处理，预埋木砖应做防腐处理，凡预埋件、预埋孔事先做好，以确保工程质量。

6. 门窗工程和屋面工程，见门窗表和工程做法表。

7. 本说明未尽事宜均按国家有关施工及验收规范执行。

门窗表

门窗编号	门窗类型	洞口尺寸 宽/mm	洞口尺寸 高/mm	数量	备注
M-1	铝合金地弹门	2400	2700	1	断桥铝合金框LOW-E(6+14A+6)中空玻璃
M-2	镶板门	900	2400	6	
M-3	镶板门	900	2100	2	
MC-1	塑钢门联窗	2400	2700	1	窗台高900，55系列，门宽900，断桥铝合金LOW-E(6+14A+6)中空玻璃
C-1	铝合金窗	1800	1800	8	窗台高900，55系列，(带纱平开窗)断桥铝合金LOW-E(6+14A+6)中空玻璃
C-2	铝合金窗	2400	1800	2	窗台高900，55系列，(带纱平开窗)断桥铝合金LOW-E(6+14A+6)中空玻璃

附图1

建筑设计总说明(二)

工程做法表(选自05J1)

	房间名称	楼、地面	内墙面	踢脚	顶棚
室内	一层接待室、系办公室、学工办公室、楼梯间	水磨石地面 地11(90厚)	混合砂浆墙面 内墙5 涂24	水磨石踢脚 踢17(120高)	涂料顶棚 顶3(厚度12) 涂24
	一层 卫生间	水磨石防水地面 地48(150厚)	釉面砖墙面 内墙9 瓷砖规格200×300		铝合金方形吊顶 顶20 铝合金方形龙骨(不上人型)600×600, 方形铝扣板面层600×600
	二层会客厅、书记办公室、主任办公室	陶瓷地砖地面 楼10(30厚) 瓷砖规格800×800	混合砂浆墙面 内墙5 涂24	面砖踢脚 踢23(100高)	混合砂浆顶棚 顶3 涂24
	二层 卫生间	陶瓷地砖防水楼面 楼28(100厚)	釉面砖墙面 内墙9 瓷砖规格200×300		铝合金方形吊顶 顶20 铝合金方形龙骨(不上人型)600×600, 方形铝扣板面层600×600
外墙	岩棉保温板外墙 改外墙28				
屋面	屋13(找坡层改用水泥焦渣)				
散水	混凝土散水 散1				

05J1工程做法摘录

编号	名称	用料做法	参考指标	编号	名称	用料做法	参考指标
地11	水磨石地面	12厚1:2水泥石子磨光 素水泥浆结合层一遍 18厚1:3水泥砂浆找平层 素水泥浆结合层一遍 60厚C15混凝土 素土夯实	总厚度: 90	踢17(120高)	水磨石踢脚	刷建筑胶素水泥浆一遍，配合比为建筑胶:水=1:4 15厚2:1:8水泥石灰砂浆，分两次抹灰 素水泥砂浆结合层一遍 10厚1:2水泥石子磨光	总厚度: 25
地48	水磨石防水地面	12厚1:2水泥石子磨光 素水泥浆结合层一遍 18厚1:3水泥砂浆找平层 素水泥浆结合层一遍 60厚C15细石混凝土防水层找坡不小于0.5%，最薄处不小于30厚 60厚C15混凝土 素土夯实	总厚度: 150	踢23(100高)	面砖踢脚	刷建筑胶素水泥浆一遍，配合比为建筑胶:水=1:4 17厚2:1:8水泥石灰砂浆，分两次抹灰 3～4厚1:1水泥砂浆加水重20%建筑胶镶贴 8～10厚面砖，水泥浆擦缝	总厚度: 28～31
楼10	陶瓷地砖楼面	8～10厚地砖铺实拍平，水泥浆擦缝 25厚1:4干硬性水泥砂浆 素水泥浆结合层一遍 钢筋混凝土楼板	总厚度: 28～30	顶3	混合砂浆顶棚	钢筋混凝土板底面清理干净 7厚1:1:4水泥石灰砂浆 5厚1:0.5:3水泥石灰砂浆 表面喷刷涂料另选	总厚度: 12
楼28	陶瓷地砖防水楼面	8～10厚地砖铺实拍平，水泥浆擦缝 25厚1:4干硬性水泥砂浆 25厚聚氨酯防水涂料，面撒黄砂，四周沿墙上翻150高 刷基层处理剂一遍 15厚1:2水泥砂浆找平 50厚C15细石混凝土找坡不小于0.5%，最薄处不小于30厚 钢筋混凝土楼板	总厚度: 102	顶20(封闭式)	铝合金龙骨方(矩)形板吊顶	配套金属龙骨 铝合金方(矩)形板	总厚度: 84
内5	混合砂浆	刷建筑胶素水泥浆一遍，配合比为建筑胶:水=1:4 15厚1:2:6水泥石灰砂浆，分两次抹灰 15厚1:0.5:3水泥石灰砂浆	总厚度: 20	改外墙28	岩棉保温外墙	基层刷界面剂一道 20厚1:3水泥砂浆找平 40厚岩棉保温板 挂玻纤网格布一层 5厚聚合物抗裂砂浆 喷或滚刷底涂料两遍	总厚度: 65
内墙9	釉面砖墙	刷建筑胶素水泥浆一遍，配合比为建筑胶:水=1:4 15厚2:1:8水泥石灰砂浆，分两次抹灰 3～4厚1:1水泥砂浆加水重20%的建筑胶镶贴 4～5厚釉面面砖，白水泥浆擦缝	总厚度: 23～24	改屋13(B9-55-F2)	涂料保护层保温屋面，不上人	保护层：着色涂料保护层一遍 防水层：冷粘30厚SBS改性沥青防水卷材2遍 找平层：20厚1:3水泥砂浆 保温层：20厚岩棉保温层 找坡层：1:6水泥炉渣找2%，最薄处20厚 结构层：钢筋混凝土屋面板	厚度：最薄处101
涂24	合成树脂乳液内墙涂料(乳胶漆)	清理抹灰基层 满刮腻子一遍 刷底漆一遍 乳胶漆两遍		散1	混凝土散水	60厚C15混凝土，面上加5厚1:1水泥砂浆随打随抹光 150厚3:7灰土 素土夯实，向外坡4%	总厚度: 210

附图2

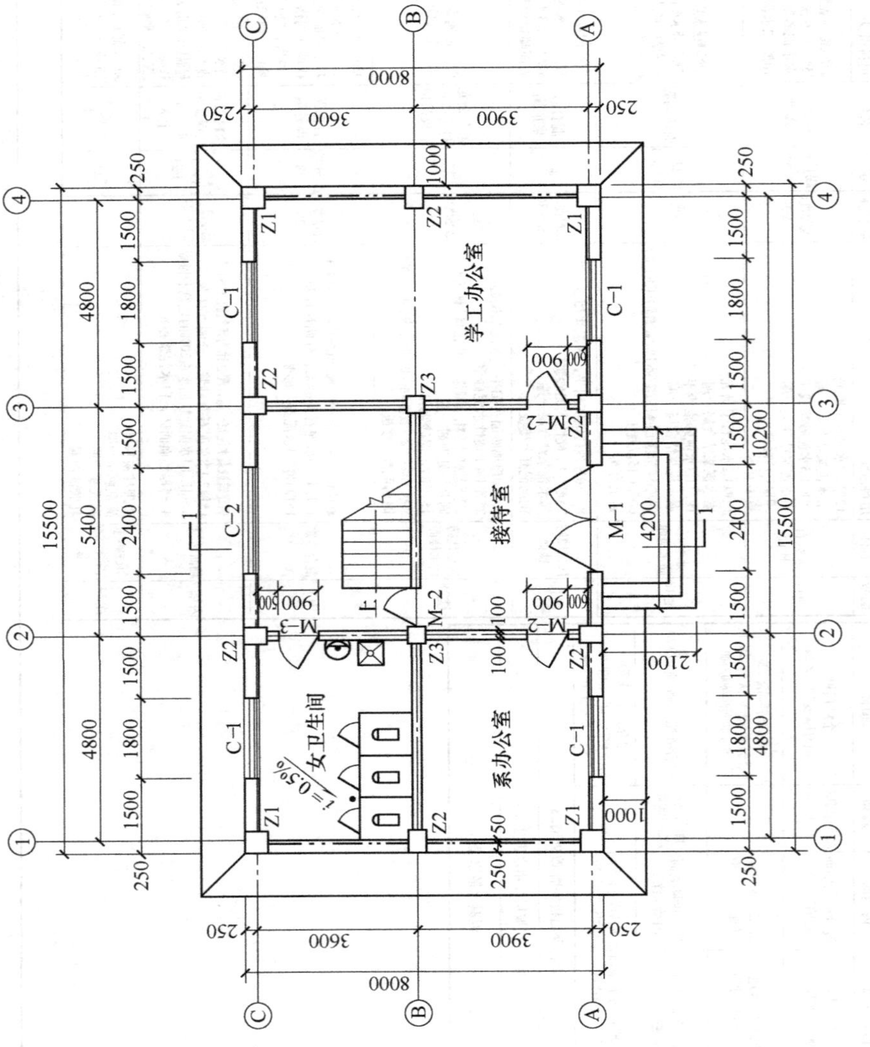

首层平面图 1:100

附图3

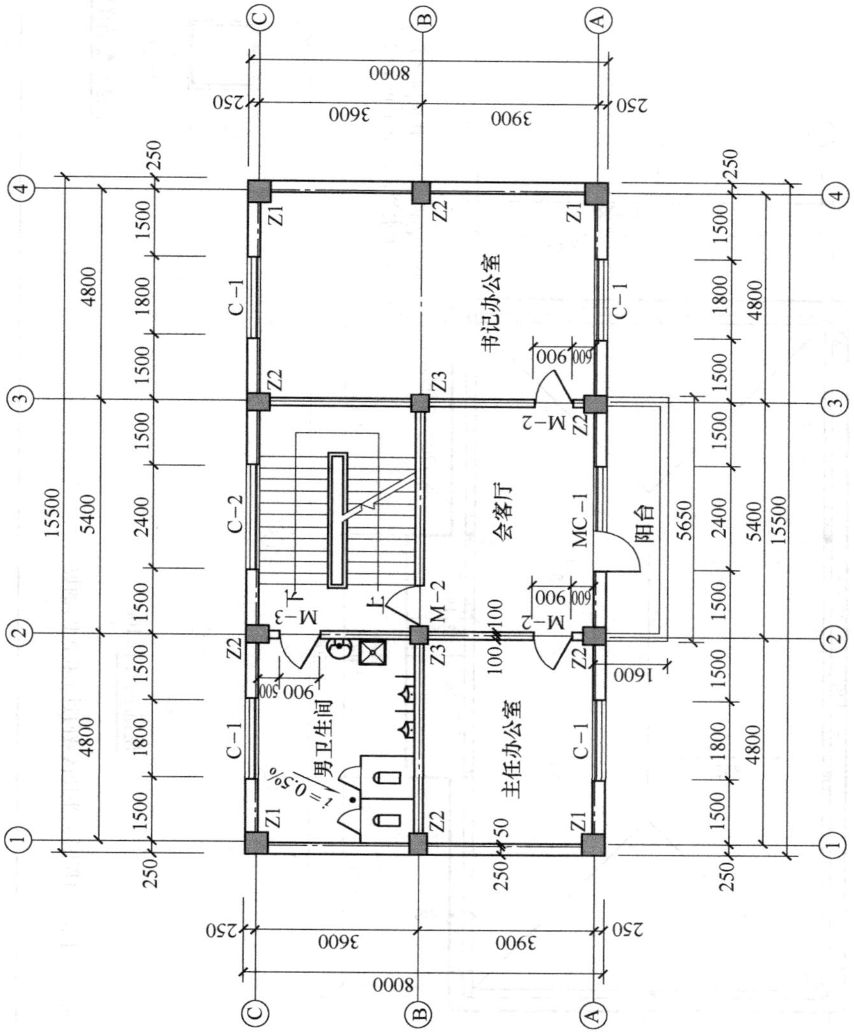

二层平面图1:100

附图4

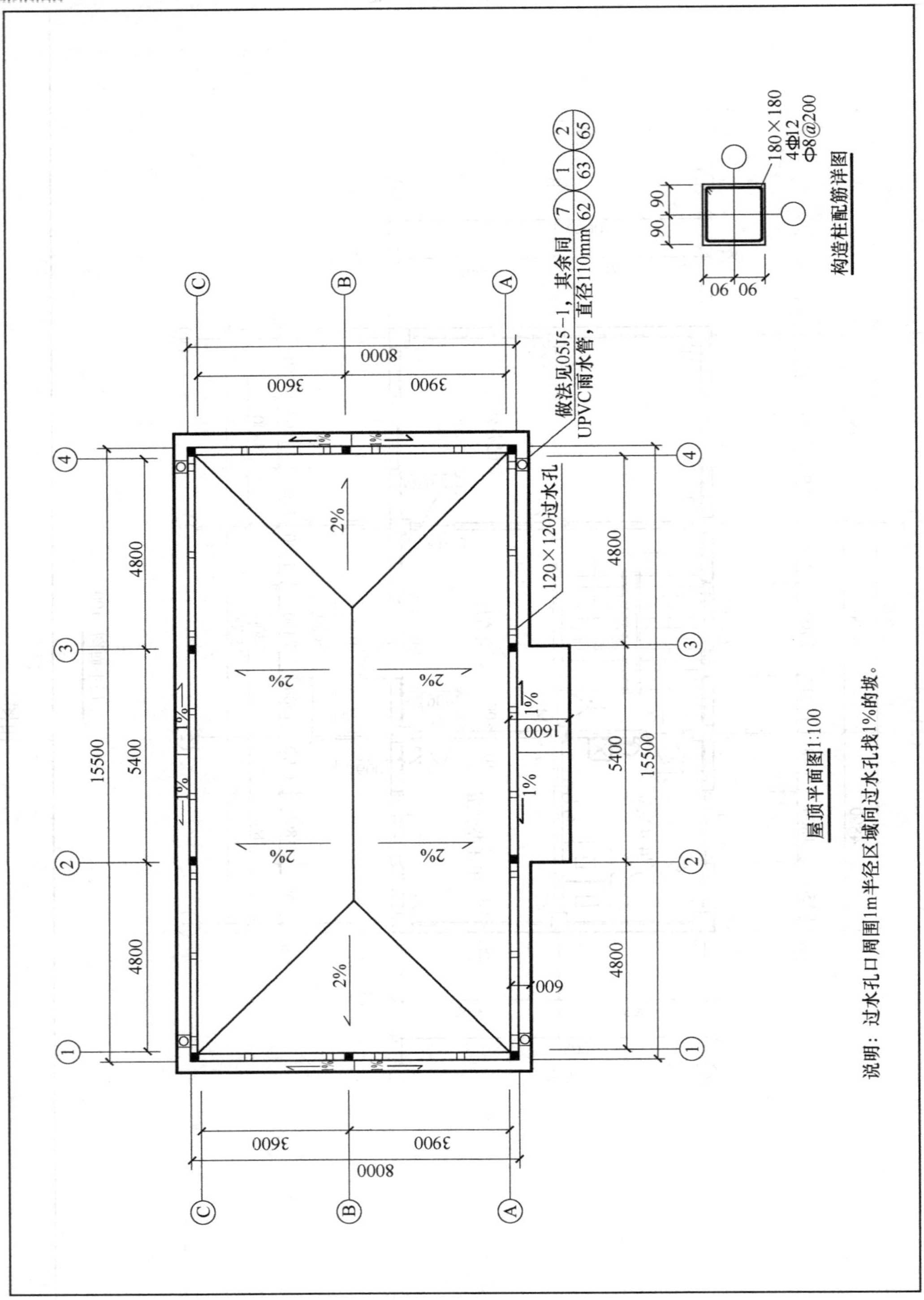
做法见05J5-1，其余同
UPVC雨水管，直径110mm
7/62
1/63
2/65
120×120过水孔
180×180
4⌀12
⌀8@200
90 90
构造柱配筋详图
8000
3600
3900
4800
5400
15500
1600
600
2%
1%
屋顶平面图1:100
说明：过水孔口周围1m半径区域向过水孔找1%的坡。

附图5

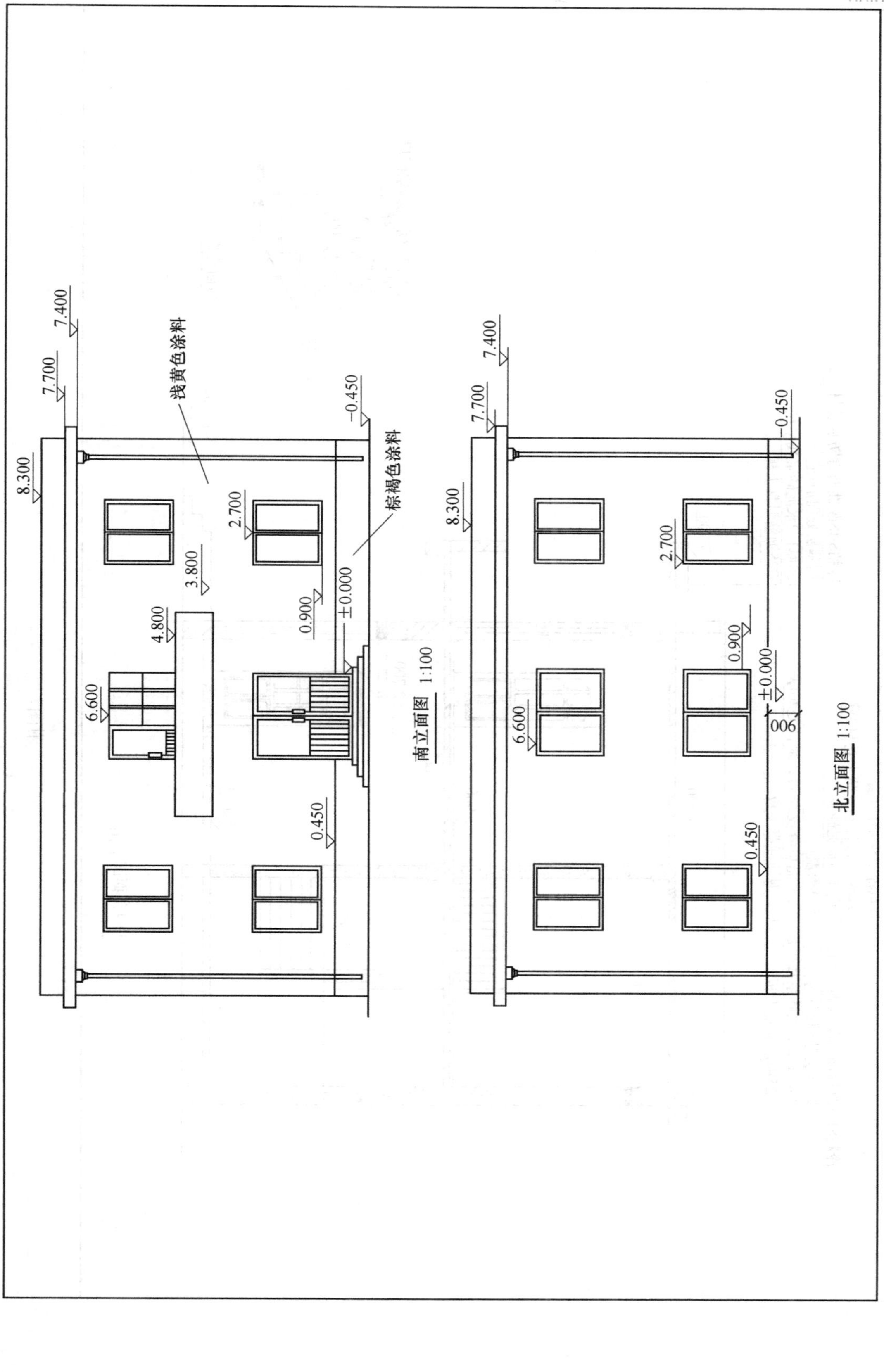

8.300
7.700
7.400
浅黄色涂料
−0.450
棕褐色涂料
2.700
3.800
4.800
6.600
0.900
±0.000
0.450
南立面图 1:100
8.300
7.700
7.400
−0.450
2.700
0.900
±0.000
006
6.600
0.450
北立面图 1:100

附图6

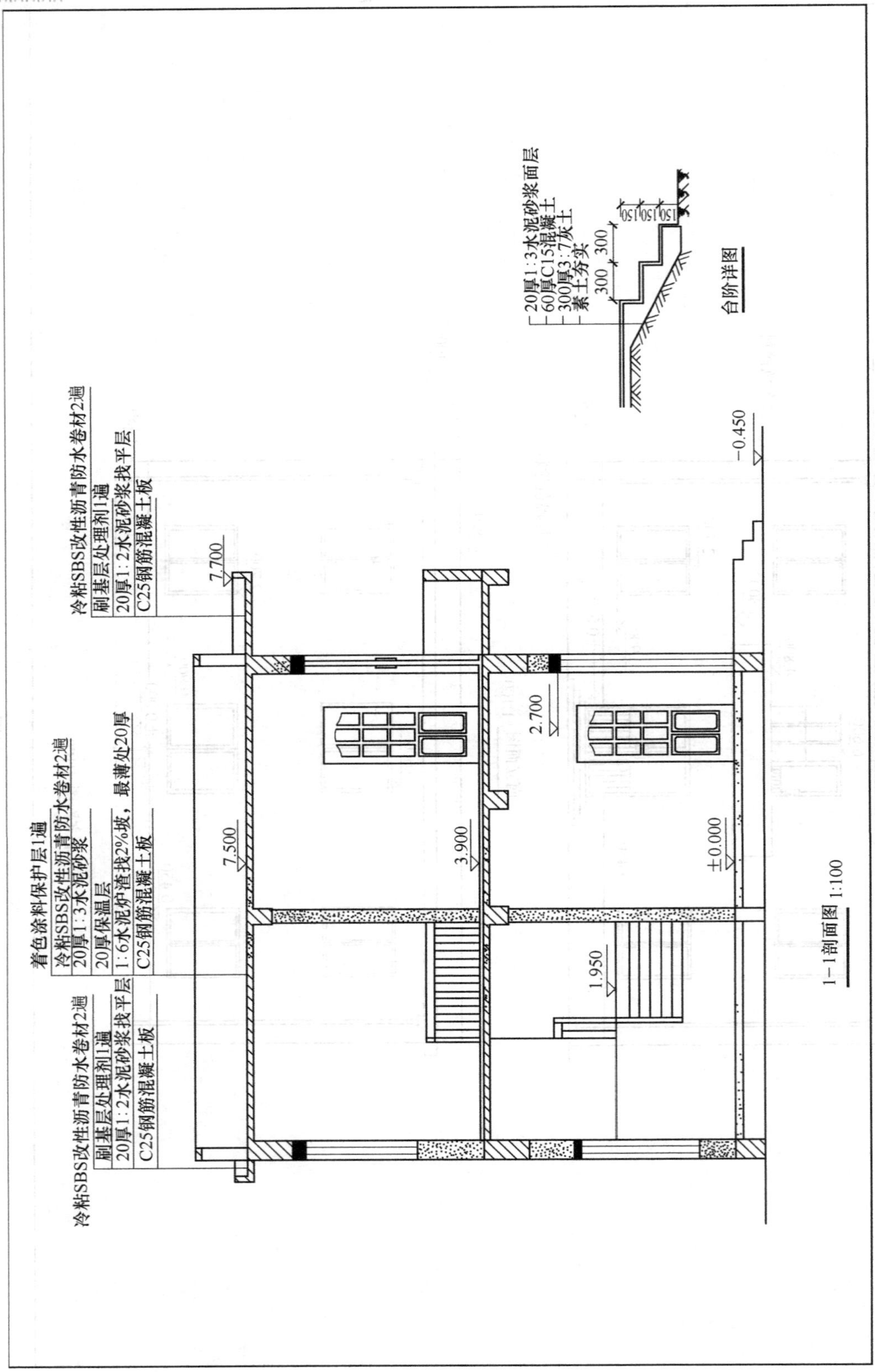
冷粘SBS改性沥青防水卷材2遍
刷基层处理剂1遍
20厚1:2水泥砂浆找平层
C25钢筋混凝土板
7.700
着色涂料保护层1遍
冷粘SBS改性沥青防水卷材2遍
20厚1:3水泥砂浆
20厚保温层
1:6水泥炉渣找2%坡，最薄处20厚
C25钢筋混凝土板
冷粘SBS改性沥青防水卷材2遍
刷基层处理剂1遍
20厚1:2水泥砂浆找平层
C25钢筋混凝土板
7.500
3.900
2.700
1.950
±0.000
−0.450
1—1剖面图 1:100
20厚1:3水泥砂浆面层
60厚C15混凝土
300厚3:7灰土
素土夯实
300
300
150
150
150
台阶详图

附图7

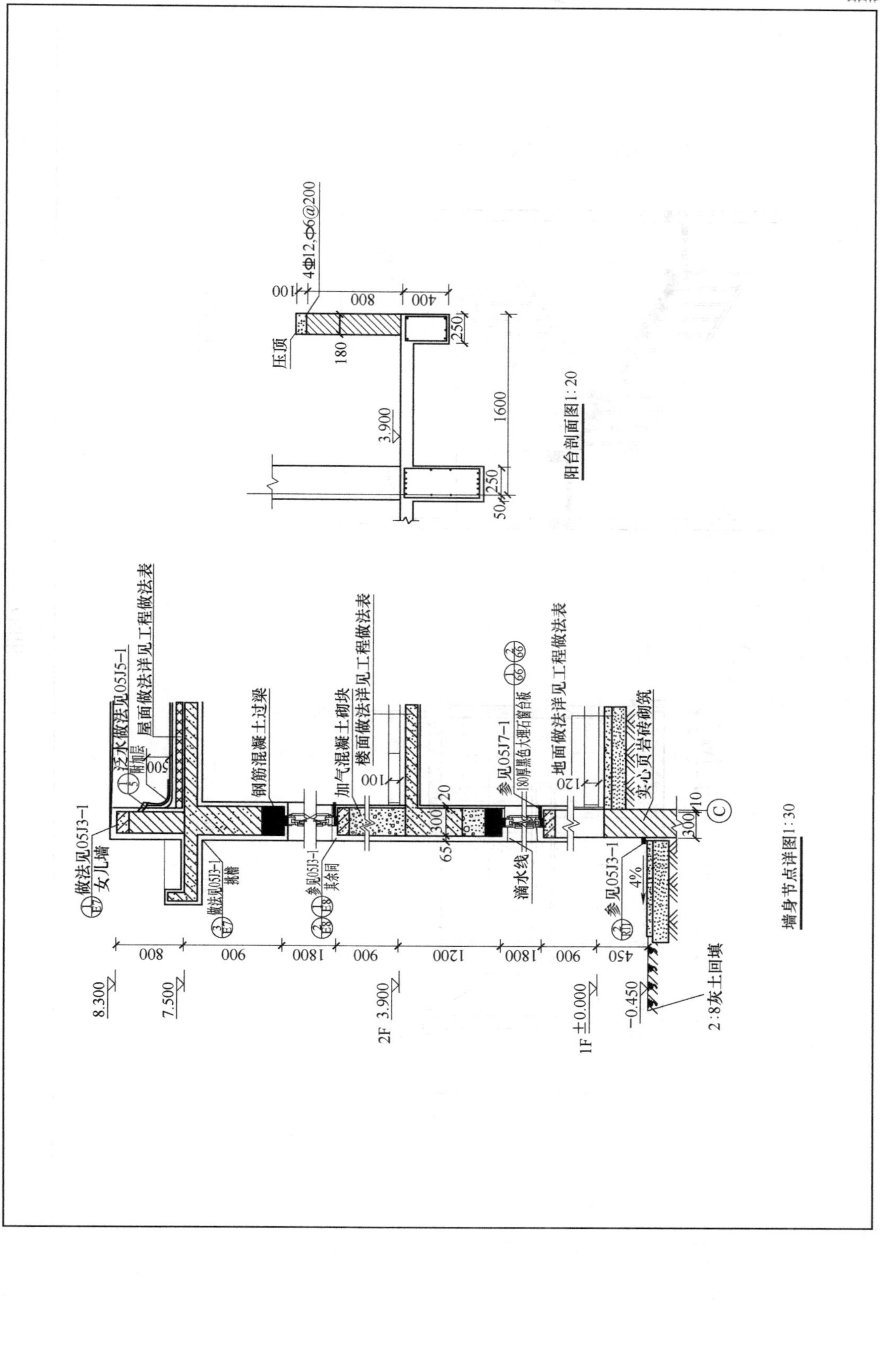
墙身节点详图1:30
阳台剖面图1:20
女儿墙
做法见05J3-1
泛水做法见05J5-1
屋面做法详见工程做法表
钢筋混凝土过梁
加气混凝土砌块
楼面做法详见工程做法表
参见05J7-1
滴水线
地面做法详见工程做法表
实心页岩砖砌筑
参见05J3-1
2:8灰土回填
8.300
7.500
2F 3.900
1F ±0.000
-0.450
4%
压顶
4Φ12,Φ6@200
3.900
1600
800
400
250
180
100
50

附图8

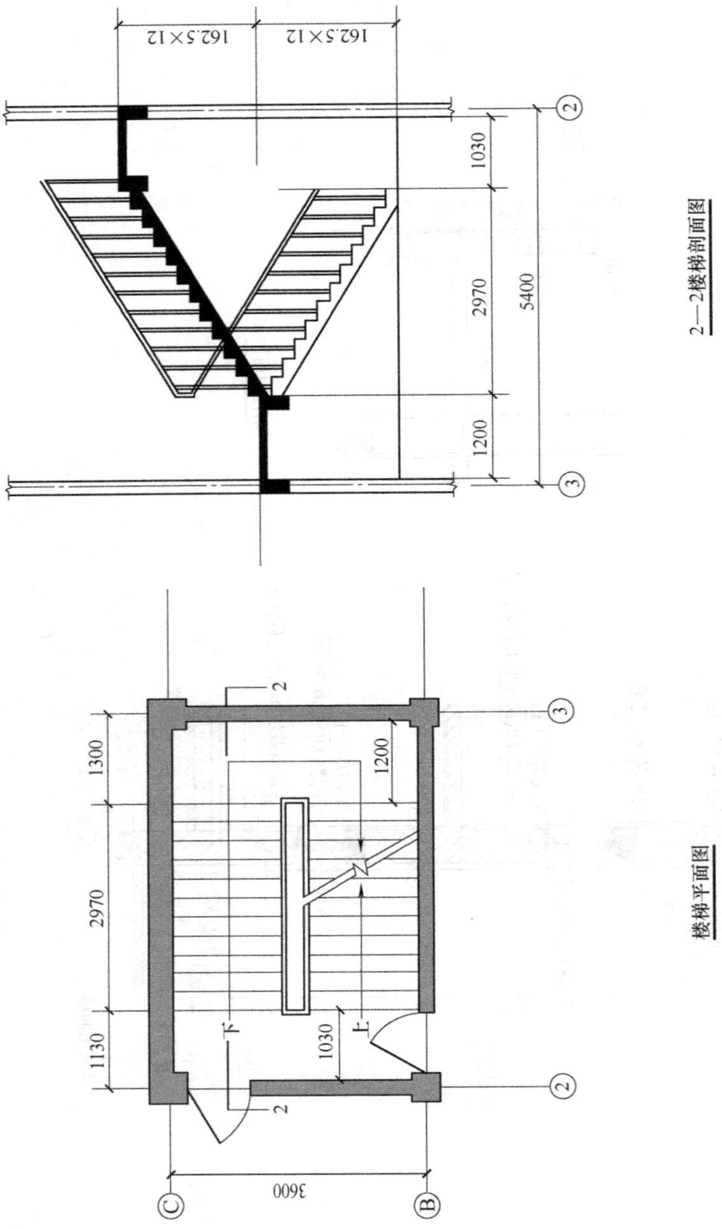
162.5×12
162.5×12
1030
2970
1200
5400
2—2楼梯剖面图
1300
2970
1130
1200
1030
3600
楼梯平面图

附图9

结构设计总说明(一)

一.本工程为框架结构,框架抗震等级为三级,抗震设防为一般设防类,结构安全等级为二极,结构设计使用年限为50年。

二.自然条件、结构抗震等级及活荷载

1.基本风压：0.35kN/m²。

2.基本雪压：0.30kN/m²。

3.抗震设防烈度：7度第二组，设计基本地震加速度为0.10g。

4.冻土深度：600mm。

5.场地类别为Ⅲ类。

6.屋面、主楼活荷载标准值(施工及使用荷载不许超过下述值)：

休息厅、办公室、控制室：20kN/m²；楼梯间：3.5kN/m²；

蹲厕：8.0kN/m²；其他厕所：2.5kN/m²；非上人屋面：0.5kN/m²；

注：钢筋混凝土挑檐、雨篷、施工或检修集中荷载取1.0kN。

楼梯、阳台、栏杆顶部水平荷载取1.0kN。

7.本工程±0.000的绝对标高：见建筑施工图。

三.本工程采用的有关国家规范及依据：

1.《建筑结构荷载规范》(GB 50009—2012)。
2.《砌体结构设计规范》(GB 50003—2011)。
3.《建筑抗震设计规范》(GB 50011—2010)。
4.《混凝土结构设计规范》(GB 50010—2010)。
5.《建筑地基基础设计规范》(GB 50007—2011)。
6.《建筑工程抗震设防分类标准》(GB 50223—2008)。
7.《建筑结构制图标准》(GB/T 50105—2010)。
8.《建筑结构可靠度设计统一标准》(GB 50068—2001)。
9.《全国民用建筑工程设计技术措施》。

四.基础工程

1.基础形式：柱下独立基础，基础设计等级为丙级。

2.基槽(坑)开挖后，应进行基槽检验。基槽检验可用触探或其他方法，当发现与勘察报告和设计文件不一致或遇到异常情况时，应结合地质条件提出处理意见。

3.回填土采用2:8灰土，分层回填夯实(压实系数>0.95)。

五.材料

(1)混凝土：

项目名称	工程部位	混凝土强度等级	工程部位	混凝土强度等级	备注
基础～-0.050	基础垫层	C15			
	基础	C25			
基础顶面～7.470	基础联系梁、框架柱、梁	C30	结构板、楼梯	C30	
基础顶～结构顶	现浇圈梁及构造柱	C20			

(2)钢筋：HPB300(Φ)、HRB335(Φ)、HRB340(Φ)。钢筋的强度标准值应具有大于等于95%的保证率，受力预埋件锚筋、吊环及吊钩等严禁采用冷加工钢筋。当需要以强度等级较高的钢筋替代原设计中的纵向受力钢筋时，应按照钢筋受拉承载力设计值相等的原则换算，并应满足最小配筋率、抗裂验算等要求。抗震等级为一、二、三级的框架和斜撑构件(含梯段)，其纵向受力钢筋采用普通钢筋时，钢筋的抗拉强度实测值与屈服强度实测值的比值不应小于1.25；钢筋的屈服强度实测值与强度标准值的比值不应大于1.3；钢筋在最大拉力下的总伸长率实测值不小于9%。

(3)最外层钢筋的保护层厚度如下：

名称	厚度	名称	厚度
基础	40mm	柱	35mm
梁	25mm(基础联系梁为40mm)	雨篷、阳台、挑檐	20mm
现浇板	15mm(卫生间、外露构件40mm)		

(4)砌体：地上部分内墙加气混凝土砌块A3.5，砌块重度不大于7.0kN/m³，M7.5混合砂浆。地上部分外墙采用轻质混凝土复合保温砌块强度为A3.5级，砌块重度不大于8.0kN/m³,M7.5混合砂浆。地面以下部分及土中墙体材料为粉煤灰硬质页岩烧结实心砖，强度级别为MU10，M7.5水泥砂浆。

(5)其他材料：

焊条			埋件
HPB300	HRB335	HRB400	Q235钢
E43××	E50××	E55××	

(6)结构混凝土耐久性的基本要求：

环境类别		最大水胶比	最大氯离子含量(%)	最大碱含量/(kg/m³)	位置
一		0.60	0.3	不限制	室内除卫生间外的梁、板、柱、墙
二	a	0.55	0.2	3.0	室内卫生间梁、板、柱、墙
	b	0.50(0.55)	0.15	3.0	室外(雨篷、阳台、外墙外侧)

注：1.氯离子含量系数指其占胶凝材料总量的百分率。
2.处于严寒和寒冷地区二b类环境中的混凝土应使用引气剂，并可采用括号中的有关参数。
3.当使用非碱活性骨料时，对混凝土的碱含量可不作限制。

六.构造要求

1.钢筋接头的要求：

(1)钢筋连接方式：直径≥20mm的钢筋采用机械连接(直螺纹套筒连接，等级不低于Ⅱ级)，其他采用绑扎搭接方式。

(2)接头位置：宜设置在受力较小处，在同一根钢筋上宜少设接头。基础上部钢筋接头位置在支座处，下部钢筋在跨中1/3范围内(悬挑构件除外)；其余梁、板下部钢筋接头位置在支座处且应在箍筋加密区以外，上部钢筋在跨中1/3范围内(悬挑构件除外)。

(3)受力钢筋接头的位置应相互错开，当采用机械接头时，在任一35d区段内；当采用绑扎搭接接头时，在任一1.3倍搭接长度的区段内；有接头的受力钢筋截面面积占受力钢筋总截面面积的百分率应符合下表要求：

钢筋接头面积最大百分率	
接头形式	接头数量
机械连接	50%
接头形式	25%(梁、板)
	50%(梁、板)

注：不同直径钢筋连接时按较粗钢筋直径计算连接区段和接头百分率；按较细钢筋直径计算搭接的搭接长度。

附图10

结构设计总说明(二)

2.梁

(1)梁内箍筋除单肢箍外，其余采用封闭式，并作成135°，纵向钢筋为多排时，应增加直线段弯钩在两排或三排钢筋以下弯折。

(2)梁内第一根钢筋距柱边或梁边50mm起。

(3)主梁内在次梁作用处,箍筋应贯通布置,凡有次梁及小柱等集中荷载作用处;主梁上次梁两侧必需设置3组箍筋,箍筋肢数、直径同主梁箍筋，间距50mm。

(4)梁侧面设有构造筋或抗扭筋时拉筋直径同梁箍筋，间距为箍筋间距的两倍。

(5)梁跨度大于或等于4m时，模板按跨度的0.2%起拱；悬臂梁按悬臂长度的0.4%起拱。起拱高度不小于20mm。

(6)当悬挑梁端有次梁传来集中荷载时构造要求见图一。

3.钢筋混凝土柱

(1)柱应按建筑施工图中填充墙的位置预留拉结筋。

(2)柱与现浇过梁、圈梁连接处，在柱内应预留插筋，插筋伸出柱外皮长度为$1.2l_a(l_{aE})$，锚入柱内长度为$l_a(l_{aE})$，未注明梁柱节点构造均参见11G101-1图集。施工单位应严格按照图集施工。上部钢筋不得在支座处搭接。

4.板

(1)现浇板下部钢筋不得在跨中搭接，其在支座的锚固长度$>5d$，且伸至梁中心线。

(2)楼板上孔洞应预留，当洞口尺寸不大于300时，不另加筋，板筋从洞边绕过，不得截断；当大于300时，应按设计加小梁或洞边钢筋，未尽事宜参见11G101-1。

5.填充墙

(1)当墙长大于5m时，墙与梁顶或板顶应设拉结，拉结见图二。

(2)当墙长超过层高2倍时，中间应增设一构造柱(详见第6条)。

(3)当砌体填充墙高度大于4m时，应于门窗顶或墙高中部设圈梁一道。圈梁宽度墙厚，高度120mm，配筋4Φ12，Φ6@200。

(4)所有填充墙均从顶层逐层向下砌筑，填充墙及其他隔墙的顶端与梁(楼板)底面用1:3干硬性水泥砂浆塞缝密实。

(5)填充墙与框架柱或构造柱之间的拉结做法如下：沿高度每500mm设2Φ6拉结筋，拉结筋一端锚入柱子≥250mm，另一端伸入填充墙灰缝中的长度不小于700mm且不小于墙长的1/5。

6.构造柱、圈梁、砌体

(1)填充墙需用构造柱加强，应先砌墙后浇构造柱，构造柱主筋上下锚入梁或板内l_a。

(2)除结构平面已设置的构造柱外，下列外墙、填充墙位置应设置构造柱：纵横墙交接处、宽度大于2.0m的洞口两侧、长悬臂墙端部设置构造柱，截面为200×墙厚减30，纵筋4Φ12，箍筋Φ6@200(见图三)；当构造柱或框架柱处砖垛小于等于150时，砖垛可改为素混凝土与柱一起浇筑。

(3)构造柱与主体结构的连接见图四。

7.埋件与预留洞

(1)填充墙上需要埋设管线及其他设备时，应事先预留或预埋，不可后凿。

(2)建筑及设备专业在板、柱、墙上的埋件及留洞，均应配合有关专业设置。

(3)图中已留和根据暖通、给排水施工图现场预留孔，必须根据各专业施工图经核实后方可预留，有问题与设计院协商解决。

七.其他

1.本工程尺寸以mm计，标高以m计。

2.凡门窗洞口处须在相应位置埋设门窗锚固件，结构图纸未表示，施工时应与建筑图配合。

3.防雷接地：有避雷引下线的柱或构造柱要求每一柱内必须有两根竖向钢筋自上而下焊通，该钢筋与基础钢筋及屋面防雷装置(详见电气专业图纸)焊成通路。

4.所有外露铁件均涂红丹二道，调和漆二道。

5.本工程应与建筑、给排水、暖通、电气、通信等各专业密切配合施工，及时铺设各类管线及套管，核对留洞、预埋门窗及设备洞口预埋件。

6.本工程施工时除满足本说明及设计图纸要求外，尚应满足国家现行的建筑工程施工、安装各类规范、规程的规定。

7.本工程所有砌体的施工质量控制等级为B级。

8.本工程所有设计变更和洽商需由设计人签字后方可生效。

9.构造柱节点构造详见02G01-2。

10.梁上上起柱构造参见11G101-1或图五所示。

11.施工时，先进行室外填方整平再进行上部结构。

12.门窗洞口过梁采用预制过梁，小于1.2m的洞口过梁截面为：墙宽×120，梁长度为净跨+500mm，见图六(1)；大于1.2m小于2.4m的洞口过梁截面为：墙宽×180，梁长度为净跨+500mm，见图六(2)。

13.主梁截面高度内有次梁时，均在次梁截面处置附加箍筋及吊筋，见图七。b为次梁宽，d为吊筋直径。

14.顶层板在板上皮增设温度筋，见图八。

15.未经技术鉴定和设计认可，不得拆改结构构件和进行加层改造；结构材料的标准值应具有不低于95%的保证率。

16.施工期间严禁在楼面放建筑材料，确因场地原因需局部堆放建筑材料时，应经设计复核方可实施。

附图11

结构设计总说明(三)

八. 施工时尚应满足以下规范要求：

1.现行《建筑地基基础工程施工质量验收规范》。

2.现行《混凝土结构工程施工质量验收规范》。

3.现行《砌体结构工程施工质量验收规范》。

九. 本设计所采用的计算机程序为中国建筑科学研究院结构平面计算机辅助设计软件PKPM(2010年版本)。

图五

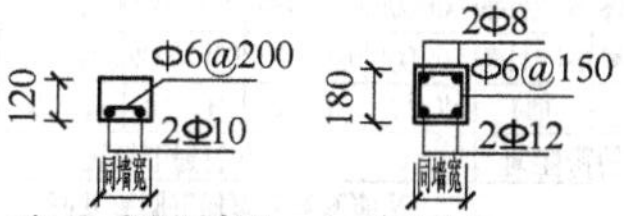

小于1.2m洞口过梁　　大于1.2m，且小于2.4m洞口过梁

图六

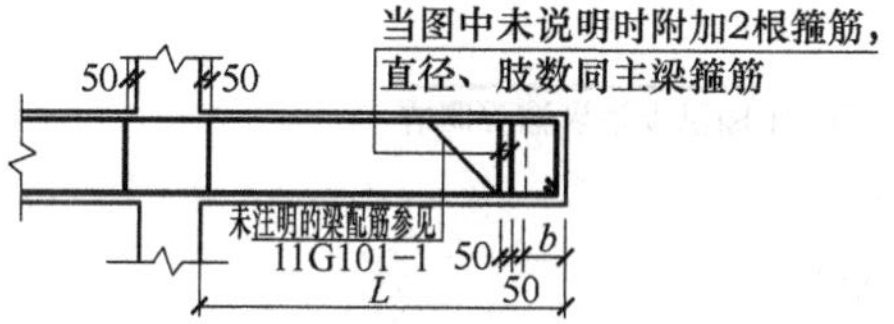

图一

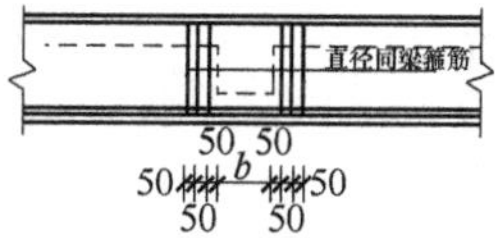

图七

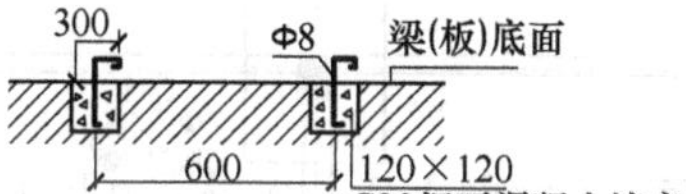

图二

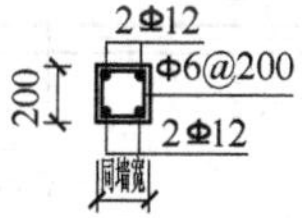

图三

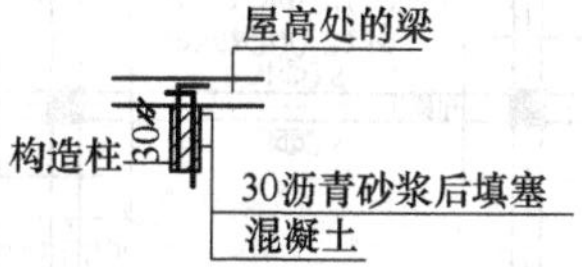

图四

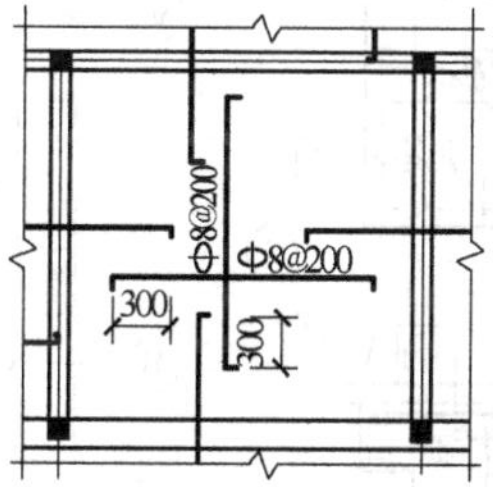

图八

附图12

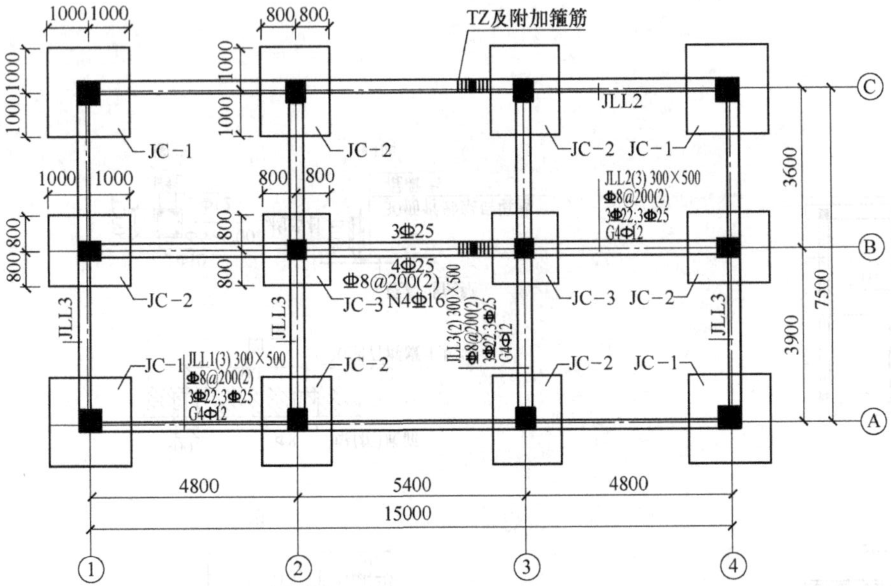

基础及联系梁布置图 1:100

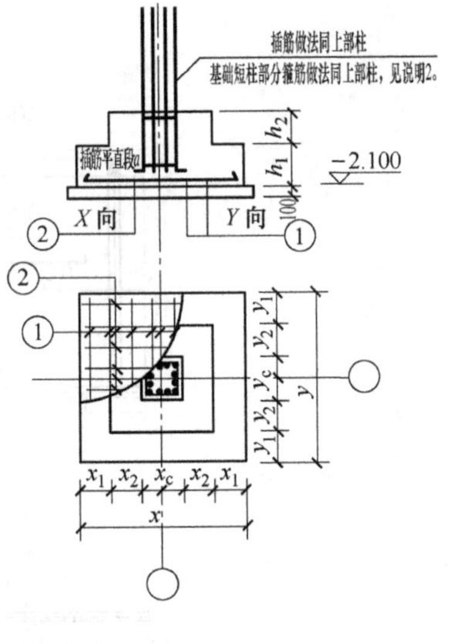

JC−x

说明：

1.未注明JLL(基础联系梁)顶标高：−0.900，其底与基础顶面平。外围JLL与柱外侧、外墙平齐，其他居中。

2.柱底箍筋加密区自JLL顶算起，JLL与基础顶面之间短柱箍筋按加密区间距，做法见11G103第92页。

3.柱插筋深入基础内部的长度及水平弯折的长度按11G103相应规定取用。

4.JLL下虚铺100厚焦渣。

5.梁侧面构造筋的拉筋为Φ6@400，上下层交错布置，详见11G101−1第87页。

独立基础几何尺寸及配筋表

基础编号	截面几何尺寸					底部配筋(B)	
	x、y	x_c、y_c	x_1、y_1	x_2、y_2	h_1/h_2	x向	y向
JC−1	2000、2000	500、500	400、400	350、350	400/300	Φ14@180	Φ14@180
JC−2	1600、2000	400、500	300、400	300、350	400/300	Φ14@180	Φ14@180
JC−3	1600、1600	400、400	300、300	300、300	400/300	Φ14@180	Φ14@180

附图13

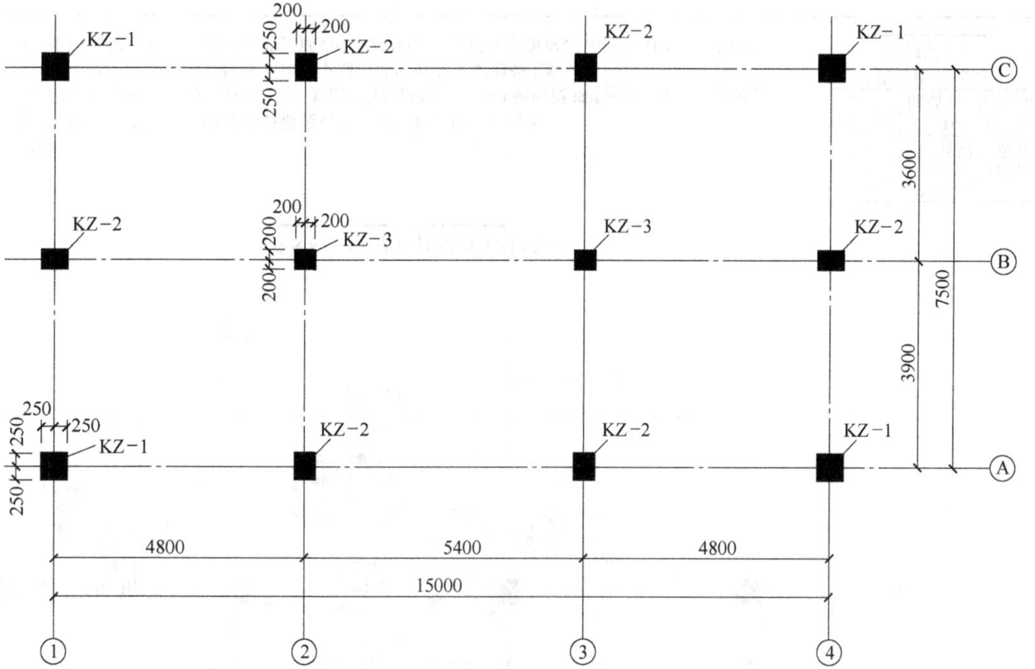

柱结构平面图1:100

柱表												
柱号	标高/m	$B\times H$	b_1	b_2	h_1	h_2	全部纵筋	角筋	B边一侧中部筋	H边一侧中部筋	箍筋	箍筋类型
KZ1	基顶~3.870	500×500	250	250	250	250		4Φ25	3Φ22	3Φ22	Φ10@100/200	1(5×5)
	3.870~7.470	500×500	250	250	250	250		4Φ22	2Φ22	2Φ22	Φ10@100/200	1(4×4)
KZ2	基顶~3.870	400×500	200	200	250	250		4Φ25	2Φ22	3Φ22	Φ10@100/200	1(4×5)
	3.870~7.470	400×500	200	200	250	250		4Φ22	2Φ22	2Φ22	Φ10@100/200	1(4×4)
KZ3	基顶~3.870	400×400	200	200	200	200		4Φ25	2Φ22	2Φ22	Φ8@100/200	1(4×4)
	3.870~7.470	400×400	200	200	200	200		4Φ22	2Φ22	2Φ22	Φ8@100/200	1(4×4)

屋面	7.470	
2	3.870	3.600
1	−0.030	3.900
基础顶面	−1.400	1.370
层号	标高/m	层高/m

结构层楼面标高
结构层高

附图14

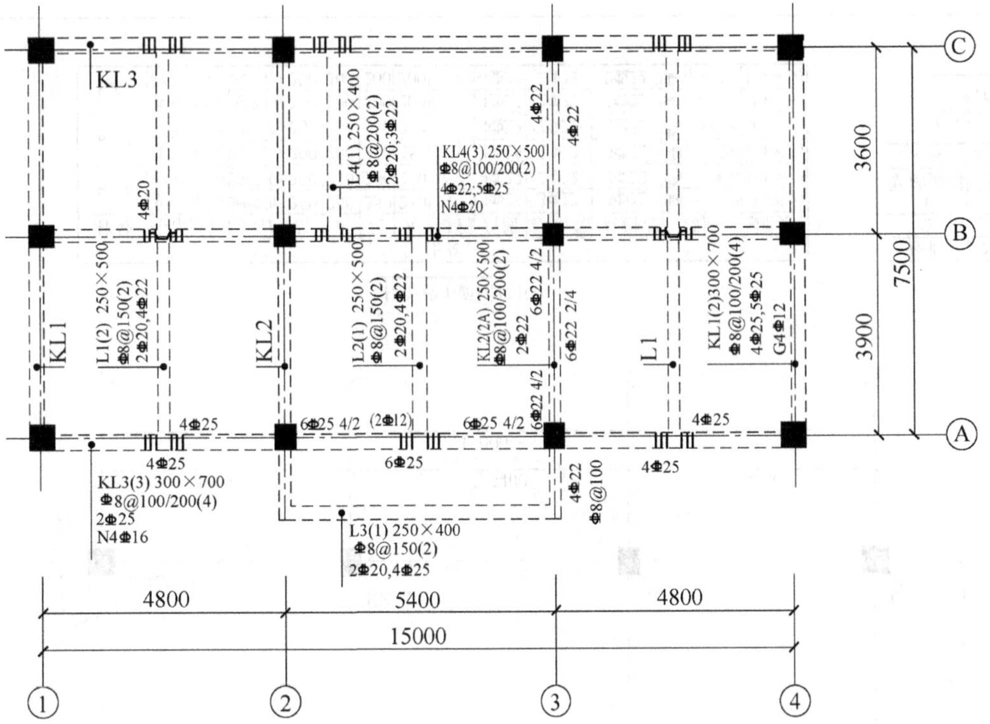

3.870m层梁平法施工图1:100

说明：

1．除特殊注明外，图中梁均沿轴线居中，或与柱、填充墙边齐。
2．图中未注明的吊筋均为2Φ12，凡主次梁交接处在主梁两侧增设3Φ*@50(*表示主梁箍筋)。
3．当主梁与次梁梁高一样时，次梁下部钢筋应放在主梁钢筋上面。
4．梁侧面构造筋或抗扭钢筋的拉筋为Φ6@400，上下层交错布置，详见11G101-1第87页。

层号	标高/m	层高/m
屋面	7.470	
2	3.870	3.600
1	−0.030	3.900
基础顶面	−1.400	1.370

结构层楼面标高
结构层高

附图15

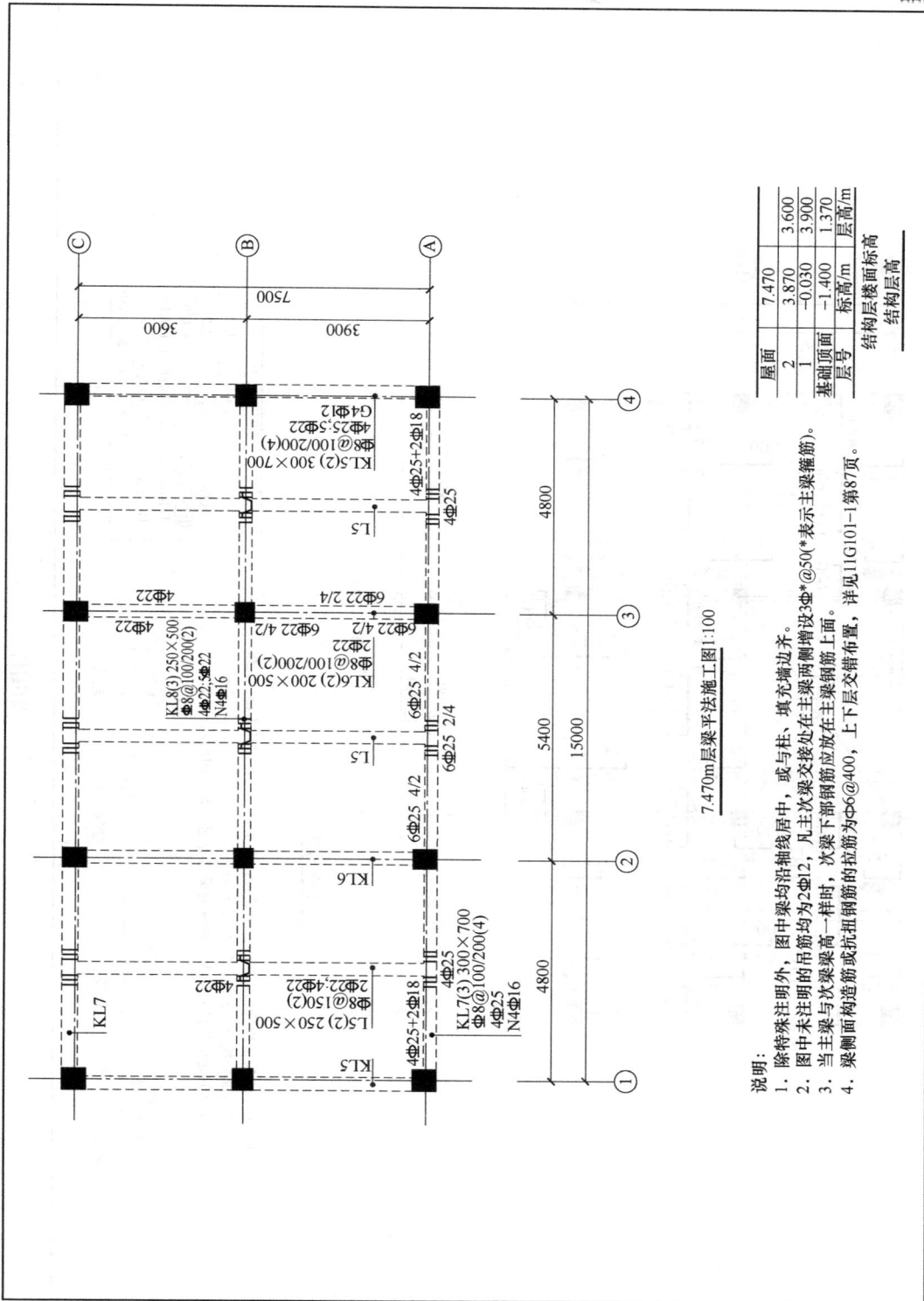

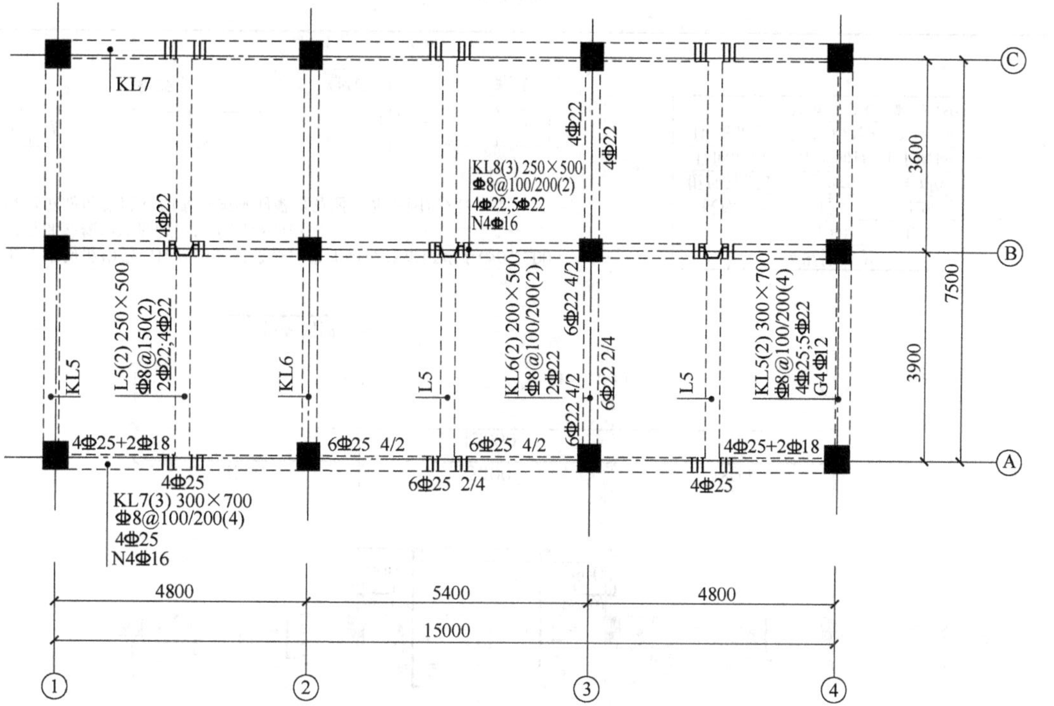

7.470m层梁平法施工图1:100

说明：

1．除特殊注明外，图中梁均沿轴线居中，或与柱、填充墙边齐。
2．图中未注明的吊筋均为2Φ12，凡主次梁交接处在主梁两侧增设3Φ*@50(*表示主梁箍筋)。
3．当主梁与次梁梁高一样时，次梁下部钢筋应放在主梁钢筋上面。
4．梁侧面构造筋或抗扭钢筋的拉筋为Φ6@400，上下层交错布置，详见11G101-1第87页。

屋面	7.470	
2	3.870	3.600
1	−0.030	3.900
基础顶面	−1.400	1.370
层号	标高/m	层高/m

结构层楼面标高
结构层高

附图16

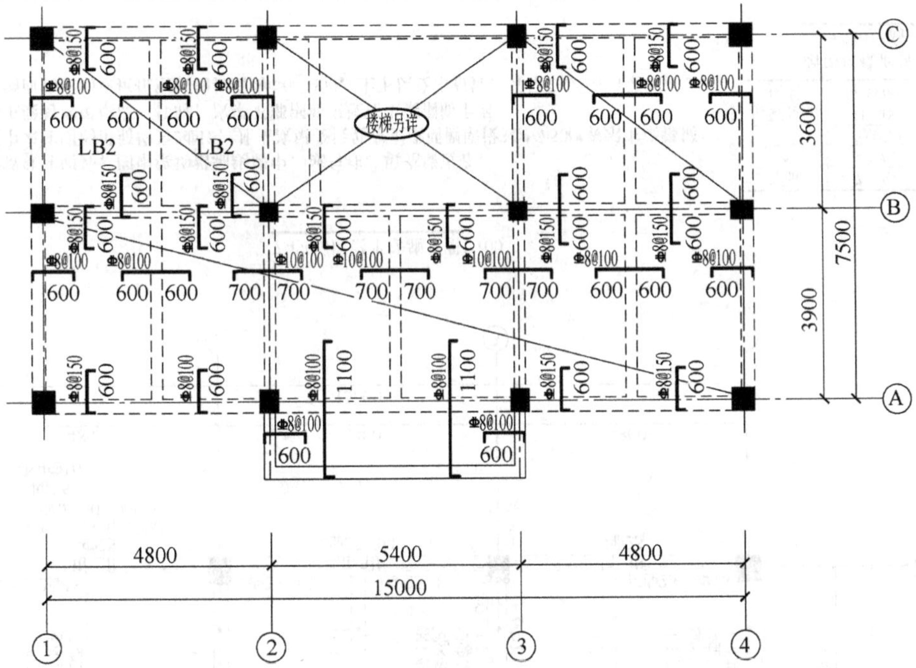

一层板配筋图1:100

说明：
1．未注明的板均为LB1，详见配筋表；未注明板分布筋均为Φ6@200。
2．阳台部分按LB1布筋，详见阳台剖面图。
3．板面负筋标注尺寸均为自相应的梁边算起，如下图所示：

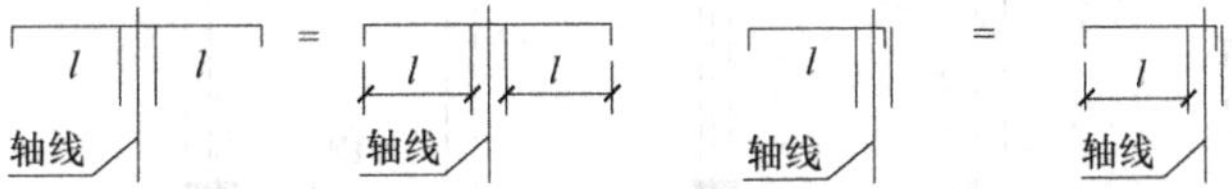

楼板信息表		
	LB1	LB2
板厚/mm	120	120
板顶标高/m	3.870	3.780
T(顶部筋)	详平面图	详平面图
B(底部筋)	X:Φ10@150	X:Φ10@100
	Y:Φ10@200	Y:Φ12@150

附图17

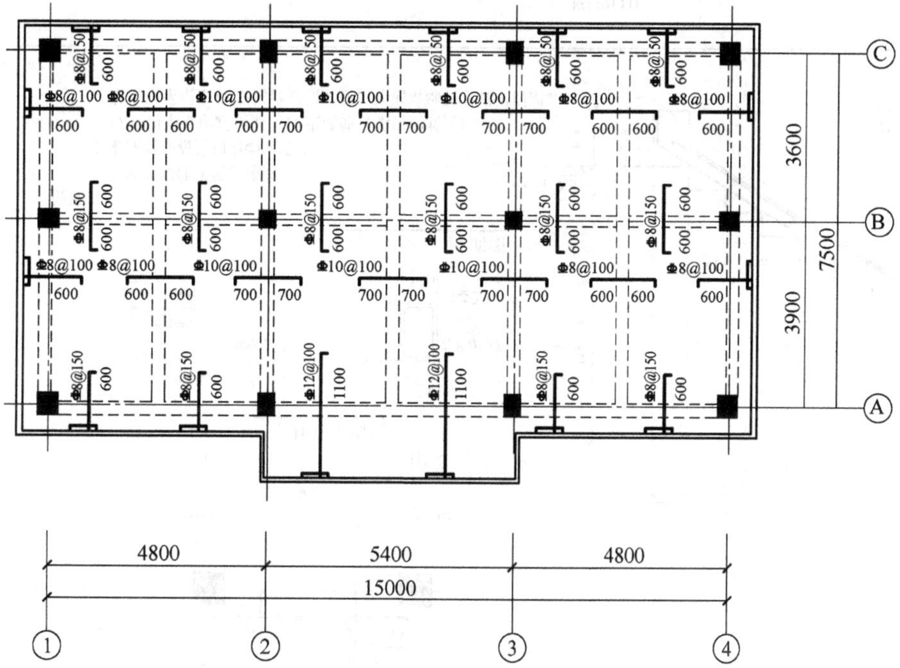

二层板配筋图1:100

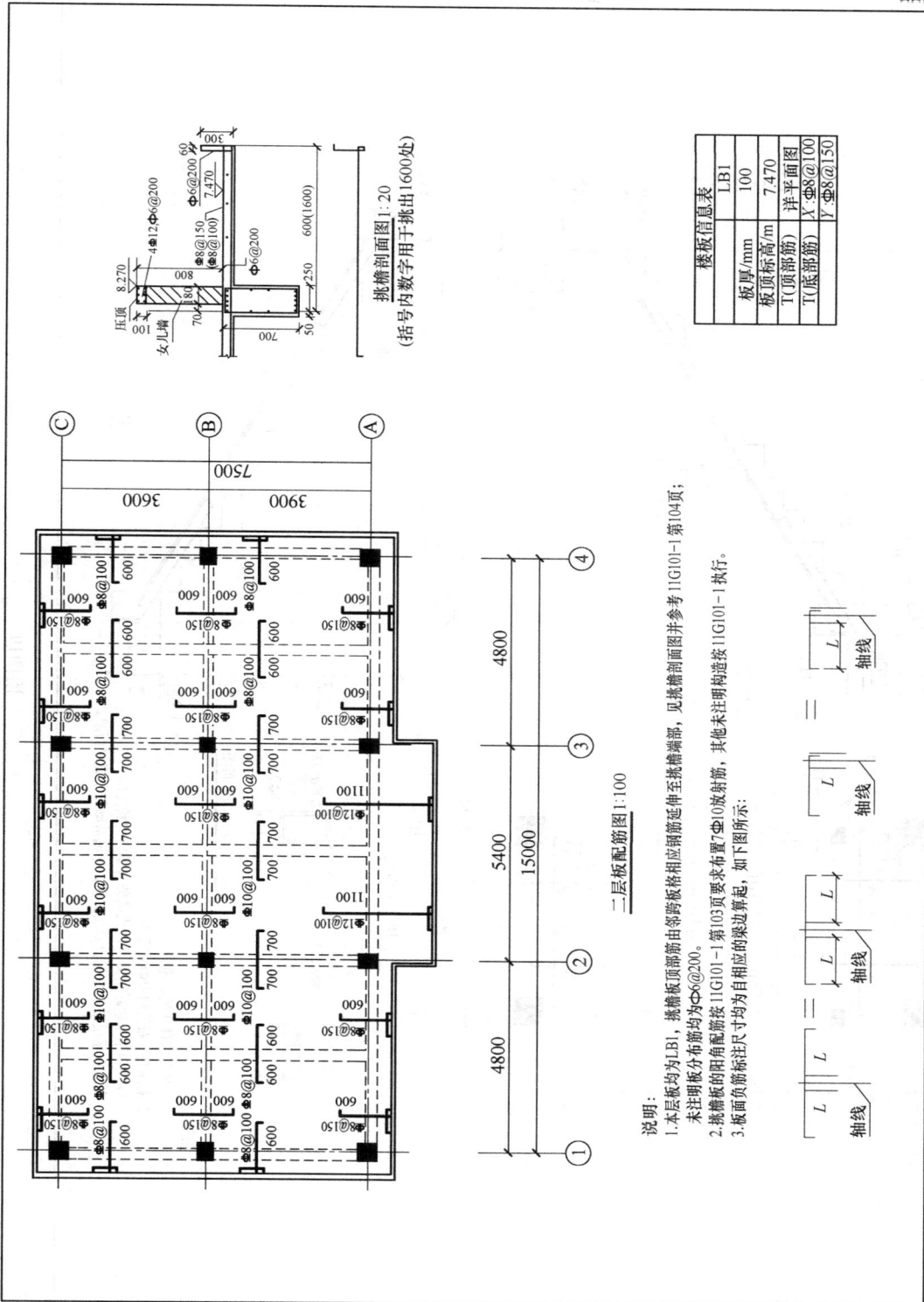

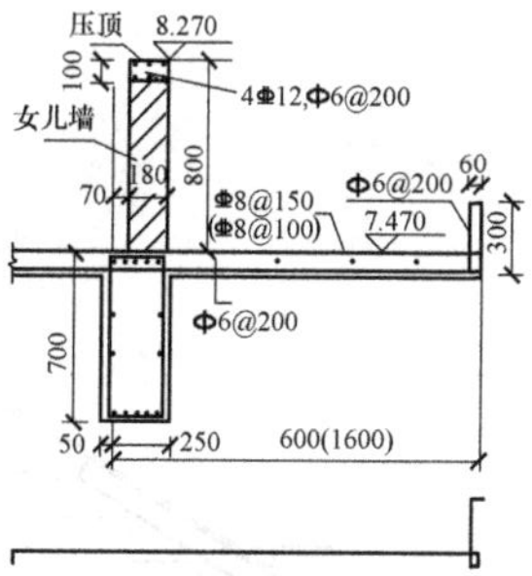

挑檐剖面图1:20
（括号内数字用于挑出1600处）

说明：

1.本层板均为LB1，挑檐板顶部筋由邻跨板格相应钢筋延伸至挑檐端部，见挑檐剖面图并参考11G101-1第104页；未注明板分布筋均为Φ6@200。

2.挑檐板的阳角配筋按11G101-1第103页要求布置7⌀10放射筋，其他未注明构造按11G101-1执行。

3.板面负筋标注尺寸均为自相应的梁边算起，如下图所示：

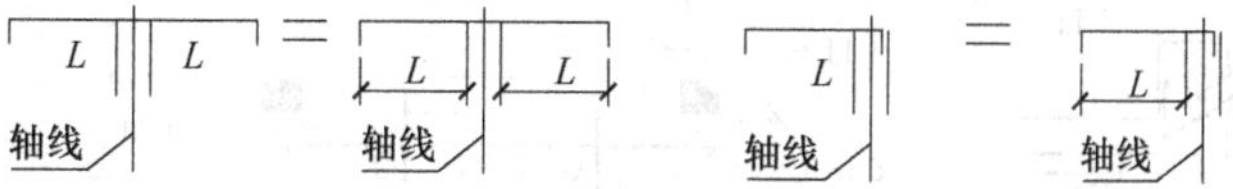

楼板信息表	
	LB1
板厚/mm	100
板顶标高/m	7.470
T(顶部筋)	详平面图
T(底部筋)	X:⌀8@100
	Y:⌀8@150

附图18

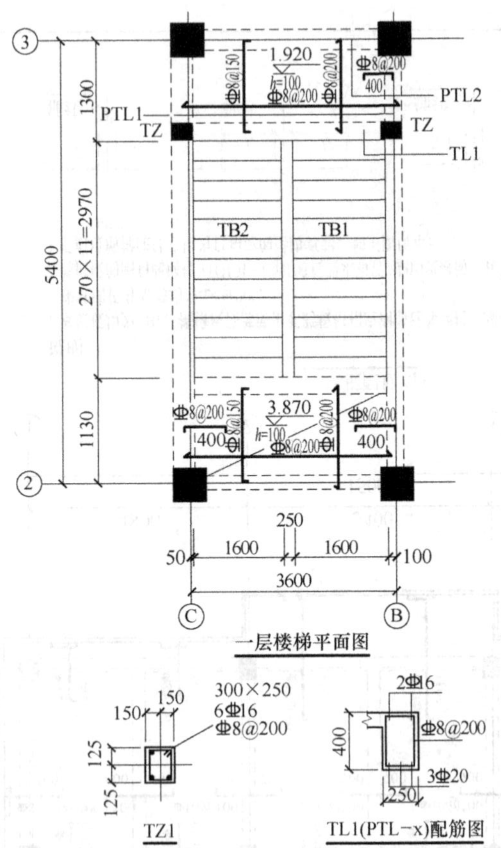

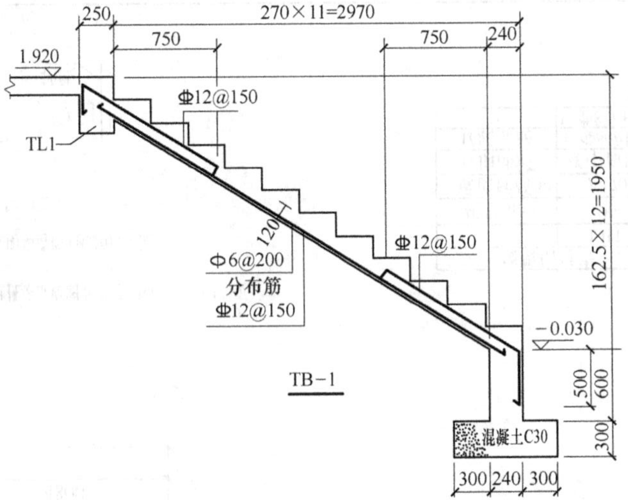

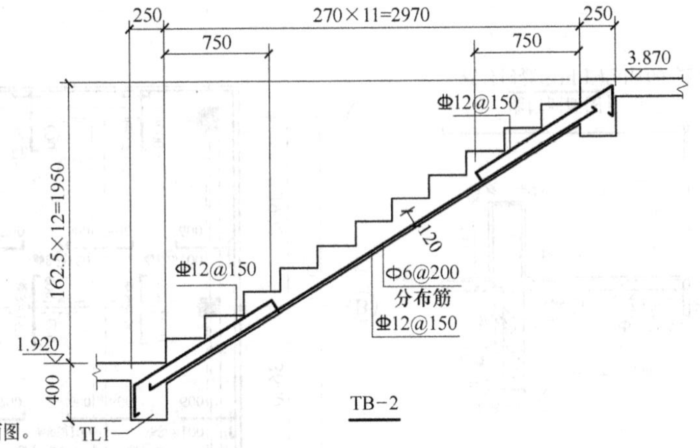

说明：

1.楼梯预埋件详见建施图。

2.未注明分布筋均为Φ6@200。

3.TZ生根于基础联系梁，TZ纵筋伸入梁内的长度l_{aE}；
基础联系梁上TZ两侧设附加箍筋，详见基础联系梁平面图。

附图19

建设工程预算书

工 程 名 称：框架办公楼土建工程

建 筑 面 积：253.694 平方米

工 程 造 价：527,869.66 元

单 方 造 价：2080.73 元/平方米

建 设 单 位：

施 工 单 位：

造价工程师
或 造 价 员：（签字盖章）

校 对 人：（签字盖章）

审 定 人：（签字盖章）

编 制 单 位：（签字盖章）

编 制 日 期：2014 年××月××日

附表 1　单位工程造价汇总表

工程名称：框架办公楼土建工程　　　　　　　　　　　　　　　　　　　　　　第 1 页，共 1 页

单位工程名称	工程造价/元	其　中			
		人工费/元	材料费/元	机械费/元	主材、设备/元
一般土建工程	353449.66	57049.26	230209.13	8271.96	
土石方工程	27101.67	7352.88	1083.3	13550.8	
装饰工程	147318.33	38630.69	51020.04	3519.63	
合计	527869.66	103032.83	282312.47	25342.39	

附表2 单位工程费汇总表

工程名称：框架办公楼土建工程 第1页，共2页

序号	编码	项目名称	计算基础	费率	费用金额/元
一般土建工程					
一	A	直接费			295530.35
1	A1	人工费			57049.26
2	A2	材料费			230209.13
3	A3	机械费			8271.96
4	A4	未计价材料费			
5	A5	设备费			
二	B	企业管理费		17	11104.6
三	C	规费		25	16330.29
四	D	利润		10	6532.12
五	E	价款调整			-1858.74
1	E1	人材机价差			-1858.74
2	E2	独立费			
六	F	安全生产、文明施工费			13924.64
七	G	税金		3.48	11886.4
八	H	工程造价			353449.66
土石方工程					
一	A	直接费			21986.98
1	A1	人工费			7352.88
2	A2	材料费			1083.3
3	A3	机械费			13550.8
4	A4	未计价材料费			
5	A5	设备费			
二	B	企业管理费		4	836.15
三	C	规费		7	1463.26
四	D	利润		4	836.15
五	E	价款调整			
1	E1	人材机价差			
2	E2	独立费			
六	F	安全生产、文明施工费			1067.71
七	G	税金		3.48	911.42
八	H	工程造价			27101.67

附表2 单位工程费汇总表

工程名称:框架办公楼土建工程　　　　第2页,共2页

序号	编码	项目名称	计算基础	费率	费用金额/元
装饰工程					
一	A	直接费			93170.36
1	A1	人工费			38630.69
2	A2	材料费			51020.04
3	A3	机械费			3519.63
4	A4	未计价材料费			
5	A5	设备费			
二	B	企业管理费		18	7587.06
三	C	规费		20	8430.06
四	D	利润		13	5479.54
五	E	价款调整			22882.8
1	E1	人材机价差			22882.8
2	E2	独立费			
六	F	安全生产、文明施工费			4814.24
七	G	税金		3.48	4954.27
八	H	工程造价			147318.33
		合计			527869.66

附表3　实体项目预算表

工程名称:框架办公楼土建工程　　　　第1页,共8页

序号	定额编号	项目名称	单位	数量	单价/元	合价/元	其中		
							人工费/元	材料费/元	机械费/元
	A.1	土、石方工程				9232.37	6088.92		3143.45
1	A1-4×1.5	人工挖土方 三类土 深度(2m以内) 机械挖土中的人工辅助开挖单价×1.5	$100m^3$	0.547	2430.14	1329.12	1329.12		
2	A1-39	人工 平整场地	$100m^2$	1.240	142.88	177.17	177.17		
3	A1-41	人工 回填土 夯填	$100m^3$	3.373	1582.46	5337.16	4493.95		843.21
4	A1-120	反铲挖掘机挖土(斗容量$0.6m^3$)装车 三类土	$1000m^3$	0.327	4982.66	1629.38	88.68		1540.70
5	A1-163 J×1.1	自卸汽车运土(载重8t) 运距1km以内使用反铲挖掘机装车 机械×1.1	$1000m^3$	0.044	8691.57	385.91			385.91
6	A1-164×4	自卸汽车运土(载重8t) 运距20km以内 每增加1km子目乘以系数4	$1000m^3$	0.044	8415.04	373.63			373.63
	A.3	砌筑工程				28888.96	7603.45	21092.93	192.57
7	A3-1换	砖基础 换为(砌筑砂浆 水泥砂浆 M7.5中砂)	$10m^3$	1.569	2944.01	4619.74	917.04	3639.38	63.32
8	A3-17换	砌块墙内200加气混凝土砌块换为(砌筑砂浆 水泥石灰砂浆 M7.5中砂)	$10m^3$	2.521	2577.32	6496.91	1784.73	4678.28	33.90
9	A3-17换	砌块墙外300加气混凝土砌块换为(砌筑砂浆 水泥石灰砂浆 M7.5中砂)	$10m^3$	5.827	2577.32	15018.30	4125.59	10814.34	78.37
10	A3-17换	女儿墙180加气混凝土砌块 换为(砌筑砂浆 水泥石灰砂浆 M7.5中砂)	$10m^3$	0.553	2577.32	1425.00	391.45	1026.11	7.44

附表3 实体项目预算表

工程名称:框架办公楼土建工程　　　　第2页,共8页

序号	定额编号	项目名称	单位	数量	单价/元	合价/元	其中		
							人工费/元	材料费/元	机械费/元
11	A3-29 换	阳台栏板零星砖砌体 换为(砌筑砂浆 水泥石灰砂浆 M7.5 中砂)	$10m^3$	0.108	3710.88	401.15	134.26	262.97	3.91
12	A3-30	砌体内钢筋加固	t	0.150	6185.74	927.86	250.38	671.85	5.63
	A.4	混凝土及钢筋混凝土工程				169428.14	20938.15	145081.86	3408.15
13	A4-165 换	预拌混凝土(现浇)独立基础 混凝土 换为(预拌混凝土 C25)	$10m^3$	2.062	2972.34	6127.78	760.73	5342.49	24.55
14	A4-172 换	预拌混凝土(现浇)矩形柱 换为(预拌混凝土 C30)	$10m^3$	2.243	3498.43	7846.28	1839.54	5954.77	51.97
15	A4-172 换	预拌混凝土(现浇)矩形柱 TZ-1 换为(预拌混凝土 C30)	$10m^3$	0.060	3498.43	210.96	49.46	160.10	1.40
16	A4-174	预拌混凝土(现浇) 构造柱异形柱 C20	$10m^3$	0.133	3529.43	467.65	139.13	325.45	3.07
17	A4-176 换	预拌混凝土(现浇) 基础梁 换为(预拌混凝土 C30)	$10m^3$	0.838	3033.97	2540.95	279.89	2245.12	15.94
18	A4-177 换	预拌混凝土(现浇) 单梁连续梁换为(预拌混凝土 C30)	$10m^3$	3.005	3186.91	9576.66	1464.04	8055.44	57.19
19	A4-190 换	预拌混凝土(现浇)平板 换为(预拌混凝土 C30)	$10m^3$	1.972	3089.84	6093.16	686.26	5365.20	41.71
20	A4-195 换	预拌混凝土(现浇)阳台 直形换为(预拌混凝土 C30)	$10m^3$	0.068	3720.73	253.01	64.59	186.69	1.74

附表3 实体项目预算表

工程名称:框架办公楼土建工程 第3页,共8页

序号	定额编号	项目名称	单位	数量	单价/元	合价/元	其中		
							人工费/元	材料费/元	机械费/元
21	A4-199 换	预拌混凝土(现浇)整体楼梯换为(预拌混凝土 C30)	$10m^3$	0.314	3888.49	1220.99	364.93	846.38	9.68
22	A4-202	预拌混凝土(现浇)挑檐天沟	$10m^3$	0.062	3646.00	225.69	62.51	161.59	1.59
23	A4-202 换	预拌混凝土(现浇)挑檐天沟 换为(预拌混凝土 C30)	$10m^3$	0.226	3849.98	869.71	228.11	635.80	5.80
24	A4-205	预拌混凝土(现浇)压顶、垫块、墩块	$10m^3$	0.094	3716.20	348.54	103.32	242.80	2.42
25	A4-213	预拌混凝土(现浇)散水 混凝土一次抹光水泥砂浆	$100m^2$	0.418	6993.14	2920.34	1286.38	1618.98	14.98
		黏土	m^3	0.000					
26	A4-218	预拌混凝土(现浇)台阶 混凝土基层	$100m^2$水平投影面积	0.055	9321.65	511.76	193.85	313.85	4.05
		黏土	m^3	0.000					
27	A4-292	预拌混凝土(预制)过梁	$10m^3$	0.131	3145.68	410.83	37.57	356.32	16.94
28	A4-330	现浇构件钢筋直径10mm以内	t	0.670	5299.97	3550.98	535.91	2977.74	37.33
29	A4-330	现浇构件钢筋直径10mm以内	t	6.740	5299.97	35721.80	5391.06	29955.19	375.55
30	A4-331	现浇构件钢筋直径20mm以内	t	0.386	5357.47	2067.98	186.67	1825.01	56.31
31	A4-331	现浇构件钢筋直径20mm以内	t	3.688	5357.47	19758.35	1783.52	17436.86	537.97
32	A4-332	现浇构件钢筋直径20mm以外	t	12.463	5109.22	63676.21	4137.47	58237.98	1300.76
33	A4-333	预制构件钢筋直径10mm以内	t	0.045	5226.78	235.21	33.93	199.02	2.26

附表3 实体项目预算表

工程名称：框架办公楼土建工程　　　　　　　　　　第4页，共8页

序号	定额编号	项目名称	单位	数量	单价/元	合价/元	其中		
							人工费/元	材料费/元	机械费/元
34	A4-334	预制构件钢筋直径20mm以内	t	0.138	5310.21	732.81	62.60	647.34	22.87
35	A4-345	直螺纹钢筋接头（钢筋直径20mm以内）	10个	15.000	88.02	1320.30	427.50	632.10	260.70
36	A4-346	直螺纹钢筋接头（钢筋直径30mm以内）	10个	24.600	111.39	2740.19	819.18	1359.64	561.37
	A.7	屋面及防水工程				9659.62	1023.17	8636.45	
37	A7-50	屋面防水 防水层 SBS改性沥青防水卷材 冷贴 一层	$100m^2$	1.271	2767.21	3516.02	289.54	3226.47	
38	A7-50	屋面防水附加层 SBS改性沥青防水卷材 冷贴 一层	$100m^2$	0.228	2767.21	630.37	51.91	578.46	
39	A7-50	屋面防水 防水层 SBS改性沥青防水卷材 冷贴 一层	$100m^2$	0.194	2767.21	537.95	44.30	493.65	
40	A7-51	屋面防水 防水层 SBS改性沥青防水卷材 冷贴 每增一层	$100m^2$	1.271	2578.23	3275.90	258.36	3017.54	
41	A7-51	屋面防水 防水层 SBS改性沥青防水卷材 冷贴 每增一层	$100m^2$	0.194	2578.23	501.21	39.53	461.68	
42	A7-60	屋面防水 防水层 卷材面层刷着色剂涂料保护层一遍	$100m^2$	1.271	449.00	570.50	285.89	284.61	
43	A7-193换	涂膜防水 聚氨酯防水涂膜 刷涂膜二遍2mm厚 平面 实际厚度：1.5mm	$100m^2$	0.185	3398.34	627.67	53.64	574.04	

附表3 实体项目预算表

工程名称:框架办公楼土建工程 第5页,共8页

序号	定额编号	项目名称	单位	数量	单价/元	合价/元	其中		
							人工费/元	材料费/元	机械费/元
	A.8	防腐、隔热、保温工程				25403.38	5294.44	19508.47	600.48
44	A8-230	屋面保温 1:6 水泥炉渣	$10m^3$	0.671	2550.76	1711.30	261.09	1399.53	50.69
45	A8-266	墙体保温 外墙粘贴 挤塑板	$100m^2$	3.655	6219.37	22733.66	4645.16	17538.71	549.79
46	A8-298	墙体保温 玻纤网格布一层	$100m^2$	3.655	262.20	958.42	388.19	570.23	
	A.9	构件运输及安装工程				358.99	325.92	30.43	2.64
47	A9-95	混凝土构件安装及拼装 过梁 塔式起重机	$10m^3$	0.129	2791.56	358.99	325.92	30.43	2.64
		混凝土构件	m^3	1.305					
	B.1	楼地面工程				22428.23	10079.23	11825.28	523.70
48	B1-2	垫层 灰土 3:7	$10m^3$	0.068	1115.37	76.29	23.79	50.38	2.12
49	B1-25	垫层 预拌混凝土	$10m^3$	0.496	2812.36	1394.93	207.72	1180.36	6.84
50	B1-25	垫层 预拌混凝土	$10m^3$	0.014	2812.36	38.53	5.74	32.60	0.19
51	B1-25	60厚垫层 预拌混凝土 C15	$10m^3$	0.536	2812.36	1506.58	224.35	1274.84	7.39
52	B1-25	60厚垫层 预拌混凝土 C15	$10m^3$	0.096	2812.36	270.83	40.33	229.17	1.33
53	B1-27	找平层 水泥砂浆 在硬基层上平面 20mm	$100m^2$	0.194	936.71	182.10	89.35	87.72	5.03
54	B1-27换	找平层 水泥砂浆 在硬基层上平面 20mm 实际厚度:15mm	$100m^2$	0.160	747.93	119.97	60.44	56.38	3.15
55	B1-29	找平层 水泥砂浆 在填充材料上平面 20mm	$100m^2$	1.271	1000.50	1271.24	598.45	630.73	42.06

附表3 实体项目预算表

工程名称:框架办公楼土建工程　　　　第6页,共8页

序号	定额编号	项目名称	单位	数量	单价/元	合价/元	其中		
							人工费/元	材料费/元	机械费/元
56	B1-33换	找平层 预拌细石混凝土 C20 应换算 C15 在硬基层上 30mm 实际厚度:45mm	$100m^2$	0.160	1526.34	244.82	63.23	180.52	1.08
57	B1-33换	找平层 预拌细石混凝土 在硬基层上 30mm 实际厚度:40mm	$100m^2$	0.160	1361.42	218.37	56.01	161.40	0.96
58	B1-38	水泥砂浆 楼地面 20mm	$100m^2$	0.023	1432.75	32.67	18.93	13.14	0.59
59	B1-42	现浇水磨石 楼地面 不嵌条 12mm	$100m^2$	0.893	4995.93	4460.87	2866.74	1303.20	290.92
60	B1-42	现浇水磨石 楼地面 不嵌条 12mm	$100m^2$	0.160	4995.93	801.35	514.98	234.11	52.26
61	B1-104	陶瓷地砖楼地面（水泥砂浆）每块周长(3200mm 以内)	$100m^2$	0.746	7900.48	5890.60	1487.47	4335.77	67.36
62	B1-104	陶瓷地砖楼地面（水泥砂浆）每块周长(3200mm 以内)	$100m^2$	0.160	7900.48	1265.66	319.60	931.59	14.47
63	B1-104	陶瓷地砖楼地面（水泥砂浆）每块周长(3200mm 以内)	$100m^2$	0.063	7900.48	497.73	125.69	366.35	5.69
64	B1-201	现浇水磨石踢脚线	$100m^2$	0.132	12307.23	1624.55	1444.92	174.99	4.64
65	B1-220	陶瓷地砖踢脚线水泥砂浆	$100m^2$	0.059	6323.22	373.70	184.63	184.18	4.89
66	B1-220	陶瓷地砖踢脚线水泥砂浆	$100m^2$	0.008	6323.22	49.95	24.68	24.62	0.65
67	B1-241	现浇水磨石楼梯不分色	$100m^2$	0.148	13061.93	1935.78	1603.23	322.74	9.81

附表3 实体项目预算表

工程名称:框架办公楼土建工程 第7页,共8页

序号	定额编号	项目名称	单位	数量	单价/元	合价/元	其中		
							人工费/元	材料费/元	机械费/元
68	B1-361	水泥砂浆台阶 混凝土表面	100m²	0.055	3127.69	171.71	118.95	50.49	2.27
	B.2	墙柱面工程				26295.91	15528.38	10447.94	319.59
69	B2-17	水泥砂浆 墙面 砂浆找平层	100m²	3.655	1447.74	5291.92	3902.03	1306.70	83.19
70	B2-21	混合砂浆 墙面 轻质砌块	100m²	4.876	1806.00	8806.74	6697.22	1963.23	146.29
71	B2-94	水泥砂浆 普通腰线 混凝土	100m²	0.394	3729.42	1469.69	1240.52	216.53	12.64
72	B2-141	内墙瓷砖 水泥砂浆 粘 贴 周 长 1200mm 以内	100m²	0.974	7491.08	7297.06	2867.26	4352.33	77.47
73	B2-678	YJ-302 界面处理剂一道	100m²	3.655	938.50	3430.50	821.35	2609.15	
	B.3	天棚工程				7203.14	3759.83	3377.65	65.67
74	B3-5	天棚抹灰 水泥砂浆 混凝土	100m²	0.283	1617.57	457.04	359.18	92.02	5.85
75	B3-7	天棚抹灰 混合砂浆 混凝土	100m²	2.130	1645.34	3503.77	2781.57	678.14	44.06
76	B3-74	铝合金方板天棚龙骨(不上人型)嵌入式 面层规格 600×600	100m²	0.321	3685.26	1182.60	365.92	800.92	15.76
77	B3-146	方型铝扣板 600×600	100m²	0.321	6418.59	2059.73	253.16	1806.57	
	B.4	门窗工程				22077.27	1581.89	20402.97	92.40
78	B4-97	成品镶板门安装 M-2	10 扇	0.800	13199.35	10559.48	330.40	10202.95	26.13
79	B4-118	成品铝合金门安装 地弹门 M-1	100m²	0.065	39987.77	2591.21	183.98	2395.62	11.60
80	B4-127	成品塑钢门安装带亮	100m²	0.024	28737.11	698.31	69.98	624.91	3.42

附表3 实体项目预算表

工程名称：框架办公楼土建工程　　　　　　　　　　　　　　　　　　第8页，共8页

序号	定额编号	项目名称	单位	数量	单价/元	合价/元	其中		
							人工费/元	材料费/元	机械费/元
81	B4-224	铝合金推拉窗安装 C-1	$100m^2$	0.259	20329.53	5269.41	572.47	4663.15	33.79
82	B4-224	铝合金推拉窗安装 C-2	$100m^2$	0.086	20329.53	1756.47	190.82	1554.38	11.26
83	B4-258	塑钢窗安装 带纱扇 推拉	$100m^2$	0.027	20781.12	561.09	69.98	487.59	3.52
84	B4-295	窗台板 大理石	$100m^2$	0.037	17193.02	641.30	164.26	474.37	2.68
	B.5	油漆、涂料、裱糊工程				9133.12	5720.45	3066.80	345.88
85	B5-296	抹灰面乳胶漆二遍	$100m^2$	7.006	780.80	5470.21	3930.18	1540.04	
86	B5-348	外墙涂料 抹灰面	$100m^2$	3.655	986.79	3607.01	1762.95	1503.46	340.60
87	B5-348	外墙涂料 抹灰面	$100m^2$	0.057	986.79	55.90	27.32	23.30	5.28
		合计				330109.13	77943.83	243470.78	8694.53

附表4 措施项目预算表

工程名称:框架办公楼土建工程 第1页,共4页

项目编码	项目名称	单位	数量	单价/元	合价/元	其中/元		
						人工费	材料费	机械费
一	可竞争措施项目				80578.53	25089.00	38841.69	16647.86
1	脚手架工程				10128.85	3335.02	6176.80	617.03
A11-4	外墙脚手架 外墙高度在9m以内双排	$100m^2$	5.734	1488.78	8536.66	2422.04	5541.39	573.23
A11-20	内墙砌筑脚手架 3.6m以内里脚手架	$100m^2$	1.589	257.78	409.69	317.54	77.02	15.13
B7-22	内墙面装饰脚手架 高度在6m以内	$100m^2$	1.150	361.78	416.12	156.66	248.51	10.95
B7-15	满堂脚手架 高度在5.2m以内	$100m^2$	0.745	1029.11	766.38	438.78	309.88	17.72
2	模板工程				47950.93	17424.74	28403.79	2122.42
A12-48	现浇混凝土复合木模板 独立基础(混凝土)	$100m^2$	0.513	5295.20	2715.38	639.82	1984.78	90.78
A12-77	现浇混凝土木模板 混凝土基础垫层	$100m^2$	0.098	4155.02	405.53	63.60	336.34	5.60
A12-58	现浇混凝土复合木模板 矩形柱	$100m^2$	1.856	5135.52	9530.50	3855.98	5250.19	424.33
A12-80	现浇混凝土木模板 柱支撑高度超过3.6m,每增加1m	$100m^2$	0.029	464.16	13.51	5.48	7.83	0.19
A12-58	现浇混凝土复合木模板 矩形柱	$100m^2$	0.154	5135.52	789.84	319.57	435.11	35.17
A12-60	现浇混凝土复合木模板 基础梁	$100m^2$	0.810	4506.60	3651.70	1296.74	2218.93	136.03
A12-61	现浇混凝土复合木模板 单梁连续梁	$100m^2$	2.321	5704.11	13236.96	4901.11	7727.34	608.51
A12-87	现浇混凝土木模板 梁支撑高度超过3.6m每超过1m	$100m^2$	0.415	858.37	356.31	176.09	171.28	8.94
A12-111	预制混凝土木模板 过梁	$100m^2$	0.178	1304.85	232.52	94.15	137.99	0.38
A12-65	现浇混凝土复合木模板 平板	$100m^2$	1.803	4729.30	8524.56	2533.95	5506.57	484.04
A12-93	现浇混凝土木模板 板支撑高度超过3.6m每增加1m	$100m^2$	0.830	977.25	811.51	329.34	459.82	22.35

附表4 措施项目预算表

工程名称:框架办公楼土建工程 第2页,共4页

项目编码	项目名称	单位	数量	单价/元	合价/元	其中/元		
						人工费	材料费	机械费
A12-70	现浇混凝土复合木模板 挑檐天沟	$100m^2$	0.484	6527.97	3158.88	1624.28	1292.37	242.24
A12-67	现浇混凝土复合木模板 直形阳台	$100m^2$	0.057	5683.93	322.28	102.57	204.28	15.43
A12-94	现浇混凝土木模板 整体楼梯	$100m^2$	0.188	7090.30	1332.98	498.11	798.45	36.42
A12-100	现浇混凝土木模板 台阶	$100m^2$	0.056	6372.28	358.12	147.02	205.05	6.05
A12-103	现浇混凝土木模板 压顶、垫块、墩块	$100m^2$	0.104	3571.01	372.10	225.07	141.07	5.96
A12-216	对拉螺栓 周转式	t	0.596	3588.88	2138.25	611.86	1526.39	
3	垂直运输工程				8387.64			8387.64
A13-7	建筑物垂直运输 ±0.00m以上,20mm(6层)以内 现浇框架	$100m^2$	2.518	2489.33	6268.38			6268.38
B8-5	垂直运输费 ±0.00以上建筑物檐高20m以内/6层以内	100工日	5.554	381.59	2119.26			2119.26
4	建筑物超高费							
5	大型机械一次安拆及场外运输费				4920.08	720.00	495.50	3704.58
2001	场外运输费用 履带式挖掘机$1m^3$以内	台次	1.000	4920.08	4920.08	720.00	495.50	3704.58
9	冬季施工增加费				640.13	167.98	365.31	106.84
A15-59	一般土建工程 冬季施工增加费	%	1.000	398.48	398.48	80.94	236.60	80.94
A15-59	土石方工程 冬季施工增加费	%	1.000	127.52	127.52	25.90	75.72	25.90
B9-1	装饰装修工程 冬季施工增加费	%	1.000	114.13	114.13	61.14	52.99	
10	雨季施工增加费				1477.27	389.23	841.47	246.57
A15-60	一般土建工程 雨季施工增加费	%	1.000	921.50	921.50	186.79	547.92	186.79

附表4 措施项目预算表

工程名称:框架办公楼土建工程 第3页,共4页

项目编码	项目名称	单位	数量	单价/元	合价/元	其中/元		
						人工费	材料费	机械费
A15-60	土石方工程 雨季施工增加费	%	1.000	294.90	294.90	59.78	175.34	59.78
B9-2	装饰装修工程 雨季施工增加费	%	1.000	260.87	260.87	142.66	118.21	
11	夜间施工增加费				860.99	553.27	184.43	123.29
A15-61	一般土建工程 夜间施工增加费	%	1.000	466.99	466.99	280.19	93.40	93.40
A15-61	土石方工程 夜间施工增加费	%	1.000	149.44	149.44	89.66	29.89	29.89
B9-3	装饰装修工程 夜间施工增加费	%	1.000	244.56	244.56	183.42	61.14	
12	生产工具用具使用费				1607.23	345.20	1031.90	230.13
A15-62	一般土建工程 生产工具用具使用费	%	1.000	877.92	877.92	261.51	442.07	174.34
A15-62	土石方工程 生产工具用具使用费	%	1.000	280.95	280.95	83.69	141.47	55.79
B9-4	装饰装修工程 生产工具用具使用费	%	1.000	448.36	448.36		448.36	
13	检验试验配合费				672.28	213.02	377.07	82.19
A15-63	一般土建工程 检验试验配合费	%	1.000	354.90	354.90	99.62	193.02	62.26
A15-63	土石方工程 检验试验配合费	%	1.000	113.58	113.58	31.88	61.77	19.93
B9-5	装饰装修工程 检验试验配合费	%	1.000	203.80	203.80	81.52	122.28	
14	工程定位复测、场地清理费				941.84	609.47	250.18	82.19
A15-64	一般土建工程 工程定位复测、场地清理费	%	1.000	404.72	404.72	199.25	143.21	62.26
A15-64	土石方工程 工程定位复测、场地清理费	%	1.000	129.52	129.52	63.76	45.83	19.93
借 B9-9	装饰装修工程 场地清理费	%	1.000	407.60	407.60	346.46	61.14	

附表 4 措施项目预算表

工程名称:框架办公楼土建工程 第 4 页,共 4 页

项目编码	项目名称	单位	数量	单价/元	合价/元	其中/元		
						人工费	材料费	机械费
15	成品保护费				864.86	434.47	348.40	81.99
A15-65	一般土建工程 成品保护费	%	1.000	448.30	448.30	224.15	180.57	43.58
A15-65	土石方工程 成品保护费	%	1.000	143.46	143.46	71.73	57.78	13.95
B9-6	装饰装修工程 成品保护费	%	1.000	273.10	273.10	138.59	110.05	24.46
16	二次搬运费				1601.75	634.26	285.32	682.17
A15-66	一般土建工程 二次搬运费	%	1.000	747.17	747.17	230.38		516.79
A15-66	土石方工程 二次搬运费	%	1.000	239.10	239.10	73.72		165.38
B9-7	装饰装修工程 二次搬运费	%	1.000	615.48	615.48	330.16	285.32	
17	停水停电增加费				524.68	262.34	81.52	180.82
A15-67	一般土建工程 临时停水停电费	%	1.000	273.96	273.96	136.98		136.98
A15-67	土石方工程 临时停水停电费	%	1.000	87.68	87.68	43.84		43.84
B9-8	装饰装修工程 临时停水停电费	%	1.000	163.04	163.04	81.52	81.52	
	合计				80578.53	25089.00	38841.69	16647.86

附表 5　单位工程人材机价差表

工程名称:框架办公楼土建工程　　　　第 1 页,共 1 页

序号	名称及规格	单位	数量	预算价/元	市场价/元	价差	价差合计
二	材料						
1	钢筋 ϕ10 以内	t	7.7584	4290.00	3800.00	-490.00	-3801.61
2	钢筋 ϕ20 以内	t	4.3791	4500.00	3800.00	-700.00	-3065.37
3	钢筋 ϕ20 以外	t	12.9615	4450.00	3800.00	-650.00	-8424.99
4	推拉单层塑钢窗(含玻璃纱窗)	m^2	2.5650	175.00	600.00	425.00	1090.13
5	铝合金推拉窗(含玻璃)	m^2	32.8320	170.00	600.00	430.00	14117.76
6	塑钢门(带亮)	m^2	2.3328	250.00	500.00	250.00	583.20
7	外墙保温岩棉板	m^2	383.8065	35.00	70.00	35.00	13433.23
8	铝合金地弹门(含玻璃)	m^2	6.2208	360.00	1500.00	1140.00	7091.71
							21024.06
	合计						21024.06

框架办公楼土建＿＿＿＿＿＿工程

工 程 量 清 单

招　标　人：＿＿＿＿＿＿＿＿＿＿＿＿＿

（单位公章）

造价咨询人：＿＿＿＿＿＿＿＿＿＿＿＿＿

（单位公章及成果专用章）

编 制 时 间：＿＿＿＿＿＿年　月　日

框架办公楼土建　　　　工程

工 程 量 清 单

招 标 人：________
（单位公章）

法定代表人或
委托代理人：________
（签字盖章）

工程造价
咨 询 人：________
（单位公章及成果专用章）

法定代表人或
委托代理人：________
（签字盖章）

编 制 人：________
（造价人员签字盖专用章）

复 核 人：________
（造价工程师签字盖专用章）

编制时间：　　年　月　日

附表 6 工程量清单编制说明

工程名称：框架办公楼土建工程 第 1 页，共 1 页

附表 7　分部分项工程量清单与计价表

工程名称:框架办公楼土建工程　　　　第 1 页,共 6 页

序号	项目编码	项目名称	项目特征	计量单位	工程数量	金额/元	
						综合单价	合价
1	010101001001	平整场地	1. 土壤类别:三类	m^2	124.00		
2	010101004001	挖基坑土方	1. 土壤类别:三类 2. 挖土深度:1750mm 3. 弃土运距:5km	m^3	291.97		
3	010103001001	回填方	1. 土壤类别:三类	m^3	247.53		
4	010401001001	砖基础	1. 砂浆强度等级:M7.5 水泥砂浆 2. 砌块品种、规格、强度等级:粉煤灰页岩实心砖 3. 墙体类型:基础墙 200 厚	m^3	15.69		
5	010401012001	零星砌块	1. 砌块品种、规格、强度等级:加气混凝土砌块 2. 墙体类型:阳台栏板 3. 砂浆强度等级:M7.5 混合砂浆	m^3	1.08		
6	010402001001	砌块墙	1. 砌块品种、规格、强度等级;加气混凝土砌块 2. 墙体类型:内墙 200 厚 3. 砂浆强度等级:M7.5 混合砂浆	m^3	25.21		
7	010402001002	砌块墙	1. 砌块品种、规格、强度等级:加气混凝土砌块 2. 墙体类型:内墙 300 厚 3. 砂浆强度等级:M7.5 混合砂浆	m^3	58.27		
8	010402001003	砌块墙	1. 砌块品种、规格、强度等级:加气混凝土砌块 2. 墙体类型:女儿墙 180 厚 3. 砂浆强度等级:M7.5 混合砂浆	m^3	5.53		
9	010501001001	垫层	1. 混凝土种类:现浇(预拌) 2. 混凝土强度等级:C15	m^3	4.96		
10	010501003001	独立基础	1. 混凝土种类:现浇(预拌) 2. 混凝土强度等级:C30	m^3	20.62		
/	/	本页小计	/	/	/	/	

附表7 分部分项工程量清单与计价表

工程名称:框架办公楼土建工程 第2页,共6页

序号	项目编码	项目名称	项目特征	计量单位	工程数量	金额/元	
						综合单价	合价
11	010502001001	矩形柱	1. 混凝土种类:现浇(预拌) 2. 混凝土强度等级:C30	m^3	22.43		
12	010502001002	矩形柱 TZ-1	1. 混凝土种类:现浇(预拌) 2. 混凝土强度等级:C30	m^3	0.60		
13	010502002001	构造柱	1. 混凝土种类:现浇(预拌) 2. 混凝土强度等级:C30	m^3	1.33		
14	010503001001	基础梁	1. 混凝土种类:现浇(预拌) 2. 混凝土强度等级:C30	m^3	8.38		
15	010503002001	矩形梁	1. 混凝土种类:现浇(预拌) 2. 混凝土强度等级:C30	m^3	30.05		
16	010505003001	平板	1. 混凝土种类:现浇(预拌) 2. 混凝土强度等级:C30	m^3	19.72		
17	010505006001	栏板	1. 混凝土种类:现浇(预拌) 2. 混凝土强度等级:C30	m^3	0.62		
18	010505007001	天沟(檐沟)、挑檐板	1. 混凝土种类:现浇(预拌) 2. 混凝土强度等级:C30	m^3	2.26		
19	010505008001	雨篷、悬挑板、阳台板	1. 混凝土种类:现浇(预拌) 2. 混凝土强度等级:C30	m^3	0.68		
20	010506001001	直形楼梯	1. 混凝土种类:现浇(预拌) 2. 混凝土强度等级:C30	m^3	3.14		
21	010507001001	散水、坡道	1. 混凝土种类:预拌(现浇) 2. 混凝土强度等级:C15 3. 工程做法:05J1-散1	m^2	41.76		
22	010507005001	阳台及女儿墙压顶	1. 混凝土种类:现浇(预拌) 2. 混凝土强度等级:C30	m^3	0.94		
23	010510003001	过梁	1. 混凝土强度等级:C30 2. 混凝土种类:预制(预拌)	m^3	1.29		
24	010801001001	木质门	1. 门代号及洞口尺寸:M-2 洞口尺寸:900×2400 2. 门框、扇材质:镶板门	樘	8		
/	/	本页小计	/	/	/	/	

附表7　分部分项工程量清单与计价表

工程名称：框架办公楼土建工程　　　　　　　　　　　　第3页，共6页

序号	项目编码	项目名称	项目特征	计量单位	工程数量	金额/元	
						综合单价	合价
25	010802001001	金属（塑钢）门	1. 门代号及洞口尺寸：M-1洞口尺寸：2400×2700 2. 门框、扇材质：铝合金地弹门 3. 玻璃品种、厚度：Low-E（6+12A+6）断桥铝合金框中空玻璃	樘	1		
26	010807001001	金属（塑钢、断桥）窗	1. 窗代号及洞口尺寸：C-1，1800×1800 2. 框、扇材质：铝合金推拉窗（带纱扇） 3. 玻璃品种、厚度：Low-E（6+12A+6）断桥铝合金框中空玻璃	樘	8		
27	010807001002	金属（塑钢、断桥）窗	1. 窗代号及洞口尺寸：C-1，2400×1800 2. 框、扇材质：铝合金推拉窗（带纱扇） 3. 玻璃品种、厚度：Low-E（6+12A+6）断桥铝合金框中空玻璃	樘	2		
28	010809004001	石材窗台板	1. 窗台板材质、规格、颜色：黑色大理石35厚，180宽	m^2	3.73		
29	010902001001	屋面卷材防水	1. 防水层：冷粘SBS改性沥青卷材防水2遍 2. 20厚1：3水泥砂浆找平层 3. 保护层：着色涂料保护层一遍 4. 找平层：20厚1：3水泥砂浆	m^2	127.06		
30	010902001002	屋面卷材防水	1. 防水层：冷粘SBS改性沥青卷材防水2遍 2. 找平层：20厚1：3水泥砂浆	m^2	19.44		
31	011001001001	保温隔热屋面	1. 保温层：1：6水泥炉渣找2%坡	m^2	115.67		
32	011101001001	水泥砂浆楼地面	1. 面层：20厚1：3水泥砂浆台阶平台面层 2. 混凝土垫层：60厚C15混凝土 3. 灰土垫层：300厚3：7灰土	m^2	2.28		
/	/	本页小计	/	/	/	/	

附表7 分部分项工程量清单与计价表

工程名称:框架办公楼土建工程　　　　第4页,共6页

序号	项目编码	项目名称	项目特征	计量单位	工程数量	金额/元	
						综合单价	合价
33	011101002001	现浇水磨石楼地面	1. 适用部位:一层系办公室、接待室、学工办公室 2. 工程做法见05J1-地11水磨石地面	m^2	89.29		
34	011101002002	现浇水磨石楼地面	1. 适用部位:一层卫生间 2. 工程做法:05J1-地481水磨石防水地面	m^2	16.04		
35	011102003001	块料楼地面	1. 适用部位:二层书记办公室、会客厅、主任办公室 2. 工程做法:05J1-楼10陶瓷地砖楼面	m^2	74.56		
36	011102003002	块料楼地面	1. 适用部位:二层卫生间 2. 工程做法:05J1-楼28陶瓷地砖防水楼面	m^2	16.02		
37	011102003003	块料楼地面	1. 适用部位:阳台 2. 工程做法:05J1-楼10陶瓷地砖楼面	m^2	6.30		
38	011105003001	块料踢脚线	1. 适用部位:二层书记办公室、会客厅、主任办公室 2. 工程做法:05J1-踢23陶瓷地砖踢脚	m^2	5.91		
39	011105003002	块料踢脚线	1. 适用部位:阳台 2. 工程做法:05J1-踢23陶瓷地砖踢脚	m^2	0.79		
40	011106005001	现浇水磨石楼梯面层	1. 适用部位:楼梯踏面 2. 工程做法见05J1-楼6水磨石楼面	m^2	14.82		
41	011107004001	水泥砂浆台阶面	1. 面层:20厚1∶3水泥砂浆面层 2. 混凝土垫层:60厚C15混凝土 3. 灰土垫层:300厚3∶7灰土 4. 素土夯实	m^2	5.49		
/	/	本页小计	/	/	/	/	

附表7　分部分项工程量清单与计价表

工程名称:框架办公楼土建工程　　　　第5页,共6页

序号	项目编码	项目名称	项目特征	计量单位	工程数量	金额/元	
						综合单价	合价
42	011201001001	墙面一般抹灰	1. 工程做法:05J1-内墙5 混合砂浆墙面	m^2	487.64		
43	011001003001	保温隔热墙面	1. 保温隔热部位:外墙 2. 保温隔热方式:贴外墙岩棉保温板40mm 3. 基层刷界面剂一道,20mm厚1:3水泥砂浆找平 4. 贴外墙岩棉保温板 5. 挂玻纤网格布一层,抹聚合物抗裂砂浆5mm	m^2	365.53		
44	011203001001	零星项目一般抹灰	1. 阳台压顶顶面、栏板内外侧及顶面、女儿墙压顶顶面抹灰	m^2	39.41		
45	011204003001	块料墙面	1. 适用部位:卫生间 2. 工程做法:05J1-内9 釉面砖墙面	m^2	97.41		
46	011301001001	天棚抹灰	1. 工程做法:05J1-顶3 混合砂浆顶棚	m^2	212.95		
47	011301001004	天棚抹灰	1. 适用部位:阳台、挑檐底部 2. 工程做法:05J1-顶4 水泥砂浆顶棚	m^2	28.26		
48	011302001001	吊顶天棚	1. 适用部位:卫生间 2. 工程做法:05J1-顶20 铝合金方板吊顶	m^2	32.09		
49	011406001001	抹灰面油漆	1. 工程做法:05J1-涂24 乳胶漆墙面	m^2	700.59		
50	011407001001	墙面喷刷涂料	1. 喷刷涂料部位:外墙面 2. 外墙涂料2遍	m^2	365.53		
51	011407001002	墙面喷刷涂料	1. 工程做法:外墙涂料2遍	m^2	67.67		
52	010807B02001	塑钢门联窗	1. 窗代号及洞口尺寸:MC-1,2400×2700 2. 框、扇材质:塑钢推拉窗(带纱扇)1500×1800、平开门900×2700 3. 玻璃品种、厚度Low-E(6+12A+6)断桥铝合金框中空玻璃	樘	1		
/	/	本页小计	/	/	/	/	

附表7 分部分项工程量清单与计价表

工程名称:框架办公楼土建工程 第6页,共6页

序号	项目编码	项目名称	项目特征	计量单位	工程数量	金额/元	
						综合单价	合价
53	011105B01001	水磨石踢脚线	1. 工程做法:05J1-踢17水磨石踢脚	m^2	11.81		
54	010515001006	现浇构件钢筋	1. 钢筋种类、规格:砌体加固筋,1级,直径6@500	t	0.15		
55	010515001004	现浇构件钢筋	1. 钢筋种类、规格:1级,直径10以内	t	0.67		
56	010515001005	现浇构件钢筋	1. 钢筋种类、规格:2级,直径20以内	t	0.386		
57	010515001003	现浇构件钢筋	1. 钢筋种类、规格:3级,直径10以内	t	6.740		
58	010515001002	现浇构件钢筋	1. 钢筋种类、规格:3级,直径20以内	t	3.688		
59	010515001001	现浇构件钢筋	1. 钢筋种类、规格:3级,直径20以外	t	12.463		
60	010515002002	预制构件钢筋	1. 钢筋种类、规格:1级,直径10以内	t	0.045		
61	010515002001	预制构件钢筋	1. 钢筋种类、规格:2级,直径20以内	t	0.138		
62	010516003001	机械连接	1. 连接方式:机械连接 2. 螺纹套筒种类:直螺纹套筒连接 3. 规格:直径20以上	个	396		
/	/	本页小计	/	/	/	/	
/	/	合　　计	/	/	/	/	

附表8 单价措施项目工程量清单与计价表

工程名称:框架办公楼土建工程 第1页,共1页

序号	项目编码	项目名称	项目特征	计量单位	工程数量	金额/元	
						综合单价	合价
1	011701002001	外脚手架		m^2	573.40		
2	011701003001	里脚手架		m^2	158.93		
3	011701003002	里脚手架		m^2	115.02		
4	011701006001	满堂脚手架		m^2	74.47		
5	011702001001	基础		m^2	51.28		
6	011702B02001	基础垫层		m^2	9.76		
7	011702002001	矩形柱		m^2	185.58		
8	011702003001	构造柱		m^2	15.38		
9	011702005001	基础梁		m^2	81.03		
10	011702006001	矩形梁		m^2	232.06		
11	011702009001	过梁		m^2	17.82		
12	011702016001	平板		m^2	180.25		
13	011702022001	天沟、檐沟		m^2	48.39		
14	011702023001	雨篷、悬挑板、阳台板		m^2	5.67		
15	011702024001	楼梯		m^2	18.80		
16	011702027001	台阶		m^2	5.62		
17	011702028001	扶手		m^2	10.42		
18	011702B01001	对拉螺栓		t	0.596		
19	011703001002	垂直运输		m^2	251.81		
20	011705001001	大型机械设备进出场及安拆		台次	1		
/	/	本页小计	/	/	/	/	
/	/	合　　计	/	/	/	/	

附表9 总价措施项目清单与计价表

工程名称：框架办公楼土建工程 第1页，共1页

序号	项目编码	项目名称	金额/元
		1 安全生产、文明施工费	
1	011707001001	安全防护、文明施工费	
	/	小计	
		2 其他总价措施项目	
1	011707B01001	冬季施工增加费	
2	011707B02001	雨季施工增加费	
3	011707002001	夜间施工增加费	
4	011707004001	二次搬运费	
5	011707B03001	生产工具用具使用费	
6	011707B04001	检验试验配合费	
7	011707B05001	工程定位复测、场地清理费	
8	011707B06001	停水停电增加费	
9	011707007001	已完工程及设备保护费	
10	011707B07001	施工与生产同时进行增加费用	
11	011707B08001	有害环境中施工增加费	
	/	小计	

附表 10　其他项目清单与计价表

工程名称:框架办公楼土建工程　　　　第 1 页,共 1 页

序号	项目名称	金额/元
1	暂列金额	
2	暂估价	
2.1	材料暂估价	/
2.2	设备暂估价	/
2.3	专业工程暂估价	
3	总承包服务费	
4	计日工	
/	合计	

附表 11　暂列金额明细表

工程名称:框架办公楼土建工程　　　　　　　　　　　　　　　　　　第 1 页,共 1 页

序号	项目名称	暂定金额/元	备注
/	合计		

附表12　暂 估 价 表

工程名称:框架办公楼土建工程　　　　第1页,共1页

序号	暂估价名称	规格或工程内容	单位	暂估价/元	备注

附表 13　总承包服务费计价表

工程名称:框架办公楼土建工程　　　　第 1 页,共 1 页

序号	项目名称	项目金额/元	费率(%)	金额/元
1	招标人另行发包专业工程	/	/	/
2	招标人供应材料、设备	/	/	/
3	招标人供应设备	/	/	/
/	合　计	/	/	

附表 14 计 日 工 表

工程名称:框架办公楼土建工程　　　　　　　　　　　　　　第 1 页,共 1 页

序号	名称	规格型号	计量单位	数量	综合单价/元	合价
1	人工	/	/	/	/	/
1.1						
	小计	/	/	/	/	
2	材料	/	/	/	/	/
2.1						
	小计	/	/	/	/	
3	机械	/	/	/	/	/
3.1						
	小计	/	/	/	/	
	合计	/	/	/	/	

附表 15　招标人供应材料、设备明细表

工程名称：框架办公楼土建工程　　　　　　　　　　　　　　　　　　　　第 1 页，共 1 页

序号	名称	型号规格	单位	数量	单价/元	合价/元	质量等级	供应时间	送达地点	备注
	合计	/	/	/	/		/	/	/	

参 考 文 献

［1］ 住房和城乡建设部标准定额司．GB 50500—2013. 建设工程工程量清单计价规范［S］．北京：中国计划出版社，2013.

［2］ 住房和城乡建设部标准定额司．2013 建设工程计价计量规范辅导［M］．北京：中国计划出版社，2013.

［3］ 河北省工程建设造价管理总站．河北省建设工程计价依据［M］．北京：中国建材工业出版社，2012.

［4］ 中国建筑标准设计研究院．混凝土结构施工图平面整体表示方法制图规则和构造详图［M］．北京：中国计划出版社，2011.

［5］ 河北省工程建设造价管理协会．河北省建设工程造价员资格培训考试培训教材［M］．北京：中国建材工业出版社，2012.

［6］ 河北省工程建设部标准化管理办公室．05 系列建筑标准设计图集［M］．北京：中国计划出版社，2005.

［7］ 丁春静．建筑工程计量与计价［M］．西安：西安电子科技大学出版社，2013.

［8］ 伊路平．建筑工程计量与计价［M］．西安：西北工业大学出版社，2013.

［9］ 肖飞剑．建筑工程计量与计价［M］．北京：中国建材工业出版社，2012.

［10］ 蔡红新．建筑工程计量与计价实务［M］．北京：北京理工大学出版社，2011.

［11］ 河北省工程建设造价管理总站．DB13（J）/T 150—2013 建设工程工程量清单编制与计价规程［S］．北京：中国建材工业出版社，2013.